全国特种作业人员安全技术培训考核统编教材（新版）

烟花爆竹特种作业人员安全培训教材

- 烟火药制造作业
- 黑火药制造作业
- 引火线制造作业
- 烟花爆竹产品涉药作业
- 烟花爆竹储存作业

《全国特种作业人员安全技术培训考核统编教材》编委会
龚声武　杨吉明　主编

内容提要

本书根据最新标准《烟花爆竹 安全与质量》(GB 10631—2013)、《烟花爆竹作业安全技术规程》(GB 11652—2012)和《烟花爆竹工程设计安全规范》(GB 50161—2009)等编写，包括“烟火药制造作业、黑火药制造作业、引火线制造作业、烟花爆竹产品涉药作业和储存作业”五类烟花爆竹特种作业，正文内容分为六章：烟花爆竹相关法律法规、烟花爆竹生产基本知识、烟花爆竹特种作业人员的操作技能与安全守则、烟花爆竹事故预防与处置、烟花爆竹的职业危害与防护、烟花爆竹企业典型事故分析。后面附有 GB 10631—2013 和 GB 11652—2012 全文，并配有考试题库。本书紧扣当前烟花爆竹企业的生产实际，结合最新标准，内容新颖，通俗易懂，适用于烟花爆竹企业特种作业人员的安全培训和教育。

图书在版编目(CIP)数据

烟花爆竹特种作业人员安全培训教材/龚声武，杨吉明主编.
北京：气象出版社，2013.12

全国特种作业人员安全技术培训考核统编教材：新版

ISBN 978-7-5029-5853-4

Ⅰ.①烟… Ⅱ.①龚… ②杨… Ⅲ.①爆竹-安全生产-技术培训-教材 Ⅳ.①TQ567.9

中国版本图书馆 CIP 数据核字(2013)第 287402 号

出版发行：气象出版社

地　　址：北京市海淀区中关村南大街 46 号　　**邮政编码**：100081

总 编 室：010-68407112　　**发 行 部**：010-68408042

网　　址：http://www.cmp.cma.gov.cn　　**E-mail**：qxcbs@cma.gov.cn

责任编辑：彭淑凡　黄菱芳　　**终　　审**：章澄昌

封面设计：燕　彤　　**责任技编**：吴庭芳

印　　刷：北京奥鑫印刷厂

开　　本：850 mm×1168 mm　1/32　　**印　　张**：11

字　　数：296 千字

版　　次：2013 年 12 月第 1 版　　**印　　次**：2013 年 12 月第 1 次印刷

定　　价：28.00 元

前　言

特种作业是指容易发生人员伤亡事故，对操作者本人或他人的安全健康及设备、设施的安全可能造成重大危害的作业。特种作业人员是指直接从事特种作业的从业人员。国内外有关统计资料表明，由于特种作业人员违规违章操作造成的生产安全事故，约占生产经营单位事故总量的80%。目前，全国特种作业人员持证上岗人数已超过1200万人。因此，加强特种作业人员安全技术培训考核，对保障安全生产十分重要。

为保障人民生命财产的安全，促进安全生产，《安全生产法》、《劳动法》、《矿山安全法》、《消防法》、《危险化学品安全管理条例》等有关法律、法规作出了一系列的强制性要求，规定特种作业人员必须经过专门的安全技术培训，经考核合格取得操作资格证书，方可上岗作业。1999年，原国家经贸委发布了《特种作业人员安全技术培训考核管理办法》（国家经贸委主任令第13号），对特种作业人员的定义、范围、人员条件和培训、考核、管理作了明确规定，本套教材是与之相配套并由原国家经贸委安全生产局直接组织编写的。

近年来，国家安全生产监督管理总局相继颁布实施了《特种作业人员安全技术培训考核管理规定》（国家安全生产监督管理总局第30号令）等一系列规章和规范性文件，对特种作业的范围、培训大纲和考核标准进行了调整。为了适应新的形势和要求，在总结经验并广泛征求各方面意见的基础上，我们根据国家安全生产监督管理总局第30号令，对这套教材进行了全新改版。新版的教材基本包括了全部的特种作业，共30余种教材，具有广泛的适用性。本次改版既充分考虑了原有教材的体系和完整性，保留了原有教材的特色，又根据新的情况，从品种和内容方面做了必要的修改和补充，力争形式新颖，技术先进。

《烟花爆竹特种作业人员安全培训教材》共分六章。第一章是烟花爆竹相关法律法规，对我国关于烟花爆竹的法律法规进行了总体性描述；第二章是烟花爆竹生产的基本知识，介绍了烟花爆竹的分级分类、主要原材料特性以及烟花爆竹生产过程中危险工序的等级、工房布局、安全设施；第三章介绍烟花爆竹烟火药制造作业、黑火药制造作业、引火线制造作业、烟花爆竹产品涉药作业和储存作业的基本操作技能与安全守则；第四章介绍了烟花爆竹事故预防与处置、应急预案、常见事故的处置技术、事故中的自救与互救；第五章烟花爆竹的职业危害与防护，介绍了一些常见的职业病以及工业毒物的危害和防护措施；第六章选用了大量翔实的烟花爆竹生产安全事故案例，通过对案例进行深入分析，帮助受训人员加深认识，吸收成功经验，吸取失败教训，以免重蹈覆辙。本书紧扣当前烟花爆竹企业生产的实际，应用性和可操作性强，适用于烟花爆竹企业特种作业人员的安全培训和教育。

本书由湖南安全技术职业学院龚声武教授、杨吉明副教授主编。第一章由湖南安全技术职业学院杨吉明、王卫国编写，第二章由李渡烟花集团有限公司张小成编写，第二、四章由杨吉明编写，第五、六章由浏阳市安全生产监督管理局王松林编写，全书由龚声武、杨吉明统稿，并进行审订。

虽然编写人员尽了最大努力，但由于烟花爆竹行业的特殊性，很多理论还缺乏系统性，加之水平有限，书中难免存在很多不足之处，敬请提出宝贵意见，以便今后不断完善。

编者

2013年9月

目　录

第一章 烟花爆竹相关法律法规

第一节 我国烟花爆竹相关法律法规

一、烟花爆竹相关法律法规的基本框架

我国烟花爆竹行业与其他行业一样，其安全生产的法律体系是由相关的法律、行政法规和地方性法规以及安全规章等组成。

1. 法律

法律是安全生产体系中的上位法，居于整个体系的最高层级。其法律地位和效力高于行政法规、地方性法规、部门规章、地方政府规章等下位法。国家现行的有关安全生产与职业健康的专门法律有《安全生产法》、《消防法》、《职业病防治法》、《道路交通安全法》等，均适用于烟花爆竹行业。

2. 法规

烟花爆竹类法规分为行政法规和地方性法规。

(1)行政法规。如《烟花爆竹安全管理条例》、《工伤保险条例》、《国务院关于特大安全事故行政责任追究的规定》就属于行政法规。

(2)地方性法规。地方性法律地位和法律效力低于相关法律、行政法规，高于地方政府规章。经济特区法规和民族自治地方法规的法律地位和法律效力与地方性法规相同。

3. 规章

安全生产行政规章分为部门规章和地方政府规章。

(1)部门规章。国务院有关部门依照有关法律、行政法规的规定或国务院的授权制定发布的规章,其法律地位和法律效力低于法律、行政法规,高于地方政府规章。例如《烟花爆竹生产企业安全生产许可证实施办法》、《烟花爆竹经营许可实施办法》就属于行政规章。

(2)地方政府规章。地方政府规章是最低层级的立法,其法律地位和法律效力低于其他上位法,不得与上位法抵触。

4. 法定标准

例如《烟花爆竹工程设计安全规范》(GB 50161—2009)、《烟花爆竹作业安全技术规程》(GB 11652—2012)、《烟花爆竹　安全与质量》(GB 10631—2013)。

二、我国烟花爆竹相关法律法规

1.《安全生产法》

《安全生产法》由第九届全国人民代表大会常务委员会第二十八次会议于2002年6月29日通过,自2002年11月1日起施行。《安全生产法》总共七章九十七条。

《安全生产法》第一章总则,共十五条,分别对立法目的、适用范围、安全生产管理的基本方针、生产经营单位确保安全生产的基本义务、生产经营单位主要负责人对本单位安全生产的责任、生产经营单位的从业人员在安全生产方面的权利和义务、工会在安全生产方面的基本职责、各级人民政府在安全生产方面的基本职责、安全生产监督管理体制、有关安全生产的标准的制定和执行、为安全生产提供技术服务的中介机构、生产安全事故责任追究制度、国家鼓励和支持提高安全生产科学技术水平、对在安全生产方面作出显著成绩的单位和个人给予奖励等问题作了规定。

《安全生产法》第二章生产经营单位的安全生产保障,共二十八条，分别对生产经营单位的安全生产条件、安全管理责任制度、组织保障、基础保障、管理保障等问题作了规定。

《安全生产法》第三章从业人员的权利和义务，共九条，对从业人员的安全生产权利、义务和企业工会的责任等问题作了规定。

《安全生产法》第四章安全生产的监督管理，共十五条，对县级以上地方各级人民政府、负有安全生产监督管理职责的部门及其他相关部门和人员的安全生产监督管理职责作了规定。

《安全生产法》第五章生产安全事故的应急救援与调查处理，共九条，对事故的应急救援、调查处理等问题作了规定。

《安全生产法》第六章法律责任，共十九条，对违反《安全生产法》的民事责任、刑事责任等问题作了规定。

2.《烟花爆竹安全管理条例》

《烟花爆竹安全管理条例》由国务院第 121 次常务会议通过，温家宝总理签署中华人民共和国国务院令(第 455 号)，自 2006 年 1 月 21 日公布，自公布之日起施行。条例共七章四十六条。

《烟花爆竹安全管理条例》第一章总则，共七条，分别对立法目的、适用范围、实行许可证制度、烟花爆竹安全管理的各职能部门、国家鼓励烟花爆竹生产企业提高安全程度等问题作了规定。

《烟花爆竹安全管理条例》第二章生产安全，共八条，分别对烟花爆竹生产企业应当具备的条件、生产行政许可、安全组织、安全管理、安全保障、安全技术措施等问题作了规定。

《烟花爆竹安全管理条例》第三章经营安全，共六条，分别对烟花爆竹批发、零售企业具备的条件，经营布点，经营许可和经营范围等问题作了规定。

《烟花爆竹安全管理条例》第四章运输安全，共六条，分别对烟花爆竹运输安全管理部门、运输企业的资质要求，应当遵守的规定，搭乘公共交通工具、邮寄和托运烟花爆竹等问题作了规定。

《烟花爆竹安全管理条例》第五章燃放安全，共八条，分别对烟花爆竹燃放的相关规定、举办焰火晚会的许可及管理等问题作了规定。

《烟花爆竹安全管理条例》第六章法律责任，共九条，分别对未经许可生产、经营、运输烟花爆竹，违规生产烟花爆竹，违规经营，丢失烟花爆竹，违规运输烟花爆竹，非法携带、邮寄、夹带烟花爆竹，非法燃放烟花爆竹，在烟花爆竹安全监管中滥用职权、玩忽职守、徇私舞弊等问题作了规定。

3.《烟花爆竹　安全与质量》(GB 10631—2013)

《烟花爆竹　安全与质量》是我国烟花爆竹安全相关的最基础的三个标准之一，也是烟花爆竹安全管理的依据之一。整个标准分为八章：范围、规范性引用文件、术语与定义、分类与分级、通用安全技术质量要求、检验方法、检验规则、运输和储存。

《烟花爆竹　安全与质量》第一章对标准的适用范围作了规定，第二章是标准的规范性引用文件，第三章对标准中的术语进行了定义。

《烟花爆竹　安全与质量》第四章分级与分类。根据烟花爆竹的结构与组成、燃放运动轨迹及燃放效果，将烟花爆竹产品分为爆竹类、喷花类、旋转类、升空类、吐珠类、玩具类、礼花类、架子烟花类、组合烟花类 9 大类和若干小类。按照药量及所能构成的危险性大小，将烟花爆竹产品分为 A、B、C、D 四级。

《烟花爆竹　安全与质量》第五章通用安全技术质量要求，分别对标志，包装，外观，部件，结构与材质，药种、药量和安全性能，燃放性能等方面作了规定。

《烟花爆竹　安全与质量》第六章检验方法，分别对标志，包装，外观，部件，结构与材质，药种、药量和安全性能，燃放性能等方面的检测作了规定。

《烟花爆竹　安全与质量》第七章检验规则，规定了烟花爆竹产品验收规则按《烟花爆竹　抽样检查规则》(GB/T 10632)的规定执行。

《烟花爆竹　安全与质量》第八章运输和储存，要求产品储存应按《烟花爆竹作业安全技术规程》(GB 11652—2012)的要求存放在专用危险品仓库；仓库和储存限量应符合《烟花爆竹工程设计安全规范》(GB 50161—2009)的规定。烟花爆竹产品从制造完成之日起，在正常条件下运输、储存，保质期三年(含铁砂的产品保质期一年)。

4.《烟花爆竹工程设计安全规范》(GB 50161—2009)

《烟花爆竹工程设计安全规范》是我国烟花爆竹安全相关的最基础的三个标准之一，也是烟花爆竹安全管理的依据之一。整个标准分为十二章。第一章规定了制定标准的目的和适用范围。第二章列出了该标准所涉及的烟花爆竹术语与定义。

《烟花爆竹工程设计安全规范》第三章建筑物危险等级和计算药量，分别对建筑物危险等级，厂房的危险等级，危险品生产工序的危险等级，氧化剂、可燃物及其他化工原材料的火灾危险性分类，危险性建筑物的计算药量等问题作了规定。

《烟花爆竹工程设计安全规范》第四章工程规划和外部最小允许距离，分别对工程规划、危险品生产区外部最小允许距离、危险品总仓库区外部最小允许距离、销毁场和燃放试验场外部最小允许距离等问题作了规定。

《烟花爆竹工程设计安全规范》第五章总平面布置和内部最小允许距离，分别对烟花爆竹项目的总平面布置、危险品生产区内部最小允许距离、危险品总仓库区内部最小允许距离、防护屏障等问题作了规定。

《烟花爆竹工程设计安全规范》第六章工艺与布置，分别对烟花爆竹的生产工艺，生产线，危险的作业场所使用的设备、仪器、工器具，危险品生产厂房允许最大存药量，厂房和库房(仓库)结构，临时存药间，工艺布置，厂房的人均使用面积，烟花爆竹成品、有药半成品和药剂的干燥工艺参数与干燥方式，晒场设置，运输危险品的廊道等问题作了规定。

《烟花爆竹工程设计安全规范》第七章危险品储存和运输，分别对危险品的储存、仓库内危险品的库存量、仓库内危险品的堆放、厂内危险品的运输、生产区运输危险品的主干道、仓库区运输危险品的主干道、危险品生产区和危险品总仓库区内汽车运输危险品的主干道纵坡、机动车停放、人工提送危险品等问题作了规定。

《烟花爆竹工程设计安全规范》第八章建筑结构，分别对企业生产用建筑一般规定、生产区危险性建筑物的结构选型和构造、抗爆间室和抗爆屏院、生产区危险性建筑物的安全疏散、生产区危险性建筑物的建筑构造、仓库区危险品仓库的建筑结构、通廊和防护屏障的隧道等问题作了规定。

《烟花爆竹工程设计安全规范》第九章消防，分别对消防给水设施，给水的水源，室外消防用水量，室内消火栓系统，易发生燃烧事故工作间的雨淋灭火系统设置，产品或原料与水接触能引起燃烧、爆炸或助长火势蔓延的厂房的消防设施，危险品总仓库区的消防供水设施，灭火器配置等问题作了规定。

《烟花爆竹工程设计安全规范》第十章废水处理，分别对烟花爆竹企业废水排放设计，废水排放、收集等问题作了规定。

《烟花爆竹工程设计安全规范》第十一章采暖通风与空气调节，分别对危险性建筑物采暖系统的选取，危险性建筑物散热器采暖系统的设计，采用热风采暖时的送风温度，危险品生产厂房内危险性粉尘或气体的设备和操作岗通风，危险品生产厂房的通风、空气调节系统设计，含有燃烧爆炸危险性粉尘或气体的厂房中机械排风系统的设计，风管、风口的设置和要求等问题作了规定。

《烟花爆竹工程设计安全规范》第十二章危险场所的电气，分别对危险场所类别的划分、危险场所电气设备的一般要求、室内电气线路的一般要求、照明的要求、变电所和厂房配电室要求、室外电气线路的要求、防雷与接地的要求、防静电的要求、通讯要求、视频监控系统要求、火灾报警系统要求、安全防范工程、控制室的设置等问题作了规定。

5.《烟花爆竹作业安全技术规程》(GB 11652—2012)

《烟花爆竹作业安全技术规程》是我国烟花爆竹安全相关的最基础的三个标准之一,也是烟花爆竹安全管理的依据之一。整个标准分为十三部分。第一至第三部分分别规定了适用范围、该标准所涉及的规范性引用文件以及烟花爆竹术语与定义。

《烟花爆竹作业安全技术规程》第四部分,介绍了烟花爆竹生产作业中的一般性规定。

《烟花爆竹作业安全技术规程》第五部分,对烟火药制造及裸药效果件制作的问题作了规定。

《烟花爆竹作业安全技术规程》第六部分,对引火线(含效果引线)制作的问题作了规定。

《烟花爆竹作业安全技术规程》第七部分,对烟花爆竹产品制作的基本要求以及各工序涉及的问题作了规定。

《烟花爆竹作业安全技术规程》第八部分,介绍了烟花爆竹生产所用设备的要求,以及设备的安装、使用和维修中的要求。

《烟花爆竹作业安全技术规程》第九部分,对烟花爆竹产品的装卸、运输、储存问题作了规定。

《烟花爆竹作业安全技术规程》第十部分,对烟花爆竹作业的生产经营条件和环境等问题作了规定。

《烟花爆竹作业安全技术规程》第十一部分,对烟花爆竹作业的劳动防护用品的要求作了规定。

《烟花爆竹作业安全技术规程》第十二部分,对烟花爆竹作业人员的要求作了规定。

《烟花爆竹作业安全技术规程》第十三部分,对烟花爆竹危险性废弃物处置问题作了规定。

第二节　安全生产方针与安全生产的基本原则

一、安全生产管理的方针

2005 年，我国在总结社会主义市场经济体制下，根据安全生产实践经验教训提出以“安全第一、预防为主、综合治理”为我国的安全生产管理的方针。

1. 安全第一

“安全第一”是“预防为主”和“综合治理”的统帅和灵魂。“安全第一”，就是必须在一切生产和社会活动中把安全工作放在第一位，把安全工作作为一切经济社会工作的头等大事，给予充分的重视。没有“安全第一”的思想，“预防为主”就失去了思想支撑，“综合治理”就失去了整治依据。“安全第一”主要体现在：在思想认识上，安全高于其他工作；在组织机构上，安全权威大于其他组织或部门；在资金安排上，安全投入多于其他工作所需的资金；在知识更新上，安全知识（规章）学习先于其他知识培训和学习；在检查考评上，安全的检查评比严于其他考核工作。当安全与生产、安全与经济、安全与效益发生矛盾时，安全优先。

2. 预防为主

“预防为主”是实现“安全第一”的根本途径。与以往不同的是，新时期的“预防为主”是在科学发展观的指导下，在经济、政治、文化和社会建设“四位一体”的战略布局中推进的。“预防为主”的规定，主要体现为“六先”，即：安全意识在先、安全投入在先、安全责任在先、建章立制在先、隐患排查在先、监督执法在先。

3. 综合治理

“综合治理”是落实“安全第一、预防为主”的手段和方法。在新世纪新阶段，我国在安全生产实践中遇到了许多新矛盾新问题，客观上要求必须实施“综合治理”。它体现了当前推进安全生产工作的时代要求，既要立足当前，通过强化检查、专项整治、查处事故等，实现“治标”；又要着眼长远，通过改革发展解决深层次问题，建立安全生产长效机制。

二、安全生产的基本原则

1. 人身安全第一的原则

以人为本是科学发展观的核心，“国家尊重和保障人权”已经载入我国宪法。“安全发展”已纳入我国社会主义现代化建设的总体战略。安全生产最根本最重要的就是保障从业人员的人身安全，保障他们的生命权不受侵犯。按照这个原则，《安全生产法》第一条就将保障人民群众生命财产安全作为立法宗旨，并且在第三章专门对从业人员在生产经营活动中的人身安全方面所享有的权利作出了明确的规定。

2. 预防为主的原则

“安全第一，预防为主”是党和国家的一贯方针(2005 年新提出的安全生产方针又增加了“综合治理”四个字)。预防为主是安全事故发生前的事前管理，是指生产经营单位的安全管理工作必须重点抓好申办、筹办和建设工程中的安全条件论证、安全设施“三同时”、建立管理规章制度等工作，把可能发生的事故或隐患消灭在萌芽之中，达到安全的目的。

3. 权责一致的原则

当前重大事故不断发生的一个重要原因，是一些拥有安全事项行政审批许可及安全监管权力的有关政府部门及其工作人员只要权力，不要责任，出了事故，推卸责任。为了加强安全生产的监督管理，《安全生产法》强化了各级人民政府和负有安全生产监管职责的部门负责人和工作人员的相关职权和手段，同时也对其违法行政所应负的法律责任及约束监督机制作出了明确规定。

4. 社会监督、综合治理的原则

安全生产涉及社会各个方面和千家万户，仅靠负责安全生产监督管理职责的部门是难以实现的，还必须调动社会的力量进行监督，并发挥各有关部门的职能作用，齐抓共管，综合治理。要依靠群众、企业职工和其他社会组织、新闻舆论的大力协助和监督，实现群防群治。

5. 依法从重处罚的原则

安全生产形势严峻、重大责任事故时有发生的另一个原因，是现行相关立法的处罚力度过轻，不足以震慑和惩治各种安全生产和造成重大事故的违法犯罪分子。所以，对那些严重违反安全生产法律、法规的违法者，必须追究其法律责任，依法从重处罚。《安全生产法》设定了安全生产违法应当承担的行政责任和刑事责任，设定了 11 种行政处罚，有 11 条规定构成犯罪的要依法追究其刑事责任，还破例地设定了民事责任，其法律责任形式之全、处罚种类之多、处罚之严厉都是前所未有的。这充分反映了国家对严重违反安全生产相关法律法规者和造成重大、特大生产安全事故的责任者依法课以重典的指导思想。

第三节　从业人员的安全生产权利和义务制度

一、从业人员的安全生产权利

《安全生产法》第六条规定："生产经营单位的从业人员有依法获得安全生产保障的权利，并应当依法履行安全生产方面的义务。"

各类生产经营单位的所有制形式、规模、行业、作业条件和管理方式多种多样，法律不可能也不需要对其从业人员所有的安全生产权利都作出具体规定。《安全生产法》主要规定了各类从业人员必须享有的、有关安全生产和人身安全的最重要、最基本的权利。烟花爆竹生产经营单位的各类从业人员也拥有这些基本安全生产权利，可以概括为以下五项。

1. 享受工伤保险和伤亡求偿权

从业人员在生产经营作业过程中是否依法享有获得工伤社会保险和民事赔偿的权利，是长期争论而没有解决的问题，由此引发的纠纷和社会问题极多。法律是否赋予从业人员这项权利并保证其行使，是《安全生产法》必须解决的问题。《中华人民共和国合同法》虽有关于从业人员与生产经营单位订立劳动合同的规定，但没有载明有关保障从业人员劳动安全、享受工伤社会保险的事项，没有关于从业人员可以依法获得民事赔偿的规定。鉴于我国的安全生产水平较低，生产安全事故多发，对事故受害者的抚恤、善后等经济补偿的法律规定很不完善，很多生产经营单位没有给从业人员投保，现行的抚恤标准较低，不足以补偿受害者伤亡的经济损失，但又没有法定的补偿制度。一旦发生事故，不是生产经营单位拿不出钱来，就是开支没有合法依据，只好东挪西凑；或者是推托搪塞，拖欠补偿款项，迟迟不能善后；或者是企业经营亏损，无钱补偿；或者是企业负责人一走了之，逃之夭夭；或者是"要钱没有，要命有一条"。许多民营企业老板逃避法律责任，把"包袱"甩给政府，最终受害的是从业人员。

《安全生产法》明确赋予了从业人员享有工伤保险和获得伤亡赔偿的权利，同时规定了生产经营单位的相关义务。《安全生产法》第四十四条规定："生产经营单位与从业人员订立的劳动合同，应当载明有关保障从业人员劳动安全、防止职业危害的事项，以及依法为从业人员办理工伤社会保险的事项。生产经营单位不得以任何形式与从业人员订立协议，免除或者减轻其对从业人员因生产安全事故伤亡依法应当承担的责任。"第四十八条规定："因生产安全事故受到损害的人员，除依法享有获得工伤社会保险外，依照有关民事法律尚有获得赔偿的权利的，有权向本单位提出赔偿要求。"第四十三条规定："生产经营单位必须依法参加工伤社会保险，为从业人员缴纳保险费。”此外，法律还对生产经营单位与从业人员订立协议，免除或者减轻其对从业人员因生产安全事故伤亡依法应承担的责任的，规定该协议无效，并对生产经营单位主要负责人、个人经营的投资人处以二万元以上二十万元以下的罚款。《安全生产法》的有关规定，明确了以下四个问题。

第一，从业人员依法享有工伤保险和伤亡求偿的权利。法律规定这项权利必须以劳动合同必要条款的书面形式加以确认。没有依法载明或者免除或者减轻生产经营单位对从业人员因生产安全事故伤亡依法应承担的责任的，属于非法行为，应当承担相应的法律责任。

第二，依法为从业人员缴纳工伤社会保险费和给予民事赔偿，是生产经营单位的法律义务。生产经营单位不得以任何形式免除该项义务，不得变相以抵押金、担保金等名义强制从业人员缴纳工伤社会保险费。

第三，发生生产安全事故后，从业人员首先依照劳动合同和工伤社会保险合同的约定，享有相应的赔付金。如果工伤保险金不足以补偿受害者的人身损害及经济损失，依照有关民事法律应当给予赔偿的，从业人员或其亲属有要求生产经营单位给予赔偿的权利，生产经营单位必须履行相应的赔偿义务。否则，受害者或其亲属有向人民法院起诉和申请强制执行的权利。

第四，从业人员获得工伤社会保险赔付和民事赔偿的金额标准、领取和支付程序，必须符合法律、法规和国家的有关规定。从业人员和生产经营单位均不得自行确定标准，不得非法提高或者降低标准。

2. 危险因素和应急措施的知情权

生产经营单位，特别是从事矿山、建筑、危险物品生产经营和公众聚集场所，往往存在着一些对从业人员生命和健康造成危险、危害的因素，譬如接触粉尘、顶板、突水、火险、瓦斯、高空坠落、有毒有害、放射性、腐蚀性、易燃易爆等场所、工种、岗位、工序、设备、原材料、产品，都有发生人身伤亡事故的可能。直接接触这些危险因素的从业人员往往是生产安全事故的直接受害者。许多生产安全事故从业人员伤亡严重的教训之一，就是法律没有赋予从业人员获得危险因素以及发生事故时应当采取的应急措施的知情权。如果从业人员知道并且掌握有关安全知识和处理办法，就可以消除许多不安全因素和事故隐患，避免事故发生或者减少人身伤亡。所以，《安全生产法》规定，生产经营单位从业人员有权了解其作业场所和工作岗位存在的危险因素及事故应急措施。要保证从业人员这项权利的行使，生产经营单位就有义务事前告知有关危险因素和事故应急措施。否则，生产经营单位就侵犯了从业人员的权利，并对由此产生的后果承担相应的法律责任。

3. 安全管理的批评、检举、控告权

从业人员是生产经营活动的直接参与者，他们对安全生产情况尤其是安全管理中的问题和事故隐患最了解、最熟悉，具有他人不能替代的作用。只有依靠他们并且赋予他们必要的安全生产监督权和自我保护权，才能做到预防为主，防患于未然，才能保障他们的人身安全和健康。关注安全，就是关爱生命，关心企业。一些生产经营单位的主要负责人不重视生产安全，对安全问题熟视无睹，不听取从业人员的正确意见和建议，使本来可以发现、及时处理的事故隐患不断扩大，导致事故和人员伤亡；有的竟然对批评、检举、控告生产经营单位安全生产问题的从业人员进行打击报复。《安全生产法》针对某些生产经营单位存在的不重视甚至剥夺从业人员对安全管理监督权利的问题，规定从业人员有权对本单位的安全生产工作提出建议，有权对本单位安全生产工作中存在的问题提出批评、检举、控告。

4. 拒绝违章指挥和强令冒险作业权

在生产经营活动中经常出现企业负责人或者管理人员违章指挥和强令从业人员冒险作业的现象，由此导致事故，造成人员大量伤亡。因此，法律赋予从业人员拒绝违章指挥和强令冒险作业的权利，不仅是为了保护从业人员的人身安全，也是为了警示生产经营单位负责人和管理人员必须照章指挥，保证安全，并不得因从业人员拒绝违章指挥和强令冒险作业而对其进行打击报复。《安全生产法》第四十六条规定："生产经营单位不得因从业人员对本单位安全生产工作提出批评、检举、控告或者拒绝违章指挥、强令冒险作业而降低其工资、福利等待遇或者解除与其订立的劳动合同。"

5. 紧急情况下的停止作业和紧急撤离权

由于生产经营场所的自然和人为的危险因素的存在不可避免，经常会在生产经营作业过程中发生一些意外的或者人为的直接危及从业人员人身安全的危险情况，将会或者可能会对从业人员造成人身伤害。比如从事矿山、建筑、危险物品生产作业的从业人员，一旦发现将要发生透水、瓦斯爆炸、煤和瓦斯突出、冒顶、片帮、坠落、倒塌，危险物品泄露、燃烧、爆炸等紧急情况并且无法避免时，最大限度地保护现场作业人员的生命安全是第一位的，法律赋予他们享有停止作业和紧急撤离的权利。《安全生产法》第四十七条规定："从业人员发现直接危及人身安全的紧急情况时，有权停止作业或者在采取可能的应急措施后撤离作业场所。生产经营单位不得因从业人员在前款紧急情况下停止作业或者采取紧急撤离措施而降低其工资、福利等待遇或者解除与其订立的劳动合同。"从业人员在行使这项权利的时候，必须明确四点：一是危及从业人员人身安全的紧急情况必须有确实可靠的直接根据，凭借个人猜测或者误判而实际并不属于危及人身安全的紧急情况下，该项权利不能滥用；二是紧急情况必须直接危及人身安全，间接或者可能危及人身安全的情况不应撤离，而应采取有效处理措施；三是出现危及人身安全的紧急情况时，首先是停止作业，然后要采取可能的应急措施，采取应急措施无效时，再撤离作业场所；四是该项权利不适用于某些从事特殊职业的从业人员，比如飞行人员、船舶驾驶人员、车辆驾驶人员等，根据有关法律、国际公约和职业惯例，在发生危及人身安全的紧急情况下，他们不能撤离或者先行撤离从业场所或者岗位。

二、从业人员的安全生产义务

作为法律关系内容的权利与义务是对等的。没有无权利的义务,也没有无义务的权利。从业人员依法享有权利,同时必须承担相应的法律义务和法律责任。

大量事故案例证明,绝大多数生产安全事故属于从业人员违章违规操作引发的责任事故。导致从业人员违章违规操作的主要原因有四个:一是法定的安全生产义务不明确;二是从业人员的安全素质差,责任心不强,不严格按照操作规程和规章制度进行生产经营作业;三是因从业人员不履行法定义务所应承担的法律责任不明确,查处依据不足;四是有关责任追究的法律规定畸轻,不能引起从业人员的足够重视。由此可见,要实现安全生产,必须加强从业人员依法生产、照章作业的责任感,对从业人员安全生产义务和责任作出明确的法律规定。《安全生产法》第一次明确规定了从业人员安全生产的法定义务和责任,具有重要意义:一是安全生产是从业人员最基本的义务和不容推卸的责任;二是从业人员必须尽职尽责,严格照章办事,不得违章违规;三是从业人员不履行法定义务,必须承担相应的法律责任;四是为事故处理及其从业人员责任追究提供法律依据。《安全生产法》关于从业人员安全生产基本义务主要有四项。

1. 遵章守规,服从管理的义务

《安全生产法》第四十九条规定:“从业人员在从业过程中,应当严格遵守本单位的安全生产规章制度和操作规程,服从管理……”根据《安全生产法》和其他有关法律、法规和规章的规定,生产经营单位必须制定本单位安全生产的规章制度和操作规程。从业人员必须严格依照这些规章制度和操作规程进行生产经营作业。安全生产规章制度和操作规程是从业人员从事生产经营,确保安全的具体规范和依据。从这个意义上说,遵守规章制度和操作规程,实际上就是依法进行安全生产。事实表明，从业人员违反规章制度和操作规程，是导致生产安全事故的主要原因。违反规章制度和操作规程，必然发生生产安全事故。生产经营单位的负责人和管理人员有权依照规章制度和操作规程进行安全管理，监督检查从业人员遵章守规的情况。对这些安全生产管理措施，从业人员必须接受并服从管理。依照法律规定，生产经营单位的从业人员不服从管理，违反安全生产规章制度和操作规程的，由生产经营单位给予批评教育，依照有关规章制度给予处分；造成重大事故，构成犯罪的，依照刑法有关规定追究刑事责任。

2. 正确佩戴和使用劳动防护用品的义务

按照法律、法规的规定，为保障人身安全，生产经营单位必须为从业人员提供必要的、安全的劳动防护用品，以避免或者减轻作业和事故中的人身伤害。比如煤矿矿工下井作业时必须佩戴矿灯用于照明，从事高空作业的工人必须佩戴安全带以防坠落，等等。但实践中由于一些从业人员缺乏安全知识，认为佩戴和使用劳动防护用品没有必要，往往不按规定佩戴或者不能正确佩戴和使用劳动防护用品，由此引发的人身伤害时有发生，造成不必要的伤亡。另外有的从业人员虽然佩戴和使用劳动防护用品，但由于不会或者没有正确使用而发生人身伤害的案例也很多。因此，正确佩戴和使用劳动防护用品是从业人员必须履行的法定义务，这是保障从业人员人身安全和生产经营单位安全生产的需要。从业人员不履行该项义务而造成人身伤害的，生产经营单位不承担法律责任。

3. 接受培训，掌握安全生产技能的义务

不同的行业，不同的生产经营单位，不同的工作岗位和不同的生产经营设施、设备具有不同的安全技术特性和要求。随着生产经营领域的不断扩大和高新安全技术装备的大量使用，生产经营单位对从业人员的安全素质要求越来越高。从业人员的安全生产意识和安全技能的高低，直接关系到生产经营活动的安全可靠性。特别是从事矿山、建筑、危险物品生产作业和使用高科技安全技术装备的从业人员，更需要具有系统的安全知识、熟练的安全生产技能，以及对不安全因素和事故隐患、突发事故的预防和处理的能力与经验。要适应生产经营活动对安全生产技术知识和能力的需要，必须对新招聘、转岗的从业人员进行专门的安全生产教育和业务培训。许多国有和大型企业一般比较重视安全培训工作，从业人员的安全素质比较高。但是许多非国有和中小企业不重视或者不组织安全培训，有的没有经过专门的安全生产培训，或者简单应付了事，其中部分从业人员不具备应有的安全素质，因此违章违规操作，酿成事故的比比皆是。所以，为了明确从业人员接受培训、提高安全素质的法定义务，《安全生产法》第五十条规定："从业人员应当接受安全生产教育和培训，掌握本职工作所需的安全生产知识，提高安全生产技能，增强事故预防和应急处理能力。"这对提高生产经营单位从业人员的安全意识、安全技能，预防、减少事故和人员伤亡，具有积极意义。

4. 发现事故隐患及时报告的义务

从业人员直接进行生产经营作业，他们是事故隐患和不安全因素的第一见证人。许多生产安全事故是由于从业人员在作业现场发现事故隐患和不安全因素后，没有及时报告，以至延误了采取措施进行紧急处理的时机，发生重大、特大事故。如果从业人员尽职尽责，及时发现并报告事故隐患和不安全因素，事故能够得到及时报告并得到有效处理，那么完全可以避免事故发生或降低事故损失。所以，发现事故隐患并及时报告是贯彻"预防为主"的方针，加强事前防范的重要措施。为此，《安全生产法》第五十一条规定："从业人员发现事故隐患或者其他不安全因素，应当立即向现场安全生产管理人员或者本单位负责人报告；接到报告的人员应当及时予以处理。"这就要求从业人员必须具有高度的责任心，防微杜渐，防患于未然，及时发现事故隐患和不安全因素，预防事故发生。

第四节 烟花爆竹安全生产责任追究

一、法律责任

法律责任是指由于违法行为而应当承担的法律后果，它与法律制裁相联系。法律制裁是指依据法律对违法者采取的惩罚措施。国家公职人员、公民、法人和其他组织拒不履行法律义务，或者做出法律所禁止的行为，并具备违法行为的构成要件，则应当承担其违法行为所引起的法律后果，国家依法给予其法律制裁。违法行为是承担法律责任的前提，法律制裁是追究法律责任的必然结果。追究法律责任，实施法律制裁，只能由法定的国家机关执行，具有国家强制性。按照违法的性质、程度的不同，法律责任可以分为刑事责任、行政责任和民事责任。

1. 刑事责任

刑事责任是指国家刑事法律规定的犯罪行为所承担的法律后果。它是所有法律责任中性质最为严重、制裁最为严厉的一种。刑事责任既有人身责任也有财产责任，但主要是人身责任。其主体既可以是公民，也可以是法人。

刑罚分为主刑和附加刑两类。主刑是对犯罪人适用的主要刑罚，只能单独适用，具体包括管制、拘役、有期徒刑、无期徒刑、死刑。附加刑是补充主刑适用的刑罚，既可以辅助主刑适用，也可单独适用，包括罚金、剥夺政治权利、没收财产三类。

2. 行政责任

行政责任是指违反有关行政管理的法律、法规的规定，但尚未构成犯罪的行为依法所应当承担的法律后果。行政责任分为行政处分和行政处罚两大类。行政责任的主体是国家机关和国家公务人员、普通公民和其他团体、组织。

行政处分是指对国家工作人员及由国家机关委派到企业、事业单位任职的人员的行政违法行为，由所在的单位或其上级主管机关所给予的一种制裁性处理。行政处分的种类包括警告、记过、记大过、降级、降职、撤职、开除等。

行政处罚是指国家行政机关及其他依法可以实施行政处罚的组织，对违反行政法律、法规、规章尚不构成犯罪的公民、法人及其他组织实施的一种制裁行为。它是行政责任中适用最广泛的一种责任形式。行政处罚的主要形式有：警告；罚款；没收非法所得、没收非法财物；责令停产停业；暂扣或者吊销许可证、暂扣或者吊销执照；行政拘留；法律法规规定的其他行政处罚。

3. 民事责任

民事责任是指由于民事主体违反民事义务，侵犯他人合法权益，依照民事法律制度所应承担的法律责任。它主要表现为一种财产上的责任。

民事责任的主体主要是自然人、法人和其他组织。承担民事责任的方式主要有：停止侵害；排除妨碍；消除危险；返还财产；恢复原状；修理、重作、更换；赔偿损失；支付违约金；消除影响、恢复名誉；赔礼道歉。

二、烟花爆竹安全生产责任追究

《安全生产法》、《烟花爆竹安全管理条例》等对生产经营烟花爆竹负有安全生产监督管理责任的工作人员以及烟花爆竹生产经营单位及从业人员的法律责任均作了明确的规定。下面就《安全生产法》与《烟花爆竹安全管理条例》中有关从业人员的法律责任作简单介绍。

1.《安全生产法》有关规定

(1)生产经营单位有下列行为之一的，责令限期改正；逾期未改正的，责令停产停业整顿，可以并处二万元以下的罚款：未按照规定设立安全生产管理机构或者配备安全生产管理人员的；危险物品的生产、经营、储存单位以及矿山、建筑施工单位的主要负责人和安全生产管理人员未按照规定经考核合格的；未按照本法规定对从业人员进行安全生产教育和培训，或者未按照本法规定如实告知从业人员有关的安全生产事项的；特种作业人员未按照规定经专门的安全作业培训并取得特种作业操作资格证书，上岗作业的。

(2)生产经营单位有下列行为之一的，责令限期改正；逾期未改正的，责令停产停业整顿；造成严重后果，构成犯罪的，依照刑法有关规定追究刑事责任：生产、经营、储存、使用危险物品的车间、商店、仓库与员工宿舍在同一座建筑物内，或者与员工宿舍的距离不符合安全要求的；生产经营场所和员工宿舍未设有符合紧急疏散需要、标志明显、保持畅通的出口，或者封闭、堵塞生产经营场所或者员工宿舍出口的。

(3)生产经营单位与从业人员订立协议，免除或者减轻其对从业人员因生产安全事故伤亡依法应承担的责任的，该协议无效；对生产经营单位的主要负责人、个人经营的投资人处二万元以上十万元以下的罚款。

(4)生产经营单位的从业人员不服从管理，违反安全生产规章制度或者操作规程的，由生产经营单位给予批评教育，依照有关规章制度给予处分；造成重大事故，构成犯罪的，依照刑法有关规定追究刑事责任。

2.《烟花爆竹安全管理条例》关于安全生产法律责任追究的规定

(1)对未经许可生产、经营烟花爆竹制品，或者向未取得烟花爆竹安全生产许可的单位或者个人销售黑火药、烟火药、引火线的，由安全生产监督管理部门责令停止非法生产、经营活动，处 2 万元以上 10 万元以下的罚款，并没收非法生产、经营的物品及违法所得。

对未经许可经由道路运输烟花爆竹的，由公安部门责令停止非法运输活动，处 1 万元以上 5 万元以下的罚款，并没收非法运输的物品及违法所得。

非法生产、经营、运输烟花爆竹，构成违反治安管理行为的，依法给予治安管理处罚；构成犯罪的，依法追究刑事责任。

（2）生产烟花爆竹的企业有下列行为之一的，由安全生产监督管理部门责令限期改正，处1万元以上5万元以下的罚款；逾期不改正的，责令停产停业整顿，情节严重的，吊销安全生产许可证：未按照安全生产许可证核定的产品种类进行生产的；生产工序或者生产作业不符合有关国家标准、行业标准的；雇佣未经设区的市人民政府安全生产监督管理部门考核合格的人员从事危险工序作业的；生产烟花爆竹使用的原料不符合国家标准规定的，或者使用的原料超过国家标准规定的用量限制的；使用按照国家标准规定禁止使用或者禁忌配伍的物质生产烟花爆竹的；未按照国家标准的规定在烟花爆竹产品上标注燃放说明，或者未在烟花爆竹的包装物上印制易燃易爆危险物品警示标志的。

（3）从事烟花爆竹批发的企业向从事烟花爆竹零售的经营者供应非法生产、经营的烟花爆竹，或者供应按照国家标准规定应由专业燃放人员燃放的烟花爆竹的，由安全生产监督管理部门责令停止违法行为，处2万元以上10万元以下的罚款，并没收非法经营的物品及违法所得；情节严重的，吊销烟花爆竹经营许可证。

从事烟花爆竹零售的经营者销售非法生产、经营的烟花爆竹，或者销售按照国家标准规定应由专业燃放人员燃放的烟花爆竹的，由安全生产监督管理部门责令停止违法行为，处1000元以上5000元以下的罚款，并没收非法经营的物品及违法所得；情节严重的，吊销烟花爆竹经营许可证。

（4）生产、经营、使用黑火药、烟火药、引火线的企业，丢失黑火药、烟火药、引火线未及时向当地安全生产监督管理部门和公安部门报告的，由公安部门对企业主要负责人处5000元以上2万元以下的罚款，对丢失的物品予以追缴。

(5)对携带烟花爆竹搭乘公共交通工具,或者邮寄烟花爆竹以及在托运的行李、包裹、邮件中夹带烟花爆竹的,由公安部门没收非法携带、邮寄、夹带的烟花爆竹,可以并处200元以上1000元以下的罚款。

(6)对未经许可举办焰火晚会以及其他大型焰火燃放活动,或者焰火晚会以及其他大型焰火燃放活动燃放作业单位和作业人员违反焰火燃放安全规程、燃放作业方案进行燃放作业的,由公安部门责令停止燃放,对责任单位处1万元以上5万元以下的罚款。

在禁止燃放烟花爆竹的时间、地点燃放烟花爆竹,或者以危害公共安全和人身、财产安全的方式燃放烟花爆竹的,由公安部门责令停止燃放,处100元以上500元以下的罚款;构成违反治安管理行为的,依法给予治安管理处罚。

第五节　工伤保险条例

2003年4月27日国务院第375号令公布《工伤保险条例》,自2004年1月1日起施行。2010年12月8日《国务院关于修改〈工伤保险条例〉的决定》经国务院第136次常务会议通过,自2011年1月1日起施行。《工伤保险条例》的立法目的是为了保障因工作遭受事故伤害或者患职业病的职工获得医疗救治和经济补偿,促进工伤预防和职业康复,分散用人单位的工伤风险。国家对工伤保险补偿作出了明确的法律规定,解决了长期困扰各级人民政府的一大难题,对做好工伤人员的医疗救治和经济补偿,加强安全生产工作,预防和减少生产安全事故,实现社会稳定,具有积极的作用。

一、工伤保险的特性与适用范围

1. 工伤保险的特点

(1)具有经济上的补偿性;

(2)权利主体特殊性:享有工伤保险权利的主体只限于本企业的

职工或者雇工，其他人不能享有这项权利；

(3)义务和责任主体的法定性；

(4)无责任补偿的原则；

(5)补偿风险承担的社会性。

2. 工伤保险的适用范围

《工伤保险条例》第二条规定，中华人民共和国境内的企业、事业单位、社会团体、民办非企业单位、基金会、律师事务所、会计师事务所等组织和有雇工的个体工商户(以下称用人单位)应当依照本条例规定参加工伤保险，为本单位全部职工或者雇工(以下称职工)缴纳工伤保险费。中华人民共和国境内的企业、事业单位、社会团体、民办非企业单位、基金会、律师事务所、会计师事务所等组织的职工和个体工商户的雇工，均有依照本条例的规定享受工伤保险待遇的权利。

二、缴纳工伤保险费的规定

1. 确定费率的原则

《工伤保险条例》第八条规定，工伤保险费根据以支定收、收支平衡的原则确定费率。

2. 费率的制定与工伤保险费的缴纳

《工伤保险条例》第八条规定，国家根据不同行业的工伤风险程度确定行业的差别费率，并根据工伤保险费使用、工伤发生率等情况在每个行业内确定若干费率档次。行业差别费率及行业内费率档次由国务院社会保险行政部门制定，报国务院批准后公布施行。统筹地区经办机构根据用人单位工伤保险费使用、工伤发生率等情况，适用所属行业内相应的费率档次确定单位缴费费率。

《工伤保险条例》第十条规定，用人单位应当按时缴纳工伤保险费，职工个人不缴纳工伤保险费。用人单位缴纳工伤保险费的数额为本单位职工工资总额乘以单位缴费费率之积。对难以按照工资总额缴纳工伤保险费的行业，其缴纳工伤保险费的具体方式，由国务院社会保险行政部门规定。

三、工伤和劳动能力鉴定的规定

1. 工伤范围

《工伤保险条例》第十四条规定，职工有下列情形之一的，应当认定为工伤：

(1)在工作时间和工作场所内，因工作原因受到事故伤害的；

(2)工作时间前后在工作场所内，从事与工作有关的预备性或者收尾性工作受到事故伤害的；

(3)在工作时间和工作场所内，因履行工作职责受到暴力等意外伤害的；

(4)患职业病的；

(5)因工外出期间，由于工作原因受到伤害或者发生事故下落不明的；

(6)在上下班途中，受到非本人主要责任的交通事故或者城市轨道交通、客运轮渡、火车事故伤害的；

(7)法律、行政法规规定应当认定为工伤的其他情形。

2. 视同工伤的情况

《工伤保险条例》第十五条规定，职工有下列情形之一的，视同工伤：

(1)在工作时间和工作岗位，突发疾病死亡或者在48小时之内经抢救无效死亡的；

(2)在抢险救灾等维护国家利益、公共利益活动中受到伤害的；

(3)职工原在军队服役，因战、因公负伤致残，已取得革命伤残军人证，到用人单位后旧伤复发的。

职工有前款第(1)项、第(2)项情形的，按照本条例的有关规定享受工伤保险待遇；职工有前款第(3)项情形的，按照本条例的有关规定享受除一次性伤残补助金以外的工伤保险待遇。

3. 不得认定为工伤或者视同工伤的情况

《工伤保险条例》第十六条规定，职工符合本条例第十四条、第十五条的规定，但是有下列情形之一的，不得认定为工伤或者视同工伤：

(1)故意犯罪的；

(2)醉酒或者吸毒的；

(3)自残或者自杀的。

4. 工伤认定申请

(1)工伤保险申请时限、时效和申请责任

《工伤保险条例》第十七条规定，职工发生事故伤害或者按照职业病防治法规定被诊断、鉴定为职业病，所在单位应当自事故伤害发生之日或者被诊断、鉴定为职业病之日起 30 日内，向统筹地区社会保险行政部门提出工伤认定申请。遇有特殊情况，经报社会保险行政部门同意，申请时限可以适当延长。

用人单位未按前款规定提出工伤认定申请的，工伤职工或者其近亲属、工会组织在事故伤害发生之日或者被诊断、鉴定为职业病之日起 1 年内，可以直接向用人单位所在地统筹地区社会保险行政部门提出工伤认定申请。

按照本条第一款规定应当由省级社会保险行政部门进行工伤认定的事项，根据属地原则由用人单位所在地的设区的市级社会保险行政部门办理。

用人单位未在本条第一款规定的时限内提交工伤认定申请，在此期间发生符合本条例规定的工伤待遇等有关费用由该用人单位负担。

(2)工伤认定申请材料

①工伤认定申请表；

②与用人单位存在劳动关系(包括事实劳动关系)的证明材料；

③医疗诊断证明或者职业病诊断证明书(或者职业病诊断鉴定书)。

工伤认定申请表应当包括事故发生的时间、地点、原因以及职工伤害程度等基本情况。

工伤认定申请人提供材料不完整的,社会保险行政部门应当一次性书面告知工伤认定申请人需要补正的全部材料。申请人按照书面告知要求补正材料后,社会保险行政部门应当受理。

5. 劳动能力鉴定

职工发生工伤,经治疗伤情相对稳定后存在残疾、影响劳动能力的,应当进行劳动能力鉴定。

劳动能力鉴定是指劳动功能障碍程度和生活自理障碍程度的等级鉴定。

劳动功能障碍分为十个伤残等级,最重的为一级,最轻的为十级。

生活自理障碍分为三个等级:生活完全不能自理、生活大部分不能自理和生活部分不能自理。

劳动能力鉴定标准由国务院社会保险行政部门会同国务院卫生行政部门等部门制定。

四、工伤保险待遇的规定

1. 工伤保险待遇

《工伤保险条例》第三十条至第四十条规定了职工的各类工伤保险待遇,具体参见相关条款。

2. 停受工伤保险待遇

《工伤保险条例》第四十二条规定,工伤职工有下列情形之一的,停止享受工伤保险待遇:

(1)丧失享受待遇条件的;

(2)拒不接受劳动能力鉴定的;

(3)拒绝治疗的。

3. 工伤保险责任

由于用人单位的情况时有变化，所以依法明确某些情况下工伤保险责任的承担者，对于保障职工享有工伤保险待遇非常重要。《工伤保险条例》第四十三条规定，用人单位分立、合并、转让的，承继单位应当承担原用人单位的工伤保险责任；原用人单位已经参加工伤保险的，承继单位应当到当地经办机构办理工伤保险变更登记。用人单位实行承包经营的，工伤保险责任由职工劳动关系所在单位承担。职工被借调期间受到工伤事故伤害的，由原用人单位承担工伤保险责任，但原用人单位与借调单位可以约定补偿办法。企业破产的，在破产清算时依法拨付应当由单位支付的工伤保险待遇费用。

第二章 烟花爆竹生产基本知识

第一节 燃烧与爆炸

一、燃烧的概述

1. 燃烧现象

燃烧指的是可燃物质与氧或氧化剂发生激烈化学反应并伴有放热和发光的氧化还原反应。发热并伴有发光、激烈化学反应是燃烧现象的两个特征。燃烧反应剧烈，单位时间内放出大量的热，导致产物辐射出可见光。灯泡内的钨丝在照明时既发光又放出热量，但不发生化学反应，因此不能称为燃烧。酒精与氧作用生成醋是放热的化学反应，但其反应不激烈，因此也不是燃烧。燃烧反应只要有氧化还原反应的电子接受物质，不一定非得需要氧的存在。炽热的铁在氯气中能发生激烈化学反应，并伴有光和热发生，也称为燃烧。

2. 燃烧三要素

(1)可燃剂：能与氧或其他氧化剂发生氧化还原反应的物质称为可燃物，在反应中是转移电子的给予体并提供维持反应的热能。可燃物也称还原剂，如硫黄、木炭、金属粉、淀粉等。

(2)氧化剂：在氧化还原反应中是转移电子的接受体，能帮助和支持可燃物燃烧的物质称为助燃物，助燃物也称氧化剂，如氧气、高氯酸钾、硝酸钾等。

(3)点火源:能引起可燃物质产生氧化还原反应的激发能量,如机械能、电能、热能、光能、化学能和其他能。

燃烧的三要素必须同时具备,缺一不可,只有它们互相结合、互相作用,燃烧才能发生和继续进行。一切防火措施就是设法防止燃烧三要素的相互结合和相互作用,而一切灭火措施就是设法破坏这三要素中的一个。

3. 着火与燃点

可燃物质受到外界激发源的直接作用而开始的持续燃烧现象叫着火,可燃物质开始持续燃烧所需的最低温度叫做该物质的燃点或着火点(发火点)。可燃物质受热吸收的热量消耗于物质的升温、熔化、分解、蒸发及向周围散热,在一定温度下开始发生氧化反应,当氧化反应放出的热量大于散失的热量时,即使不再加热,氧化反应也能加速进行,物质的温度很快达到燃点,在此温度或高于此温度,物质就开始燃烧。物质的燃点越低,越容易着火。一些可燃物的燃点见表 2-1。

表 2-1　常见物质的燃点

物质名称	赛璐珞	纸	棉花	布	硫	松木	镁粉	铝粉
燃点(℃)	100	130	150	200	207	250	365	800

4. 自燃与自燃点

自燃是可燃物质自发的着火现象。可燃物质在无外界火源的直接作用下,常温中自行发热或由于物质内部的物理(如吸附)、化学(如分解)或生物(如细菌、腐败作用)反应过程所提供的热量积蓄起来,使其达到自燃温度,引起自行燃烧。能自行燃烧的最低温度称为该物质的自燃点。

环境温度、湿度高易引起自燃物质自燃。温度越高,反应速度越快,物质积热不能散发,易发生自燃事故。潮湿往往会加速烟火药剂中金属与水的反应,放出易燃气体和热量,从而引起自燃事故。

5. 闪燃与闪点

当火焰或炽热物体接近易燃或可燃液体时，其液面上的蒸气与空气混合物会发生一瞬即灭的燃烧，这种现象称为闪燃。

闪点是指易燃液体表面挥发的蒸气浓度足以发生闪燃时的最低温度。

6. 烟火药的燃烧速度

烟火药的燃烧速度取决于各组成元素的化学反应速度和从反应区域向未反应区域的传热性。由高氯酸钾与铝银粉等组成的“白药爆声剂”，其爆速可达千米每秒。

可燃物质燃烧所产生的热量越多，火焰温度越高，则燃烧速度越快。一般零氧差药物燃速比正氧差和负氧差药物的燃烧速度要快，并且随着氧平衡差距的拉大而大为减慢。含有金属粉的烟火药，一方面放热量大，另一方面提高了药物的导热性能，因此燃速可大大加快。

烟火药密度愈大，燃烧速度愈慢，其原因是由于密度的提高，使燃烧产生的高温气体不易渗透到烟火药内部去，使它只能在表面进行传火而内层发火过程减慢，并被限制为逐层燃烧。

烟火药各成分粉碎得愈细、混合得愈均匀，燃烧速度愈快，这是因为各成分分子之间的接触面积大，相互容易产生反应的缘故。

烟火药的燃烧速度随着外界压力的增加而上升，燃烧时产生大量气体的烟火药，在密闭状态中燃烧时，能产生极大的压力，燃速也迅速加快，并可能转变为爆炸。

二、爆炸的相关概念

广义地说，爆炸系指一种极为迅速的物理或化学的能量释放过程，在此过程中，系统的内在势能转变为机械功及光和热的辐射等。爆炸做功的根本原因在于系统原有高压气体或爆炸瞬间形成的高温高压气体或蒸气的骤然膨胀。

爆炸的一个最重要的特征是在爆炸点周围介质中发生急剧的压力突跃，而这种压力突跃是爆炸破坏作用的直接原因。

1. 爆炸的分类

爆炸可以由各种不同的物理现象或化学现象所引起。就引起爆炸过程的性质来看，爆炸现象大致可分为如下几类。

(1)物理爆炸现象

蒸汽锅炉或高压气瓶的爆炸属于此类。这是由于过热水迅速转变为过热蒸汽造成高压冲破容器阻力引起的，或是由于充气压力过高，超过气瓶强度发生破裂而引起的。由地壳弹性压缩能而引起的地壳运动(地震)也是一种强烈的物理爆炸现象。大的地震能量可达$10^{23}\sim10^{25}$ erg(尔格)，比一百万吨 TNT 炸药的爆炸(要当于 6 级地震)还要厉害。强火花放电(闪电)或高压电流通过细金属丝所引起的爆炸，也是一种物理爆炸现象，这时的能源是电能。强放电时能量在$10^{-6}\sim10^{-7}$ s 内释放出来，使放电区达到巨大的能量密度和数万摄氏度的高温，因而导致放电区的空气压力急剧升高，并在周围形成很强的冲击波。金属丝爆炸时，温度高达两万摄氏度，金属迅速化为气态而引起爆炸。物体的高速碰击(陨石落地、高速火箭碰击目标等)、水的大量骤然汽化等所引起的爆炸都属于物理爆炸现象。

(2)化学爆炸现象

细煤粉悬浮于空气中的爆燃，甲烷、乙炔以一定比例与空气混合所产生的爆炸，以及炸药的爆炸，都属于化学爆炸现象。

炸药爆炸进行的速度高达每秒数千米到万米，所形成的温度为3000～5000℃，压力高达数十万个大气压，因而能迅速膨胀并对周围介质做功。

(3)核爆炸

核爆炸的能源是核裂变(如 U^{235} 的裂变)或核聚变(如氘、氚、锂核的聚变)反应所释放出的核能。

核爆炸反应所释放出的能量比炸药爆炸放出的化学能要大得

多，核爆炸时可形成数百万到数千万摄氏度的高温，在爆炸中心区造成数百万个大气压的高压，同时还有很强的光和热的辐射以及各种粒子的贯穿辐射，因此比炸药爆炸具有大得多的破坏力。核爆炸反应所释放出的能量相当于数万吨到数千万吨 TNT 炸药爆炸的能量。

2. 炸药爆炸的特征

炸药爆炸过程具有如下三个特征：过程的放热性，过程的高速度（或瞬时性）并能自行传播，过程中生成大量气体产物。这三个条件正是任何化学反应成为爆炸性反应必须具备的，三者互相关联、缺一不可。

(1)反应过程的放热性。这个条件是爆炸应具备的第一个必要条件，没有这个条件，爆炸过程就根本不能发生；没有这个条件，反应也就不能自行延续，因此也不可能出现爆炸过程的自动传播。如硝酸铵的分解：

$$NH_4NO_3 \xrightarrow{\text{低温加热}} NH_3 + HNO_3 \quad \Delta H = 170.8\ \text{kJ/mol}（不能爆炸）$$

$$NH_4NO_3 \xrightarrow{\text{雷管引爆}} N_2 + 2H_2O \quad \Delta H = -126.4\ \text{kJ/mol}（能爆炸）$$

上例表明，一个反应是否具有爆炸性，与反应过程能否放出热量很有关系。只有放热反应才有可能具有爆炸性，而靠外界供给能量来维持其分解的物质，显然是不可能发生爆炸的。

(2)反应过程的高速度。爆炸反应同一般化学反应的一个最突出的不同点，是爆炸过程的速度极高。一般化学反应也可以是放热的，而且有许多普通反应放出的热量比炸药爆炸时放出的热量大得多，但它并未能形成爆炸现象，其根本原因在于它们的反应过程进行得很慢。例如，1 kg 煤块燃烧反应的放热量为 8919 kJ/kg，1 kg 苯燃烧的放热量为 9757 kJ/kg，而 1 kg 硝化甘油的爆炸热为 6218 kJ/kg，1 kg TNT 的爆炸热只有 4229 kJ/kg。前二者反应完所需的时间为数分钟到数十分钟，而后二者仅仅需要十几到几十微秒（即 10^{-6} s），时间相差数千万倍。

(3)反应过程必须形成气体产物。炸药爆炸时之所以能够膨胀做功并对周围介质造成破坏，根本原因之一就在于炸药爆炸瞬间有大量气体产物生成。

爆炸过程必须生成气态产物的重要意义，也可以通过一系列不生成气体产物的强烈放热反应不能形成爆炸的实例来说明。如大家熟知的铝热剂反应：

$$2Al+Fe_2O_3 \rightarrow Al_2O_3+2Fe \qquad \Delta H=-841.7\ kJ/mol$$

其热效应很强烈，足以使产物加热到3000℃的高温，而且反应也相当快，但终究由于不形成气态产物而不具有爆炸性。

需要指出的是，有一些物质虽然在其分解时形成正常条件下处于固态的产物，但是却具有爆炸性。典型的例子是乙炔银：

$$Ag_2C_2 \rightarrow 2Ag+2C \qquad \Delta H=-364.3\ kJ/mol$$

表面上看，此反应形成的都是固态产物，但是由于在爆炸反应温度下，银发生汽化同时使附近的空气层迅速灼热因而导致了爆炸。

3. 燃烧与爆炸的区别

广义的炸药爆炸现象一般是由燃烧、爆炸、爆轰所引起的，因为所谓的爆炸和爆轰在基本特性上并没有本质区别，只不过传播速度一个是可变的(称之为爆炸)，一个是恒定的(称之为爆轰)。我们认为爆炸也是爆轰的一种现象，称为不稳定爆轰，恒速爆轰称为稳定爆轰。

燃烧和爆轰是性质不同的两种化学变化过程。实验与理论研究表明，它们在基本特性上有如下几点区别。

首先从传播过程的机理上看，燃烧时反应区的能量是通过热传导、热辐射及燃烧气体产物的扩散作用传入未反应的原始炸药的。而爆轰的传播则是借助于冲击波对炸药的强烈冲击压缩作用进行的。

其次，从波的传播速度上看，燃烧的传播速度通常约为每秒数毫米到每秒数米，最大的也只有每秒数百米（如黑火药的最大燃烧传播速度约为 400 m/s），即比原始炸药内的声速要低得多。相反，爆轰过程的传播速度总是要大于原始炸药的声速，速度一般高达每秒数千米。

第三，燃烧过程的传播容易受外界条件的影响，特别是受环境压力条件的影响。如在大气中燃烧进行得很慢，但若将炸药放在密闭或半密闭容器中，燃烧过程的速度急剧加快，压力高达数千个大气压。此时燃烧所形成的气体产物能够做抛射功，火炮发射弹丸正是对炸药燃烧的这一特性的利用。而爆轰过程的传播速度极快，几乎不受外界条件的影响，对于一定的炸药来说，爆轰速度在一定条件下是一个固定的常数。

第四，燃烧过程中燃烧反应区内产物质点运动方向与燃烧传播方向相反，因此燃烧波面内的压力较低。而爆轰时，爆轰反应区内产物质点运动方向与爆轰波传播方向相同，爆轰波区的压力高达数十万个大气压。

需要强调指出，燃烧和爆轰在性质上虽各不相同，但它们之间却有着紧密的内在联系。炸药的燃烧在一定的条件下能转变为炸药的爆轰，炸药的爆轰在一定的条件下又能转变为炸药的燃烧。

4. 炸药分类

按炸药的应用特性可将其分为起爆药、猛炸药、火药（或发射药）、烟火药四大类。

（1）起爆药：对外界作用极其敏感，受热、火焰、针刺、冲击、摩擦的轻微作用，就能从燃烧转为爆轰。如雷汞、氮化铅、雷银等，主要用于装填起爆器材。

（2）猛炸药：爆炸时所需的外界能量大于起爆药，通常要用起爆器材来引爆，具有较高的威力和猛度，能对周围介质产生极大的破坏作用，是工程爆破和军用弹药的主装药。如 TNT、黑索金、硝铵炸药等。

(3)发射药:特点是容易被点燃,但燃烧不容易转为爆轰。利用其燃烧所产生的气体做抛掷功。如硝化纤维、无烟火药、黑火药等。在烟花爆竹中利用黑火药发射礼花弹等。

(4)烟火药:在燃烧中能产生烟、光、色彩等特殊效果,如军用照明弹、信号弹、夜光弹等,烟花爆竹中的各种产生烟火效果的装药也属于烟火药。

5. 炸药的感度

炸药在外界作用影响下发生爆炸变化的难易程度,简称为感度。感度的高低用引起炸药爆炸所需的最小能量来表示。这个外界的能量叫做起爆能。实际中常遇到的起爆能有热能(加热、火焰)、机械能(撞击、摩擦、针刺)、电能(电热、电火花)以及爆炸能(冲击波),引起炸药爆炸所需的起爆能越小,则炸药的感度越高,加工处理时的危险性越大。

目前使用较多的有以下几种感度。

(1)热感度。炸药的热感度是指炸药在热作用下发生爆炸的难易程度。热感度包括加热感度和火焰感度两种。

加热感度是指热源均匀地加热炸药时的感度。从开始受热到爆炸经过的时间称为感应期或延滞期。在一定条件下,炸药发生爆炸或发火时加热介质的最低温度称为爆发点或发火点。目前广泛采用一定延滞期的爆发点来表示炸药的热感度。

火焰感度是指炸药在火焰作用下,发生爆炸变化的难易程度。

(2)撞击感度。炸药在撞击作用下发生爆炸的难易程度称为炸药的撞击感度。撞击感度的常用表示方法有:①爆炸概率法;②六次试验中一次爆炸的最小高度或最小能量;③50%爆炸的落高。

(3)摩擦感度。炸药在摩擦作用下发生爆炸的难易程度称为炸药的摩擦感度。摩擦感度的常用表示方法有爆炸概率法和最小压力法,常用的测定仪器有摆式摩擦仪、BAM 摩擦仪等。炸药在生产、运输和使用过程中会经常遇到摩擦,对安全来讲,理解和掌握摩擦感度是非常重要的。

(4)静电火花感度。炸药在一定静电火花作用下发生爆炸的难易程度叫做炸药的静电火花感度。静电火花感度用着火率表示，即在某一固定外界电火花的能量下进行多次试验时着火的百分数。

6. 殉爆

炸药A受到起爆能冲击波的激发而发生爆炸后，能够引起与其相隔一定距离的炸药B也发生爆炸，这种现象叫做炸药的殉爆。炸药A称为主爆药，炸药B称为从爆药。能引起从爆药100％殉爆的两炸药之间的最大距离叫做殉爆距离，而100％不爆的距离称为殉爆安全距离。

三、燃烧爆炸的危害

炸药燃烧或爆炸造成财产损失和人员伤亡的严重程度取决于其能量的输出，燃烧爆炸作用过程中会产生高温、高压和大量的气体，对人和物的伤害主要体现在热辐射、冲击波和破片撞击。

1. 热辐射的危害性

热辐射的大小通常用热通量来衡量，距离热源某处的热通量可以理论计算出，也可以通过试验直接测出。热通量所造成的伤害情况如表2-2所示。

线香类、喷花类、旋转类等烟花以及亮珠属于燃烧类产品，绝大部分烟火药在敞开、无堆积或量不多的情况下，只有燃烧而无爆炸现象。在燃烧情况下，火灾和热辐射通常是其主要危害。

表2-2 热通量所造成的伤害情况表

热通量(kW/m^2)	对设备的损害	对人的伤害
37.5	操作设备全部损坏	1％死亡/10 s 100％死亡/60 s

续表

热通量(kW/m²)	对设备的损害	对人的伤害
25	在无火焰、长时间辐射下,木材燃烧的最小能量	重伤/10 s 10%死亡/60 s
12.5	有火焰时,木材燃烧、塑料熔化的最低能量	一度烧伤/10 s 1%死亡/60 s
4		20 s 以上感觉疼痛,未必起泡
1.6		长期辐射无不舒服感

2. 冲击波的危害性

(1)冲击波峰值超压计算数学模型。炸药爆炸能够产生多种破坏效应,如热辐射、破片、有毒气体等,但最危险、破坏能力最强、破坏区域最大的是冲击波的破坏效应。根据大量爆炸试验和爆炸事故统计资料,当 TNT 炸药在刚性地面爆炸时,冲击波峰值超压计算公式为:

$$\triangle P=0.106(m^{1/3}/r)+0.43(m^{1/3}/r)^2+1.4(m^{1/3}/r)^3$$

式中:$\triangle P$——冲击波阵面峰值超压,MPa;

m——TNT 装药量,kg;

r——目标到爆炸中心的距离,m。

该计算公式在烟花爆竹安全评估及生产厂房设计中非常重要。

(2)TNT 装药量(当量)。根据爆炸相似律,炸药的装药量可以换算成 TNT 装药量(当量),其计算公式如下:

$$M=mQ/Q_T$$

式中:M——换算成 TNT 的装药量(当量),kg;

Q——炸药的爆热,kJ/kg;

Q_T——TNT 的爆热,kJ/kg;

m——炸药的药量,kg。

(3)空气冲击波对建筑物的损害程度(见表 2-3)

表 2-3　建筑物破坏等级表

破坏等级	等级名称	建筑物破坏情况	冲击波峰值超压(MPa)
一	基本无破坏	玻璃偶尔开裂或震落	<0.002
二	次轻度破坏	玻璃部分或全部破坏	0.002～0.012
三	轻度破坏	玻璃破坏,门窗部分破坏,砖墙出现小裂缝(5 mm内)和稍有倾斜,瓦屋面局部掀起	0.013～0.030
四	中等破坏	门窗大部分破坏,砖墙出现较大裂缝(5～50 mm)和倾斜(10～100 mm),钢砼屋盖裂缝,瓦屋面掀起,大部分破坏	0.031～0.050
五	严重破坏	门窗摧毁,砖墙严重开裂(50 mm以上),倾斜很大甚至倒塌,钢砼屋盖开裂,瓦屋面塌下	0.051～0.076
六	倒塌	砖墙倒塌,钢砼屋盖塌下	>0.076

(4)空气冲击波对动物和暴露人员的损伤程度(见表2-4)。

表 2-4　空气冲击波对动物和暴露人员的损伤程度表

伤亡等级	冲击波峰值超压 MPa
1级(无伤)	<0.020
2级(轻微,轻微的挫伤)	0.020～0.030
3级(中等,听觉器官损伤、中等挫伤、骨折)	0.031～0.050
4级(严重,内脏严重挫伤,可引起死亡)	0.051～0.10
5级(极严重,可能大部分死亡)	>0.10

(5)固体飞行物的危害性。从试验和经验得出,杀伤人员的破片质量一般应大于1 g。烟花爆竹的爆炸破片一般为纸,质量小于1 g,对人员的伤害性较小。但对具有发射力的产品,如火箭、吐珠、组合烟花、礼花弹等,发射过程中有可能伤害人员。固体飞行物对人员的杀伤标准如表2-5所示。

表 2-5　对人员的杀伤标准

杀伤程度	动能杀伤标准(J)	比动能杀伤标准(J/cm^2)
人员轻伤	21	
人员致命伤	98	160

动能的计算公式：$E=\frac{1}{2}mV^2$

式中：m——单个飞片的质量，kg；

V——飞片与目标接触的作用速度，m/s；

E——动能，J。

第二节　烟花爆竹的分级分类

一、烟花爆竹产品的分类

根据结构与组成、燃放运动轨迹及燃放效果，烟花爆竹产品分为以下 9 大类和若干小类，产品类别及定义见表 2-6。

表 2-6　各类产品定义

序号	产品大类	产品大类定义	产品小类	产品小类定义
1	爆竹类	燃放时主体爆炸(主体筒体破碎或者爆裂)但不升空，产生爆炸声音、闪光等效果，以听觉效果为主的产品	黑药炮	以黑火药为爆响药的爆竹
			白药炮	以高氯酸盐或其他氧化剂并含有金属粉成分为爆响药的爆竹
2	喷花类	燃放时以直向喷射火苗、火花、响声(响珠)为主的产品	地面(水上)喷花	固定放置在地面(或者水面)上燃放的喷花类产品
			手持(插入)喷花	手持或插入某种装置上燃放的喷花类产品

续表

序号	产品大类	产品大类定义	产品小类	产品小类定义
3	旋转类	燃放时主体自身旋转但不升空的产品	有固定轴旋转烟花	产品设置有固定旋转轴的部件，燃放时以此部件为中心旋转，产生旋转效果的旋转类产品
			无固定轴旋转烟花	产品无固定轴，燃放时无固定轴而旋转的旋转类产品
4	升空类	燃放时主体定向或旋转升空的产品	火箭	产品安装有定向装置，起到稳定方向作用的升空类产品
			双响	圆柱型筒体内分别装填发射药和爆响药，点燃发射竖直升空（产生第一声爆响），在空中产生第二声爆响（可伴有其他效果）的升空类产品
			旋转升空烟花	燃放时自身旋转升空的产品
5	吐珠类	燃放时从同一筒体内有规律地发射出（药粒或药柱）彩珠、彩花、声响等效果的产品		
6	玩具类	形式多样、运动范围相对较小的低空产品，燃放时产生火花、烟雾、爆响等效果，有玩具造型、线香、摩擦、烟雾产品等	玩具造型	产品外壳制成各种形状，燃放时或燃烧后能模仿所造形象或动作；或产品外表无造型，但燃放时或燃放后能产生某种形象的产品
			线香型	将烟火药涂敷在金属丝、木杆、竹竿、纸条上，或将烟火药包裹在能形成线状可燃的载体内，燃烧时产生声、光、色、形效果的产品
			烟雾型	燃放时以产生烟雾效果为主的产品
			摩擦型	用撞击、摩擦等方式直接引燃引爆主体的产品

续表

序号	产品大类	产品大类定义	产品小类	产品小类定义
7	礼花类	燃放时，弹体、效果件从发射筒(单筒，含专用发射筒)发射到高空或水域后能爆发出各种光色、花型图案或其他效果的产品	小礼花	发射筒内径<76 mm，筒体内发射出单个或多个效果部件，在空中或水域产生各种花型、图案等效果。可分为裸药型、非裸药型；可发射单发、多发
			礼花弹	弹体或效果件从专用发射筒(发射筒内径≥76 mm)发射到空中或水域产生各种花型图案等效果。可分为药粒型(花束)、圆柱型、球型
8	架子烟花类	以悬挂形式固定在架子装置上燃放的产品，燃放时以喷射火苗、火花，形成字幕、图案、瀑布、人物、山水等画面。分为瀑布、字幕、图案等		
9	组合烟花类	由两个或两个以上小礼花、喷花、吐珠同类或不同类烟花组合而成的产品	同类组合烟花	限由小礼花、喷花、喷珠同类组合，小礼花组合包括药粒(花束)型、药柱型、圆柱型、球型以及助推型
			不同类组合烟花	仅限由喷花、吐珠、小礼花中两种组合

注：烟雾型、摩擦型仅限出口和专业燃放。

二、烟花爆竹产品的分级

1. 产品级别

按照药量及所能构成危险性大小，烟花爆竹产品分为 A、B、C、D 四级，具体见表 2-7 和表 2-8。

A 级：由专业燃放人员在特定的室外空旷地点燃放、危险性很大的产品。

B级：由专业燃放人员在特定的室外空旷地点燃放、危险性较大的产品。

C级：适于室外开放空间燃放、危险性较小的产品。

D级：适于近距离燃放、危险性很小的产品。

2. 消费类别

按照对燃放人员要求的不同，烟花爆竹产品分为个人燃放类和专业燃放类。

个人燃放类：不需加工安装，普通消费者可燃放的C级、D级产品，见表2-7。

专业燃放类：应由取得燃放专业资质人员燃放的A级、B级产品和需加工安装的C级、D级产品，见表2-8。

表2-7　个人燃放类产品最大允许药量

序号	产品大类	产品小类	最大允许药量	
			C级	D级
1	爆竹类	黑药炮	1 g/个	—
		白药炮	0.2 g/个	
2	喷花类	地面(水上)喷花	200 g	10 g
		手持(插入式)喷花	75 g	
3	旋转类	有固定轴旋转烟花	30 g	—
		无固定轴旋转烟花	15 g	1 g
4	升空类	火箭	10 g	—
		双响	9 g	
		旋转升空烟花	5 g/发	—
5	吐珠类	药粒型吐珠	20 g(2 g/珠)	—
6	玩具类	玩具造型	15 g	3 g
		线香型	25 g	5 g

续表

<table>
<tr><th rowspan="2">序号</th><th rowspan="2">产品大类</th><th rowspan="2">产品小类</th><th colspan="2">最大允许药量</th></tr>
<tr><th>C级</th><th>D级</th></tr>
<tr><td>7</td><td>组合烟花类</td><td>同类组合和不同类组合，其中小礼花单筒内径≤30 mm；圆柱型喷花内径≤52 mm；圆锥型喷花内径≤86 mm；吐珠单筒内径≤20 mm</td><td>小礼花：25 g/筒；
喷花：200 g/筒；
吐珠：20 g/筒；
总药量：1200 g
（开包药：黑火药 10 g，硝酸盐加金属粉 4 g，高氯酸盐加金属粉 2 g）</td><td>50 g
（仅限喷花组合）</td></tr>
<tr><td colspan="5">注：图中符号“—”代表无此级别产品。</td></tr>
</table>

表 2-8　专业燃放类产品最大允许药量

<table>
<tr><th rowspan="2">序号</th><th rowspan="2">产品大类</th><th rowspan="2" colspan="2">产品小类</th><th colspan="4">最大允许药量</th></tr>
<tr><th>A级</th><th>B级</th><th>C级</th><th>D级</th></tr>
<tr><td>1</td><td>喷花类</td><td colspan="2">地面（水上）喷花</td><td>1000 g</td><td>500 g</td><td>—</td><td>—</td></tr>
<tr><td rowspan="2">2</td><td rowspan="2">旋转类</td><td colspan="2">有固定轴旋转烟花</td><td>150 g/发</td><td>60 g/发</td><td rowspan="2">—</td><td rowspan="2">—</td></tr>
<tr><td colspan="2">无固定轴旋转烟花</td><td>—</td><td>30 g</td></tr>
<tr><td rowspan="2">3</td><td rowspan="2">升空类</td><td colspan="2">火箭</td><td>180 g</td><td>30 g</td><td rowspan="2">—</td><td rowspan="2">—</td></tr>
<tr><td colspan="2">旋转升空烟花</td><td>30 g/发</td><td>20 g/发</td></tr>
<tr><td>4</td><td>吐珠类</td><td colspan="2">吐珠</td><td>400 g(20 g/珠)</td><td>80 g(4 g/珠)</td><td>—</td><td>—</td></tr>
<tr><td rowspan="3">5</td><td rowspan="3">礼花类</td><td colspan="2">小礼花</td><td>—</td><td>70 g/发</td><td>—</td><td>—</td></tr>
<tr><td rowspan="2">礼花弹</td><td>药粒型（花束）（外径≤125 mm）</td><td>250 g</td><td rowspan="2">—</td><td rowspan="2">—</td><td rowspan="2">—</td></tr>
<tr><td>圆柱型和球型（外径≤305 mm，其中雷弹外径≤76 mm）</td><td>爆炸药 50 g
总药量 8000 g</td></tr>
<tr><td>6</td><td>架子烟花</td><td colspan="2">架子烟花</td><td>—</td><td>瀑布
100 g/发
字幕和图案
30 g/发</td><td>瀑布
50 g/发
字幕和图案
20 g/发</td><td>—</td></tr>
</table>

续表

<table>
<tr><th rowspan="2">序号</th><th rowspan="2">产品大类</th><th rowspan="2">产品小类</th><th colspan="5">最大允许药量</th></tr>
<tr><th colspan="2">A级</th><th>B级</th><th>C级</th><th>D级</th></tr>
<tr><td rowspan="2">7</td><td rowspan="2">组合烟花类</td><td rowspan="2">同类组合和不同类组合</td><td>药柱型（圆柱型）内径≤76 mm，100 g/筒</td><td rowspan="2">总药量8000 g</td><td rowspan="2">内径≤51 mm 50 g/筒 总药量3000 g</td><td rowspan="2">—</td><td rowspan="2">—</td></tr>
<tr><td>球型内径≤102 mm，320 g/筒</td></tr>
</table>

注1：图中符号“—”表示无此级别产品。
注2：舞台上用各类产品均为专业燃放类产品。
注3：含烟雾效果件产品均为专业燃放类产品。

第三节　烟花爆竹主要原材料特性

烟花爆竹生产中所用的原材料主要分为化工材料、纸张与纸板、引火线、包装材料、黏土与封口剂、黏合剂、其他材料（底座、稳定杆、锯末、谷壳）等。文中主要介绍化工原材料，其质量和性能直接影响烟花爆竹的燃放效果和生产过程中的安全。主要有以下几类。

(1)氧化剂：高氯酸钾、高氯酸铵、硝酸钾、硝酸钡、硝酸锶、硝酸钠、硝酸银、氯酸钾、氧化铜、氧化铋、四氧化三铅、重铬酸钾。

(2)可燃剂：硫黄、木炭、镁铝合金粉、铝银粉、钛粉、磷。

(3)黏合剂：酚醛树脂、虫胶、聚乙烯醇。

(4)染焰剂：碳酸锶、冰晶石、草酸钠、碱式碳酸铜。

(5)改善焰色物质：聚氯乙烯、六氯代苯、氯丁橡胶、氯化石蜡。

(6)其他：硬脂酸、石蜡、酒精、丙酮。

以下介绍常用烟花爆竹化工原料的性质。

1. 高氯酸钾的特性

英文名:potassium perchlorate;分子式:$KClO_4$;分子量:138.55。

(1)理化性质

外观与性状:无色结晶或白色晶状粉末;

熔点:610℃(分解);

相对密度(空气=1):4.8;

相对密度(水=1):2.52;

溶解性:微溶于水,不溶于乙醇。

(2)健康危害

本品有强烈刺激性。高浓度接触,严重损害黏膜、上呼吸道、眼睛及皮肤。中毒表现有烧灼感、咳嗽、喘息、气短、喉炎、头痛、恶心和呕吐等。

(3)危险特性

本品助燃,具强刺激性。强氧化剂,与还原剂、有机物、易燃物(如硫、磷)或金属粉末等混合可形成爆炸性混合物。在火场中,受热的容器有爆炸危险。受热分解,放出氧气。

(4)泄漏应急处理

隔离泄漏污染区,限制出入。建议应急处理人员戴防尘面具(全面罩),穿防毒服。不要直接接触泄漏物。勿使泄漏物与有机物、还原剂、易燃物接触。小量泄漏:用沙土、干燥石灰或苏打灰混合,收集于干燥、洁净、有盖的容器中。大量泄漏:用塑料布、帆布覆盖,然后收集回收或运至废物处理场所处置。

(5)灭火方法

采用雾状水、沙土等灭火。

2. 高氯酸铵的特性

英文名:ammonium perchlorate;分子式:NH_4ClO_4;分子量:117.49。

(1)理化性质

外观与性状:无色或白色结晶,有刺激性气味;

相对密度(水＝1):1.95;

溶解性:易溶于水,微溶于乙醇、丙酮等,溶于甲醇。

(2)健康危害

对眼、皮肤、黏膜和上呼吸道有刺激性。

(3)危险特性

强氧化剂,与还原剂、有机物、易燃物(如硫、磷)或金属粉末等混合可形成爆炸性混合物,急剧加热时可发生爆炸。

(4)泄漏应急处理

隔离泄漏污染区,限制出入。建议应急处理人员戴防尘面具(全面罩),穿防毒服。不要直接接触泄漏物。勿使泄漏物与有机物、还原剂、易燃物接触。小量泄漏:避免扬尘,小心扫起,收集后转移至安全场所;也可以用大量水冲洗,洗水稀释后放入废水系统。大量泄漏:收集回收或运至废物处理场所处置。

(5)灭火方法

采用雾状水、沙土等灭火。

3. 硝酸钾的特性

英文名:potassium nitrate;分子式:KNO_3;分子量:101.10。

(1)理化性质

外观与性状:无色透明斜方或三方晶系颗粒或白色粉末;

熔点:334℃;

相对密度(水＝1):2.11;

溶解性:易溶于水,不溶于无水乙醇、乙醚等。

(2)健康危害

吸入本品粉尘对呼吸道有刺激性,高浓度吸入可引起肺水肿。大量接触可引起高铁血红蛋白血症,影响血液携氧能力,出现头痛、头晕、紫绀、恶心、呕吐等。重者引起呼吸紊乱、虚脱,甚至死亡。口服引起剧烈腹痛、呕吐、血便、休克、全身抽搐、昏迷,甚至死亡。对皮肤和眼睛有强烈刺激性,甚至造成灼伤。皮肤反复接触引起皮肤干燥、皲裂和皮疹。

(3)危险特性

强氧化剂，遇可燃物着火时，能助长火势。与有机物、还原剂、易燃物(如硫、磷等)接触或混合时有引起燃烧爆炸的危险。燃烧分解时，放出有毒的氮氧化物。受热分解，放出氧气。

(4)泄漏应急处理

隔离泄漏污染区，限制出入。建议应急处理人员戴防尘面具(全面罩)，穿防毒服。不要直接接触泄漏物。勿使泄漏物与有机物、还原剂、易燃物接触。小量泄漏：用大量水冲洗，洗水稀释后放入废水系统。大量泄漏：用塑料布、帆布覆盖，收集回收或运至废物处理场所处置。

(5)灭火方法

消防人员须佩戴防毒面具、穿全身消防服。用雾状水、沙土灭火。切勿将水流直接射至熔融物，以免引起严重的流淌火灾或引起剧烈的沸溅。

4. 硝酸钡的特性

英文名：barium nitrate；分子式：$Ba(NO_3)_2$；分子量：261.34。

(1)理化性质

外观与性状：无色或白色有光泽的立方结晶，微具吸湿性；

熔点：592℃；

相对密度(水＝1)：3.24；

溶解性：溶于水、浓硫酸等，不溶于醇、浓硝酸等。

(2)健康危害

误服后表现为恶心、呕吐、腹痛、腹泻、脉缓、头痛、眩晕等。严重中毒出现进行性肌麻痹、心律紊乱、血压降低、血钾明显降低等症状。可死于心律紊乱和呼吸肌麻痹。肾脏可能受损。大量吸入本品粉尘亦可引起中毒，但消化道反应较轻。长期接触可致口腔炎、鼻炎、结膜炎、腹泻、心动过速、脱发等。

(3)危险特性

本品助燃,高毒。强氧化剂,遇可燃物着火时,能助长火势。与还原剂、有机物、易燃物(如硫、磷)或金属粉末等混合可形成爆炸性混合物。燃烧分解时,放出有毒的氮氧化物气体。

(4)泄漏应急处理

隔离泄漏污染区,限制出入。建议应急处理人员戴防尘面具(全面罩),穿防毒服。不要直接接触泄漏物。勿使泄漏物与有机物、还原剂、易燃物接触。小量泄漏:小心扫起,置于袋中转移至安全场所。大量泄漏:收集回收或运至废物处理场所处置。

(5)灭火方法

消防人员须佩戴防毒面具、穿全身消防服,在上风向灭火。采用雾状水、沙土等灭火。切勿将水流直接射至熔融物,以免引起严重的流淌火灾或引起剧烈的沸溅。

5. 硝酸锶的特性

英文名:strontium nitrate;分子式:$Sr(NO_3)_2$;分子量:211.63。

(1)理化性质

外观与性状:白色结晶或粉末,有潮解性;

熔点:570℃;

沸点:1100℃(分解);

相对密度(水=1):2.986;

溶解性:易溶于水,微溶于乙醇、丙酮等,不溶于硝酸。

(2)健康危害

吸入对呼吸道有刺激性,引起一过性咳嗽、喷嚏和呼吸困难。对眼和皮肤有刺激性,大量口服刺激胃肠道,引起腹痛、恶心、呕吐和腹泻等。

(3)危险特性

与有机物、还原剂、易燃物(如硫、磷等)接触或混合时有引起燃烧爆炸的危险。遇高热分解释放出高毒烟气。

(4)泄漏应急处理

隔离泄漏污染区,限制出入。切断火源。建议应急处理人员戴防尘口罩,穿一般作业工作服。不要直接接触泄漏物。小量泄漏:避免扬尘,用洁净的铲子收集于干燥、洁净、有盖的容器中。大量泄漏:收集回收或运至废物处理场所处置。

(5)灭火方法

火灾早期,可用大量水施救。消防人员必须穿全身防火防毒服,在上风向灭火。灭火时尽可能将容器从火场移至空旷处,然后根据着火原因选择适当灭火剂灭火。

6. 硝酸银的特性

英文名:silver nitrate;分子式:$AgNO_3$;分子量:169.87。

(1)理化性质

外观与性状:无色透明的斜方结晶或白色的结晶,有苦味;

熔点:212℃;

沸点:440℃(分解);

相对密度(水=1):4.35;

溶解性:易溶于水、碱等,微溶于乙醚。

(2)健康危害

误服硝酸银可引起剧烈腹痛、呕吐、血便,甚至发生胃肠道穿孔。可造成皮肤和眼灼伤。长期接触本品的工人会出现全身性银质沉着症。表现包括:全身皮肤广泛的色素沉着,呈灰蓝黑色或浅石板色;眼部银质沉着造成眼损害;呼吸道银质沉着造成慢性支气管炎等。

(3)危险特性

无机氧化剂,遇可燃物着火时,能助长火势。受高热分解,产生有毒的氮氧化物。

(4)泄漏应急处理

隔离泄漏污染区,限制出入。建议应急处理人员戴防尘面具(全面罩),穿防毒服。不要直接接触泄漏物。勿使泄漏物与还原剂、有机物、易燃物或金属粉末接触。小量泄漏：用洁净的铲子收集于干燥、洁净、有盖的容器中，也可以用大量水冲洗，洗水稀释后放入废水系统。大量泄漏：收集回收或运至废物处理场所处置。

(5)灭火方法

采用水、雾状水、沙土等灭火。

7. 氯酸钾的特性

英文名：potassium chlorate；分子式：$KClO_3$；分子量：122.55。

(1)理化性质

外观与性状：无色片状结晶或白色颗粒粉末，味咸而凉；

熔点：356℃；

相对密度(水＝1)：2.32；

溶解性：溶于水、碱溶液等，不溶于醇、甘油等。

(2)健康危害

对皮肤、黏膜的刺激性强，易经皮肤吸收。吸收量多时则引起头沉、头痛、倦怠感、疲劳感、面色苍白、发绀等症状。

(3)危险特性

本品助燃，强氧化剂，常温下稳定，在400℃以上则分解并放出氧气。与还原剂、有机物、易燃物(如硫、磷)或金属粉末等混合可形成爆炸性混合物，急剧加热时可发生爆炸。

(4)泄漏应急处理

隔离泄漏污染区，限制出入。建议应急处理人员戴防尘面具(全面罩)，穿防毒服。不要直接接触泄漏物。勿使泄漏物与有机物、还原剂、易燃物等接触。小量泄漏：用洁净的铲子收集于干燥、洁净、有盖的容器中。大量泄漏：用塑料布、帆布覆盖，然后收集回收或运至废物处理场所处置。

(5)灭火方法

用大量水扑救，同时用干粉灭火剂闷熄。

8. 氧化铜的特性

英文名:copper monoxide;分子式:CuO;分子量:79.55。

(1)理化性质

外观与性状:黑褐色粉末;

熔点:1026℃;

相对密度(水=1):6.32(粉末);

溶解性:不溶于水、乙醇,溶于稀酸。

(2)健康危害

吸入大量氧化铜烟雾可引起金属烟热,出现寒战、体温升高,同时可伴有呼吸道刺激症状。长期接触,可见呼吸道及眼结膜刺激、鼻衄、鼻黏膜出血点或溃疡,甚至鼻中隔穿孔以及皮炎,也可出现胃肠道症状。据报道,长期吸入尚可引起肺部纤维组织增生。

(3)危险特性

本品不燃烧,有毒,具刺激性。未有特殊的燃烧爆炸特性。

(4)泄漏应急处理

隔离泄漏污染区,限制出入。建议应急处理人员戴防尘面具(全面罩),穿防毒服。若小量泄漏,避免扬尘,小心扫起,置于袋中转移至安全场所。若大量泄漏,用塑料布、帆布等覆盖,然后收集回收或运至废物处理场所处置。

(5)灭火方法

消防人员必须穿全身防火防毒服,在上风向灭火。灭火时尽可能将容器从火场移至空旷处。

9. 红丹的特性

英文名:lead tetroxide;分子式:Pb_3O_4;分子量:685.60。

(1)理化性质

外观与性状:鲜橘红色粉末或块状固体;

沸点:500℃(分解);

相对密度(水=1):9.1;

溶解性：不溶于水，溶于热碱液、稀硝酸、乙酸、盐酸等。

(2)健康危害

经口或鼻经常吸入会中毒，引起头痛、恶心、呕吐、腹绞痛、贫血等症状。

(3)危险特性

受高热分解放出有毒的气体。

(4)泄漏应急处理

隔离泄漏污染区，限制出入。建议应急处理人员戴防尘面具(全面罩)，穿防毒服。不要直接接触泄漏物。小量泄漏：避免扬尘，用洁净的铲子收集于干燥、洁净、有盖的容器中。大量泄漏：用塑料布、帆布等覆盖，然后收集回收或运至废物处理场所处置。

(5)灭火方法

采用水、沙土等灭火。

10. 重铬酸钾的特性

英文名：potassium dichromate；分子式：$K_2Cr_2O_7$；分子量：294.2。

(1)理化性质

外观与性状：橙红色板状结晶，带苦的金属味；

熔点：398℃；

相对密度(水＝1)：2.68；

溶解性：溶于水，不溶于乙醇。

(2)健康危害

急性中毒：吸入后可引起急性呼吸道刺激症状，鼻出血、声音嘶哑、鼻黏膜萎缩，有时出现哮喘和紫绀，重者可发生化学性肺炎。口服可刺激和腐蚀消化道，引起恶心、呕吐、腹痛和血便等；重者出现呼吸困难、紫绀、休克、肝损害及急性肾功能衰竭等。慢性影响：可引起接触性皮炎、铬溃疡、鼻炎、鼻中隔穿孔及呼吸道炎症等。

(3)危险特性

强氧化剂，遇强酸或高温时能释放出氧气，促使有机物燃烧。与还原剂、有机物、易燃物(如硫、磷)或金属粉末等混合可形成爆炸性混合物。有水时与硫化钠混合能引起自燃。与硝酸盐、氯酸盐接触剧烈反应。具有较强的腐蚀性。

(4)泄漏应急处理

隔离泄漏污染区,限制出入。建议应急处理人员戴防尘面具(全面罩),穿防毒服。勿使泄漏物与还原剂、有机物、易燃物或金属粉末接触。小量泄漏:用洁净的铲子收集于干燥、洁净、有盖的容器中,也可以用大量水冲洗,洗水稀释后放入废水系统。大量泄漏:收集回收或运至废物处理场所处置。

(5)灭火方法

采用雾状水、沙土等灭火。

11. 硫黄的特性

英文名:sulfur;分子式:S;分子量:32.06。

(1)理化性质

外观与性状:淡黄色脆性结晶或粉末,有特殊臭味;

熔点:119℃;

沸点:444.6℃;

相对密度(水=1):2.0;

临界压力:11.75 MPa;

饱和蒸气压:0.13 kPa(184℃);

最小引燃能量:15 mJ;

最大爆炸压力:0.415 MPa。

(2)健康危害

因其能在肠内部分转化为硫化氢而被吸收,故大量口服可导致硫化氢中毒。急性硫化氢中毒的全身毒作用表现为中枢神经系统症状,有头痛、头晕、乏力、呕吐、共济失调、昏迷等。本品可引起眼结膜炎、皮肤湿疹等。对皮肤有弱刺激性。生产中长期吸入硫粉尘一般无明显毒性作用。

(3)危险特性

与卤素、金属粉末等接触剧烈反应。硫黄为不良导体,在储运过程中易产生静电荷,可导致硫尘起火。粉尘或蒸气与空气或氧化剂混合形成爆炸性混合物。

(4)泄漏应急处理

隔离泄漏污染区,限制出入。切断火源。建议应急处理人员戴防尘面具(全面罩),穿一般作业工作服。不要直接接触泄漏物。小量泄漏:避免扬尘,用洁净的铲子收集于干燥、洁净、有盖的容器中,转移至安全场所。大量泄漏:用塑料布、帆布覆盖,然后使用无火花工具收集回收或运至废物处理场所处置。

(5)灭火方法

遇小火用沙土闷熄,遇大火可用雾状水灭火。切勿将水流直接射至熔融物,以免引起严重的流淌火灾或剧烈的沸溅。消防人员须戴好防毒面具,在安全距离以外,在上风向灭火。

12. 镁铝合金粉的特性

英文名:Al-Mg alloy powdery;分子式:Mg_4Al_3;分子量:178.22。

(1)理化性质

外观与性状:具有金属光泽的灰色粉末;

熔点:463℃;

相对密度(水=1):2.15;

饱和蒸气压:0.13 kPa(621℃);

燃烧热:609.7 kJ/mol;

溶解性:对碱溶液较稳定,溶于酸类,并放出氢气,遇水反应。

(2)健康危害

尚未见急性中毒,仅能见到眼结膜或鼻黏膜的轻微刺激。吸入可引起咳嗽、胸痛等。口服对身体有害。

(3)危险特性

易燃。粉尘与空气能形成爆炸性混合物,粉尘含量达到

32.5 mg/L时，易被明火点燃引起爆炸。遇水、潮气或酸类散发出氢气，同时产生大量热，会自燃或自爆。与氧化剂接触剧烈反应。

(4)泄漏应急处理

隔离泄漏污染区，限制出入。切断火源。建议应急处理人员戴自给式正压呼吸器，穿消防防护服。不要直接接触泄漏物。小量泄漏：避免扬尘，用洁净的铲子收集于干燥、洁净、有盖的容器中，转移回收。大量泄漏：用塑料布、帆布覆盖，减少飞散，在专家指导下清除。

(5)灭火方法

不可用水、卤代烃(如1211灭火剂)、碳酸氢钠、碳酸氢钾等作为灭火剂，而应使用干燥氯化钠粉末、干燥石墨粉、碳酸钠干粉、碳酸钙干粉、干沙等灭火。

13. 铝粉的特性

英文名：aluminium powder；分子式：Al；分子量：26.97。

(1)理化性质

外观与性状：银白色粉末；

熔点：660℃；

沸点：2056℃；

相对密度(水=1)：2.70；

饱和蒸气压：0.13 kPa(1284℃)；

燃烧热：822.9 kJ/mol；

最小引燃能量：15 mJ；

最大爆炸压力：0.415 MPa；

溶解性：不溶于水，溶于碱、盐酸、硫酸等。

(2)健康危害

长期吸入可致铝尘肺。表现为消瘦、极易疲劳、呼吸困难、咳嗽、咳痰等。溅入眼内，可发生局灶性坏死、角膜色素沉着、晶体膜改变及玻璃体混浊。对鼻、口、性器官黏膜有刺激性，甚至引发溃疡。可引起痤疮、湿疹、皮炎等。

(3)危险特性

本品遇湿易燃,具刺激性。大量粉尘遇潮湿、水蒸气能自燃。与氧化剂混合能形成爆炸性混合物,与氟、氯等接触会发生剧烈的化学反应,与酸类或强碱接触也能产生氢气,引起燃烧爆炸。粉体与空气可形成爆炸性混合物,当达到一定浓度时,遇火星会发生爆炸。

(4)泄漏应急处理

隔离泄漏污染区,限制出入。切断火源。建议应急处理人员戴自给正压式呼吸器,穿防静电工作服。不要直接接触泄漏物。小量泄漏:避免扬尘,用洁净的铲子收集于干燥、洁净、有盖的容器中,转移回收。大量泄漏:用塑料布、帆布等覆盖,使用无火花工具转移回收。

(5)灭火方法

严禁用水、泡沫、二氧化碳等扑救。可用适当干沙、石粉等将火闷熄。

14. 钛粉的特性

英文名:titanium;分子式:Ti;分子量:47.90。

(1)理化性质

外观与性状:深灰色或黑色发亮的无定形粉末;

熔点:1720℃;

沸点:3530℃;

相对密度(水=1):4.5;

最小引燃能量:10 mJ;

溶解性:不溶于水,溶于氢氟酸、硝酸、浓硫酸等。

(2)健康危害

吸入后对上呼吸道有刺激性,引起咳嗽、胸部紧束感或疼痛。

(3)危险特性

本品易燃,具刺激性。金属钛粉尘具有爆炸性,遇热、明火或发生化学反应会燃烧爆炸。其粉体化学活性很高,在空气中能自燃。金属钛不仅能在空气中燃烧,而且能在二氧化碳或氮气中燃烧。高温时易与卤素、氧、硫、氮等化合。

(4)泄漏应急处理

隔离泄漏污染区,限制出入。切断火源。建议应急处理人员戴防尘面具(全面罩),穿防毒服。不要直接接触泄漏物。小量泄漏:避免扬尘,用洁净的铲子收集于干燥、洁净、有盖的容器中,转移回收。大量泄漏:用塑料布、帆布等覆盖,使用无火花工具转移回收。

(5)灭火方法

采用干粉、干沙等灭火。严禁用水、泡沫、二氧化碳等扑救。高热或剧烈燃烧时,用水扑救可能会引起爆炸。

15. 酚醛树脂的特性

英文名:phenolic resin;分子式:$C_{48}H_{42}O_7$;分子量:730。

(1)理化性质

外观与性状:根据化学结构和分子量大小的不同,有液体或固体之分;

最小引燃能量:10 mJ;

最大爆炸压力:0.420 MPa。

(2)健康危害

其粉尘可引起头痛、嗜睡、周身无力、呼吸道黏膜刺激症状、喘息性支气管炎和皮肤病,还可发生肾脏损害。空气环境分析发现苯酚、甲醛和氨。缩聚过程中,可使人员发生甲醛、酚、一氧化碳中毒。

(3)危险特性

易燃,刺激性。遇明火、高热能燃烧。受高热分解放出有毒的气体。粉体与空气形成爆炸性混合物,达到一定浓度,遇火星会发生爆炸。

(4)泄漏应急处理

迅速撤离泄漏污染区人员至安全区,并进行隔离,严格限制出入。切断火源。建议应急处理人员戴自给正压式呼吸器,穿防静电工作服。若是液体,尽可能切断泄漏源,防止流入下水道、排洪沟等限制性空间,小量泄漏:用干燥的沙土或类似物质吸收;大量泄漏:构筑围堤或挖坑收容，用泡沫覆盖，降低蒸气危害，用防爆泵转移至槽车或专用收集器内，回收或运至废物处理场所处置。若是固体，收集于干燥、洁净、有盖的容器中，然后在专用废弃场所深层掩埋；若大量泄漏，回收或运至废物处理场所处置。

(5)灭火方法

喷水冷却容器，可能的话将容器从火场移至空旷处。灭火剂：雾状水、泡沫、二氧化碳、干粉、沙土等。

16. 聚乙烯醇的特性

英文名：polyvinyl alcohol；分子式：$[C_2H_4O]_n$；相对分子量：44.02。

(1)理化性质

外观与性状：乳白色粉末。

相对密度(水=1)：1.31～1.34(结晶体)；

溶解性：不溶于石油醚，溶于水。

(2)健康危害

吸入、摄入或经皮肤吸收后对身体有害，对眼睛和皮肤有刺激作用。

(3)危险特性

粉体与空气可形成爆炸性混合物，当达到一定浓度时，遇火星会发生爆炸。加热分解产生易燃气体。

(4)泄漏应急处理

隔离泄漏污染区，限制出入。切断火源。建议应急处理人员戴防尘面具(全面罩)，穿防毒服。若小量泄漏，避免扬尘，小心扫起，置于袋中转移至安全场所；也可以用大量水冲洗，洗水稀释后放入废水系统。若大量泄漏，用塑料布、帆布等覆盖，收集回收或运至废物处理场所处置。

(5)灭火方法

消防人员须佩戴防毒面具，穿全身消防服，在上风向灭火。灭火剂：雾状水、泡沫、干粉、二氧化碳、沙土等。

17. 碳酸锶的特性

英文名:strontium carbonate;分子式:$SrCO_3$;分子量:147.63。

(1)理化性质

外观与性状:无色斜方晶或白色细微粉末;

熔点:1497℃;

相对密度(水=1):3.7;

溶解性:几乎不溶于水,但溶于含二氧化碳的水中,易溶于酸和铵盐溶液,不溶于乙醇。

(2)健康危害

吸入碳酸锶粉尘会引起肺部中等弥漫性间性改变。

(3)危险特性

无燃烧爆炸危险。

(4)泄漏应急处理

收集回收或运至废物处理场所处置。

(5)灭火方法

采用一般灭火方法即可。

18. 氟硅酸钠的特性

英文名:sodium fluosilicate;分子式:Na_2SiF_6;分子量:188.06。

(1)理化性质

外观与性状:白色颗粒粉末,无臭无味,有吸湿性;

相对密度(水=1):2.68;

溶解性:微溶于水,不溶于乙醇,溶于乙醚等。

(2)健康危害

误服引起恶心、呕吐、腹痛、腹泻等急性胃肠炎样的急性中毒症状,吐泻物中常含血,严重者可发生抽搐、休克、急性心力衰竭等,可致死。皮肤接触可致皮炎或干裂。

(3)危险特性

不燃,与酸类反应,散发出腐蚀性和刺激性的氟化氢和四氟化硅气体。

(4)泄漏应急处理

隔离泄漏污染区,限制出入。建议应急处理人员戴防尘面具(全面罩),穿防毒服。若小量泄漏,避免扬尘,小心扫起,置于袋中转移至安全场所。若大量泄漏,用塑料布、帆布等覆盖,收集回收或运至废物处理场所处置。

(5)灭火方法

消防人员必须穿全身防火防毒服,在上风向灭火。灭火时尽可能将容器从火场移至空旷处。

19. 氟铝酸钠的特性

英文名:sodium fluoroaluminate;分子式:Na_3AlF_6;分子量:209.9。

(1)理化性质

外观与性状:无色至白色玻璃样的固体;

熔点:1000℃;

相对密度(水=1):2.95;

溶解性:溶于浓硫酸。

(2)健康危害

误服可引起急性胃肠炎症状。长期吸入本品粉尘,可致尘肺和氟骨症。分解产物氟化氢有刺激性。

(3)危险特性

受热、接触酸或酸雾会放出剧毒的烟雾。

(4)泄漏应急处理

隔离泄漏污染区,限制出入。建议应急处理人员戴防尘口罩,穿防毒服。不要直接接触泄漏物。小量泄漏:小心扫起,转移至安全场所。大量泄漏:收集回收或运至废物处理场所处置。

(5)灭火方法

消防人员必须穿全身防火防毒服,在上风向灭火。灭火时尽可能将容器从火场移至空旷处，然后根据着火原因选择适当灭火剂灭火。

20. 碱式碳酸铜的特性

英文名：copper carbonate；分子式：$CuCO_3 \cdot Cu(OH)_2$；分子量：223.13。

(1)理化性质

外观与性状：浅绿色无定形粉末；

熔点：200℃(分解)；

相对密度(水＝1)：4.0；

溶解性：不溶于水，溶于酸、氨水等。

(2)健康危害

吸入、摄入有害。对眼睛、皮肤、黏膜和上呼吸道有刺激作用。吸入碳酸铜烟可引起金属烟热，出现肝、肾损害及溶血。长期吸入可引起肺部纤维组织增生。

(3)危险特性

本身不能燃烧，受高热分解放出有毒的气体。

(4)泄漏应急处理

隔离泄漏污染区，限制出入。建议应急处理人员戴防尘口罩，穿防毒服。不要直接接触泄漏物。小量泄漏：避免扬尘，小心扫起，置于袋中转移至安全场所。大量泄漏：收集回收或运至废物处理场所处置。

(5)灭火方法

消防人员必须穿全身防火防毒服，在上风向灭火。灭火时尽可能将容器从火场移至空旷处，然后根据着火原因选择适当灭火剂灭火。

21. 聚氯乙烯的特性

英文名：polyvinyl chloride；分子式：$[C_2H_3Cl]_n$；相对分子量：62.5。

(1)理化性质

外观与性状：白色或淡黄色粉末；

相对密度(水＝1):1.41;

最大爆炸压力:0.76 MPa;

溶解性:不溶于石油醚,溶于水。

(2)健康危害

聚氯乙烯生产过程中可有粉尘和单体氯乙烯。吸入氯乙烯单体气体可发生麻醉症状,严重者可致死。长期吸入氯乙烯,可出现神经衰弱症候群,消化系统症状,肝脾肿大,皮肤出现硬皮样改变,肢端溶骨症。长期吸入高浓度氯乙烯,可发生肝脏血管肉瘤。长期吸入聚氯乙烯粉尘,可引起肺功能改变。

(3)危险特性

粉体与空气可形成爆炸性混合物,当达到一定浓度时,遇火星会发生爆炸。受高热分解产生有毒的腐蚀性烟气。

(4)泄漏应急处理

隔离泄漏污染区,限制出入。切断火源。建议应急处理人员戴防尘面具(全面罩),穿防毒服。若小量泄漏,避免扬尘,小心扫起,置于袋中转移至安全场所。若大量泄漏,用塑料布、帆布等覆盖,收集回收或运至废物处理场所处置。

(5)灭火方法

尽可能将容器从火场移至空旷处。灭火剂:雾状水、泡沫、干粉、二氧化碳、沙土等。

22. 六氯代苯的特性

英文名:hexachlorobenzene;分子式:C_6Cl_6;分子量:284.81。

(1)理化性质

外观与性状:纯品为无色细针状或小片状晶体,工业品为淡黄色或淡棕色晶体;

熔点:226℃;

相对密度(空气＝1):9.8;

沸点:323～326℃;

相对密度(水=1):2.44;

饱和蒸气压:0.13 kPa(114.4℃);

溶解性:不溶于水,溶于乙醚、氯仿等多数有机溶剂。

(2)健康危害

接触后引起眼刺激、烧灼感、口鼻发干、疲乏、头痛、恶心等。中毒时可影响肝脏、中枢神经系统和心血管系统,可致皮肤溃疡。

(3)危险特性

受高热分解产生有毒的腐蚀性烟气。

(4)泄漏应急处理

隔离泄漏污染区,限制出入。切断火源。建议应急处理人员戴防尘面具(全面罩),穿防毒服。小量泄漏:用洁净的铲子收集于干燥、洁净、有盖的容器中。大量泄漏:收集回收或运至废物处理场所处置。

(5)灭火方法

消防人员须佩戴防毒面具,穿全身消防服,在上风向灭火。灭火剂:雾状水、泡沫、干粉、二氧化碳、沙土等。

23. 硬脂酸的特性

英文名:octadecanoic acid;分子式:$C_{18}H_{36}O_2$;分子量:284.48。

(1)理化性质

外观与性状:纯品是带有光泽的白色柔软小片;

熔点:70～71℃;

相对密度(空气=1):9.8;

沸点:383℃;

相对密度(水=1):0.87;

饱和蒸气压:0.13 kPa(173.7℃);

溶解性:不溶于水,微溶于乙醇,溶于丙酮、苯,易溶于乙醚、氯仿、四氯化碳等。

(2)健康危害

工业上广泛使用未见有危害。有个别资料报道,对眼睛、皮肤、黏膜和上呼吸道有刺激作用。

(3)危险特性

遇明火、高热可燃。

(4)泄漏应急处理

隔离泄漏污染区,限制出入。切断火源。建议应急处理人员戴防尘面具(全面罩),穿防毒服。若小量泄漏,用沙土、干燥石灰或苏打灰混合,收集于干燥、洁净、有盖的容器中,转移至安全场所。若大量泄漏,收集回收或运至废物处理场所处置。

(5)灭火方法

消防人员须佩戴防毒面具,穿全身消防服,在上风向灭火。灭火剂:雾状水、泡沫、干粉、二氧化碳、沙土等。

24. 石蜡的特性

英文名:paraffin;分子式:$C_{36}H_{74}$;分子量:506.98。

(1)理化性质

外观与性状:白色、无臭、无味、透明的晶体;

熔点:47～65℃;

沸点:>371℃;

相对密度(水=1):0.88～0.92;

溶解性:不溶于水,不溶于酸,溶于苯、汽油、热乙醇、氯仿、二硫化碳等。

(2)健康危害

吸入本品高浓度蒸气,引起头痛、眩晕、咳嗽、食欲减退、呕吐、腹泻等。长期接触可致皮肤损害。有接触未精制石蜡导致皮肤癌的报道。

(3)危险特性

闪点为199℃,遇明火、高热可燃。

(4)泄漏应急处理

隔离泄漏污染区,限制出入。切断火源。建议应急处理人员戴防尘面具(全面罩),穿一般作业工作服。若小量泄漏,用洁净的铲子收集于干燥、洁净、有盖的容器中。若大量泄漏,收集回收。

(5)灭火方法

尽可能将容器从火场移至空旷处。灭火剂:雾状水、泡沫、干粉、二氧化碳、沙土等。

第四节　烟花爆竹生产工序危险等级、工房布局与安全设施

一、烟花爆竹生产工序危险等级

烟花爆竹产品有九大类、数千个规格品种,不同的品种、规格,不同的生产企业都有着不同的工艺流程,但是基本上是大同小异,将产品以生产、储存过程中不同的工序的危险等级进行分级分类,如表2-9和表2-10所示。

表2-9　危险品生产工序的危险等级分类

序号	危险品名称	危险等级	生产工序
1	黑火药	1.1^{-2}	药物混合(硝酸钾与碳、硫球磨),潮药装模(或潮药包片),压药,拆模(撕片),碎片,造粒,抛光,浆药,干燥,散热,筛选,计量包装
		1.3	单料粉碎,筛选,干燥,称料,硫、碳二成分混合
2	烟火药	1.1^{-1}	药物混合,造粒,筛选,制开球药,压药,浆药,干燥,散热,计量包装
		1.1^{-2}	褙药柱(药块),湿药调制,烟雾剂干燥、散热、计量包装
		1.3	氧化剂、可燃物的粉碎、筛选,称料(单料)
3	引火线	1.1^{-2}	制引,浆引,漆引,干燥,散热,绕引,定型裁割,捆扎,切引,包装

续表

序号	危险品名称	危险等级	生产工序
4	爆竹类	1.1^{-1}	装药
		1.1^{-2}	黑火药装药
		1.3	插引(含机械插引、手工插引和空筒插引),挤引,封口,点药,结鞭,封装,包装
5	组合烟花类、内筒型小礼花类	1.1^{-1}	装药,筑(压)药,内筒封口(压纸片)
		1.1^{-2}	装发射药,黑火药装(压)药,已装药部件钻孔,装单个裸药件,单筒药量≥25 g非裸药件组装,外筒封口(压纸片)
		1.3	蘸药,安引,组盆串引(空筒),单筒药量<25 g非裸药件组装,包装
6	礼花弹类	1.1^{-1}	装球
		1.1^{-2}	包药,组装(含安引、装发射药包、串球),剖引(引线钻孔),球干燥,散热,包装
		1.3	空壳安引,糊球
7	吐珠类	1.1^{-2}	装(筑)药
		1.3	安引(空筒),组装,包装
8	升空类(含双响炮)	1.1^{-1}	装药,筑(压)药
		1.1^{-2}	黑火药装(筑、压)药,包药,装裸药效果件(含效果药包),单个药量≥30 g非裸药件组装
		1.3	安引,单个药量<30 g非裸药效果件组装(含安稳定杆),包装
9	旋转类(旋转升空类)	1.1^{-1}	装药、筑(压)药
		1.1^{-2}	黑火药装、筑(压)药,已装药部件钻孔
		1.3	安引,组装(含引线、配件、旋转轴、架),包装
10	喷花类和架子烟花	1.1^{-2}	装药、筑(压)药,已装药部件钻孔
		1.3	安引,组装,包装
11	线香类	1.1^{-1}	装药
		1.3	粘药,干燥,散热,包装

续表

序号	危险品名称	危险等级	生产工序
12	摩擦类	1.1^{-1}	雷酸银药物配制，拌药砂，发令纸干燥
		1.1^{-2}	机械蘸药
		1.3	包药砂，手工蘸药，分装，包装
13	烟雾类	1.1^{-2}	装药，筑(压)药
		1.3	糊球，安引，球干燥，散热，组装，包装
14	造型玩具类	1.1^{-1}	装药，筑(压)药
		1.1^{-2}	已装药部件钻孔
		1.3	安引，组装，包装
15	电点火头	1.3	蘸药，干燥(晾干)，检测，包装

注：表中未列品种、加工工序，其危险等级可参照 GB 50161—2009 第 3.1.1 条并对照本表确定。

表 2-10　危险品仓库的危险等级分类

储存的危险品名称	危险等级
烟火药(包括裸药效果件)，开球药	1.1^{-1}
黑火药，引火线，未封口含药半成品，单个装药量在 40 g 及以上已封口的烟花半成品，含爆炸音剂、笛音剂的半成品，已封口的 B 级爆竹半成品，A、B 级成品(喷花类除外)，单筒药量 25 g 及以上的 C 级组合烟花类成品	1.1^{-2}
电点火头，单个装药量在 40 g 以下已封口的烟花半成品(不含爆炸音剂、笛音剂)，已封口的 C 级爆竹半成品，C、D 级成品(其中：组合烟花类成品单筒药量在 25 g 以下)，喷花类成品； 符合联合国危规运输包装要求且经鉴定为 1.3 级的成箱产品	1.3

注：表中 A、B、C、D 级为现行国家标准《烟花爆竹　安全与质量》(GB 10631)规定的产品分级。

1.1级为危险品在制造、储存、运输中具有整体爆炸危险或有迸射危险，其破坏效应将波及周围。根据破坏能力划分为1.1^{-1}、1.1^{-2}级。

1.1^{-1}级为危险品发生爆炸事故时，其破坏能力相当于TNT的破坏。

1.1^{-2}级为危险品发生爆炸事故时，其破坏能力相当于黑火药的破坏。

1.3级为危险品在制造、储存、运输中具有燃烧危险。偶尔有较小爆炸或较小迸射危险，或两者兼有，但无整体爆炸危险，其破坏效应局限于一定范围，对周围建筑物影响较小。

二、工房布局

1. 工程规划

烟花爆竹生产企业和烟花爆竹批发经营企业仓库的选址应符合城乡规划的要求，并应避开居民点、学校、工业区、旅游区重点建筑物、铁路和公路运输线、高压输电线等。烟花爆竹生产企业应根据生产品种、生产特性、生产能力、危险程度进行分区规划，分别设置非危险品生产区、危险品生产区、危险品总仓库区、销毁场或燃放试验场区、行政区。烟花爆竹生产企业规划应符合下列要求。

根据生产、生活、运输、管理和气象等因素确定各区相互位置。危险品生产区、总仓库区宜设在有自然屏障或有利于安全的地带，危险品销毁场和燃放试验场宜单独设在偏僻地带。无关人流和货流不应通过危险品生产区和危险品总仓库区。危险品货物运输不宜通过住宅区。

当烟花爆竹生产企业建在山区时，应合理利用地形，将危险品生产区、危险品总仓库区、销毁场或燃放试验场区布置在有自然屏障的偏僻地带。不应将危险品生产区布置在山坡陡峭的狭窄沟谷中。

烟花爆竹批发经营企业设置危险品仓库时，应符合危险品总仓库区外部最小允许距离和危险品总仓库区内部最小允许距离的规定。

2. 外部最小允许距离

(1)1.1 级建、构筑物的外部距离

对零散住户和本厂总仓库区，考虑到人员较少，按轻度破坏标准考虑，即：玻璃大部分粉碎，木窗扇大量破坏、木窗框和木门扇破坏，板条内墙抹灰大量掉落，砖外墙出现较小裂缝，钢筋混凝土结构无损坏。

对本厂住宅区、村庄、中小型工厂，考虑人员较多且相对集中；对 220 kV 以下区域变电站、220 kV 架空输电线路，考虑其属于地区性，一旦出事影响面较广。所以，以上各项均按次轻度破坏标准考虑，即：玻璃少部分到大部分破碎，木窗扇少量破坏，板条内墙抹灰少量掉落，钢筋混凝土结构和砖混结构均无损坏。

对于城镇规划边缘，考虑人员较多且集中，各种设施也多；对 220 kV 以上区域变电站、220 kV 以上架空输电线路，考虑其跨区域性，一旦出事影响面非常广。所以，以上各项均按次轻度破坏标准下限确定外部距离。

对铁路、二级及以上公路、通航河道和架空输电线等，考虑是活动目标和线形目标，参照零散住户外部距离再适当降低标准。

危险品生产区 1.1 级建、构筑物的外部最小允许距离见表 2-11。

(2)1.1 级仓库的外部距离

有集中爆炸危险品的 1.1 级仓库，按轻度破坏标准偏下限来确定其与零散住户和本厂危险品生产区边缘的外部距离；与其他目标项目的外部距离，根据其重要性确定。1.1 级仓库的外部最小允许距离见表 2-12。

表 2-11　危险品生产区 1.1 级建、构筑物的外部最小允许距离(m)

项目	计算药量(kg)									
	≤10	>10 ≤20	>20 ≤30	>30 ≤50	>50 ≤100	>100 ≤200	>200 ≤300	>300 ≤500	>500 ≤800	>800 ≤1000
10 户或 50 人以下零散住户,50 人以下的企业围墙,本企业独立的总仓库区建筑物边缘,无摘挂作业铁路中间站界及建筑物边缘,110 kV 架空输电线路	50	60	65	70	80	110	120	140	170	190
村庄边缘,学校,职工人数在 50 人及以上的企业围墙,有摘挂作业的铁路车站站界及建筑物边缘,220 kV 以下的区域变电站围墙,220 kV 架空输电线路	60	70	80	100	120	160	180	210	250	270
城镇规划边缘,220 kV 及以上的区域变电站围墙,220 kV 以上的架空输电线路	110	130	150	180	220	290	330	370	450	490
铁路线,二级及以上公路路边,通航的河流航道边缘	35	40	50	60	70	95	110	120	150	160
三级及以下公路路边,35 kV 架空输电线路	35	35	40	50	60	80	90	110	130	140

表 2-12 危险品总仓库区 1.1 级仓库的外部最小允许距离(m)

项目	计算药量 (kg)										
	≤500	>500 ≤1000	>1000 ≤2000	>2000 ≤3000	>3000 ≤4000	>4000 ≤5000	>5000 ≤6000	>6000 ≤7000	>7000 ≤8000	>8000 ≤9000	>9000 ≤10000
10 户或 50 人以下零散住户,50 人以下的企业围墙,本企业生产区建筑物边缘,无摘挂作业铁路中间站界及建筑物边缘,110 kV架空输电线路	115	145	185	210	230	250	260	275	290	300	310
村庄边缘,学校,职工人数在 50 人及以上的企业围墙,有摘挂作业的铁路车站站界及建筑物边缘,220 kV以下的区域变电站围墙,220 kV 架空输电线路	175	220	280	320	350	380	400	420	440	460	480

续表

项目	计算药量（kg）										
	≤500	＞500 ≤1000	＞1000 ≤2000	＞2000 ≤3000	＞3000 ≤4000	＞4000 ≤5000	＞5000 ≤6000	＞6000 ≤7000	＞7000 ≤8000	＞8000 ≤9000	＞9000 ≤10000
城镇规划边缘，220 kV及以上的区域变电站围墙，220 kV以上的架空输电线路	315	400	510	580	630	690	720	760	800	830	860
铁路线，二级及以上公路路边，通航的河流航道边缘	100	125	155	180	195	210	220	235	245	255	270
三级及以下公路路边，35 kV架空输电线路	80	90	110	120	130	140	150	160	170	180	190

3. 总平面布置

危险品生产区的总平面布置，应符合下列要求：

(1)同时生产烟花和爆竹多个产品类别的企业，应根据生产特性、生产品种分别建立烟花、爆竹、礼花弹等生产线，做到分小区布置。

(2)生产线的厂(库)房的总平面布置应符合工艺流程的要求，宜避免危险品的往返和交叉运输。

(3)危险性建筑物之间、危险性建筑物与其他建筑物之间的距离应符合内部最小允许距离的要求。

(4)同一危险等级的厂房和库房，宜集中布置；计算药量大或危险性大的厂房和库房，宜布置在危险品生产区的边缘或其他有利于安全的地形处；粉尘污染比较大的厂房，应布置在厂区的边缘。

(5)危险品生产厂房宜小型、分散。

(6)危险品生产厂房靠山布置时，距山脚不宜太近。当危险品生产厂房布置在山凹中时，应考虑人员的安全疏散和有害气体的扩散。

危险品总仓库区的总平面布置，应符合下列要求：

(1)应根据仓库的危险等级和计算药量结合地形布置。

(2)比较危险或计算药量较大的危险品仓库，不宜布置在库区出入口的附近。

(3)山区布置时，危险品仓库不宜长面相对布置。

(4)危险品运输道路不应在其他防护屏障内穿行通过。

(5)同一危险等级的仓库，宜集中布置；计算药量大或危险性大的仓库，宜布置在总仓库区的边缘或其他有利于安全的地形处。

危险品生产区和总仓库区应设置密砌围墙，特殊地形设置密砌围墙有困难时，局部地区可设置刺丝网围墙，其高度不应低于 2 m；围墙与危险性建、构筑物之间的距离不应小于 5 m，有条件时宜设为 12 m。

危险品生产区和危险品总仓库区的绿化，宜种植阔叶树。厂区和库区的绿化不仅可以美化环境，调节气温，改善工人工作条件，而且还有助于削弱爆炸产生的冲击波，同时，还能阻挡爆炸产生的飞片，从而减少对周围建筑物的破坏。宜种植阔叶树，是因为它不易引燃，选择树种时，不应选用易引燃的针叶树或竹子。

距离危险性建、构筑物外墙四周 5 m 宜设置防火隔离带。

4. 危险品生产区内部最小允许距离

危险品生产区 1.1^{-1}级建筑物与邻近建筑物的内部最小允许距离，应符合表 2-13 的规定。

表 2-13　1.1^{-1}级建筑物与邻近建筑物的内部最小允许距离(m)

计算药量(kg)	双有屏障	单有屏障	因屏障开口形成双方无屏障
≤5	12(7)	12(7)	14
10	12(7)	12(8)	16
20	12(7)	12(10)	20
30	12(7)	12	24
40	12(8)	14	28
60	12(9)	15	30
80	12(10)	16	32
100	12	18	36
200	14	22	44
300	16	25	50
400	18	28	55
500	20	30	60
800	23	35	70
1000	25	38	76

注：当两座相邻厂房相对的外墙均为防火墙时，可采用括号内数字。内部距离均自建筑物的外墙轴线算起，晒场自晒场边缘算起。

1.1^{-1}级建筑物与邻近建筑物的内部最小允许距离，是按一旦危险性建筑物发生爆炸，周围邻近砖混建筑物受到次严重破坏的标准考虑，即：玻璃粉碎、木门窗扇摧毁、窗框掉落、砖外墙出现严重裂缝并有严重倾斜，砖内墙也出现较大裂缝。表 2-13 主要考虑冲击波破坏,不考虑偶尔飞片的破坏和杀伤。

危险品总仓库区 1.1^{-1} 级仓库与邻近危险品仓库的最小允许距离、内部距离均自建筑物的外墙轴线算起,应符合表 2-14 的规定。

表 2-14 中列出的单有、双有屏障的距离,是按一旦一个仓库爆炸,相邻仓库允许次严重破坏标准上限而定的,即:门窗框掉落、门窗扇摧毁,木屋架杆件偶然折裂,木檩条折断,支座错位,钢筋混凝土屋盖出现明显裂缝,砖外墙出现严重裂缝并有严重倾斜,砖内墙出现较大裂缝,但不至于倒塌。

表 2-14　1.1^{-1} 级仓库与邻近危险品仓库的内部最小允许距离(m)

计算药量(kg)	单有屏障	双有屏障
≤100	20	12
>100 ≤500	25	15
>500 ≤1000	30	20
>1000 ≤3000	40	25
>3000 ≤5000	50	30
>5000 ≤7000	56	33
>7000 ≤9000	62	37
>9000 ≤10000	65	40

三、安全设施

1. 防护屏障

防护屏障的形式,应根据总平面布置、运输方式、地形条件等因素确定。防护屏障可采用防护土堤、钢筋混凝土防护屏障或夯土防护墙等形式。

1.1 级建筑物应设置防护屏障;当建筑物内计算药量小于 100 kg时,可采用夯土防护墙。

防护屏障的高度,不应低于防护屏障内危险性建筑物屋檐的最低高度。

防护土堤,顶宽不应小于 1.0 m,底宽应根据不同土质材料确定,但不应小于防护土堤高度的 1.5 倍。防护土堤的边坡应稳定。

夯土防护墙,顶宽不应小于 0.7 m,墙高不应大于 4.5 m,边坡度宜为 1:0.2～1:0.25,应采用灰土为填料,地面至地面以上 0.5 m 范围内墙体应采用砖或石砌护墙。

钢筋混凝土防护屏障的顶宽、底宽,应根据防护屏障内危险性建筑物的计算药量,由抗爆设计确定,必须满足抗爆炸空气冲击波及爆炸碎片的要求。当建筑物外墙为钢筋混凝土墙,且满足抗爆设计要求时,该外墙可作为防护屏障。

2. 工艺与布置中的安全要求

烟花爆竹的生产工艺,宜采用机械化、自动化、自动监控等可靠的先进技术。对有燃烧、爆炸危险的作业宜采取隔离操作,并应坚持减少厂房内存药量和作业人员的原则,做到小型、分散。

烟花爆竹生产应按产品类型设置生产线,生产工序的设置应符合产品生产工艺流程要求,各危险性建筑物或各生产工序的生产能力应相互匹配。

有燃烧、爆炸危险的作业场所使用的设备、仪器、工器具应满足使用环境的安全要求。

危险品生产区内,危险品生产厂房允许最大存药量应符合现行国家标准的规定;烘干厂房最大存药量不应超过 500 kg,单个危险品中转库允许最大存药量不应超过两天生产需要量;临时存药间或临时存药洞的最大存药量不应超过单人半天的生产需要量,且不应超过 10 kg。

1.1 级、1.3 级厂房和库房(仓库)应为单层建筑,其平面宜为矩形。

1.1 级厂房应单机单栋或单人单栋独立设置,当采取抗爆间室、隔离操作时可以联建。引火线制造厂房应单间单机布置,每栋厂房联建间数不超过 4 间。

1.3 级厂房可以联建,但联建间数不应超过 6 间,当厂房建筑耐火等级为三级时,联建间数不宜超过 4 间。机械插引的 1.3 级厂房工作间联建间数不应超过 4 间,且每个工作间应单人、单机布置。

原料称量、氧化剂和可燃物的粉碎和筛选的 1.3 级厂房,应独立设置。

不同危险等级的中转库应独立设置,且不得和生产厂房联建。

有固定作业人员的非危险品生产厂房不得和危险品厂房联建。

1.3 级厂房内可设置生产辅助用室(如工器具室等)。

危险品生产厂房内设置临时存药间或在附近设置临时存药洞时,应采用钢筋混凝土墙或不小于 370 mm 的密实砌体墙将临时存药间与操作间隔开。

危险品生产厂房内的工艺布置,应便于作业人员操作、维修以及发生事故时迅速疏散。

对危险品进行直接加工的岗位宜设置防护装甲、防护板或采取人机隔离、远距离操作。对于作业人员与药物直接接触的混药、造粒、装药等工序应设置防护隔离罩、隔离板或其他个体防护装置。对有升空迸射危险的生产岗位宜设置防迸射措施。

1.1 级厂房的人均使用面积不应少于 9.0 m^2,1.3 级厂房的人均使用面积不应少于 4.5 m^2。

有升空迸射危险的生产厂房与相邻厂房的门、窗不应正对设置。若正对设置时,门、窗前不大于 3 m 处应设置挡墙,挡墙宽每侧应大于门宽 0.5 m,高度应超出门高 1.5 m。

烟花爆竹成品、有药半成品和药剂的干燥，宜采用热水、低压蒸汽或利用日光干燥，严禁采用明火烘干。

当采用热水、低压蒸汽干燥时，烘干厂房内的温度应符合产品工艺安全要求，产品烘干温度不应超过 75℃，药剂烘干温度不应超过 60℃；当采用热风干燥时，只允许对成品、没有裸露药剂的半成品进行干燥，有药半成品、成品烘干温度不应超过 40℃；烘干厂房内应设置排湿装置、感温报警装置及通风凉药设施。

当采取日光干燥时，应在专门的晒场进行，晒场场地要求平整，且应设置高度不低于 250 mm 的牢固木质、竹质晒架，气温高于 37℃时，应采取防止阳光直接照射的措施。带裸药半成品晒场周围宜设置防火堤，防火堤顶面应高出产品面 1 m。

晒场应设置凉药间或凉药厂房。当有可靠的防雨和防溅措施时，可不设凉药房。

运输危险品的廊道应采用敞开式或半敞开式，不宜与危险品生产厂房直接相连。产品陈列室应陈列产品模型，不应含危险品。实物陈列时应单独建设陈列室，并应满足《烟花爆竹工程设计安全规范》的有关条款规定。

3. 安全疏散

1.1 级、1.3 级厂房每个危险性工作间的安全出口不应少于 2 个；当面积小于 9 m^2，且同一时间内的生产人员不超过 2 人时，可设 1 个；当面积小于 18 m^2，且同一时间内的作业人员不超过 3 人时，也可设 1 个，但必须设置安全窗。

1.1 级、1.3 级厂房外墙上宜设置安全窗。安全窗可作为安全出口，但不得计入安全出口的数目。

1.1 级、1.3 级厂房每个危险性工作间内，由最远工作点至外部出口的距离，应符合下列规定：

(1)1.1 级厂房不应超过 5 m；

(2)1.3 级厂房不应超过 8 m。

厂房内的主通道宽度不应小于 1.2 m，每排操作岗位间的通道宽度和工作间内的通道宽度不应小于 1.0 m。

疏散门的设置，应符合下列规定：

(1)向外开启的平开门，室内不得装插销；

(2)设置门斗时，应采用外门斗，门斗的开启方向应与疏散方向一致。

(3)危险性工作间的外门口不应设置台阶，应做成防滑坡道。

四、工房建筑构造

1.1 级、1.3 级厂房的门，应采用向外开启的平开门；外门宽度不应小于 1.2 m。危险性工作间的门不应与其他房间的门直对设置，内门宽度不应小于 1.0 m。内、外门均不得设置门槛。

危险性生产区内建筑物的门窗玻璃宜采用防止碎玻璃伤人的措施。黑火药和烟火药生产厂房应采用木门窗。门窗的小五金，应采用在相互碰撞或摩擦时不产生火花的材料。

安全窗应符合下列规定：窗洞口的宽度，不应小于 1.0 m；窗扇的高度，不应小于 1.5 m；窗台的高度，不应高出室内地面 0.5 m；窗扇应向外平开，不得设置中挺；窗扇不宜设插销，应利于快速开启；双层安全窗的窗扇，应能同时向外开启。

危险性工作间的地面，应符合下列规定：对火花能引起危险品燃烧、爆炸的工作间，应采用不发生火花的地面；当工作间内的危险品对撞击、摩擦特别敏感时，应采用不发生火花的柔性地面；当工作间内的危险品对静电作用特别敏感时，应采用不发生火花的防静电地面。

有易燃易爆粉尘的工作间，不宜设置吊顶。若设置吊顶时，应符合下列规定：吊顶上不应有孔洞；墙体应砌至屋面板或梁的底部。

有易燃易爆粉尘的工作间，其地面、内墙面、顶棚面应平整、光滑，不得有裂缝，所有凹角宜抹成圆弧。易燃易爆粉尘较少的工作间内墙面应刷 1.5～2.0 m 高油漆墙裙；经常冲洗的工作间，其顶棚及内墙面应刷油漆，油漆颜色与危险品颜色应有所区别。设置在室内外的沉淀池及排水沟，其内壁宜抹面平整、光滑，不得有裂缝，所有凹角宜抹成圆弧。排水沟坡度宜不小于 1%。

五、仓库的建筑结构

危险品仓库应根据当地气候和存放物品的要求，采取防潮、隔热、通风、防小动物等措施。

危险品仓库宜采用现浇钢筋混凝土框架结构，也可采用钢筋混凝土柱、梁承重结构或砌体承重结构。屋盖宜采用现浇钢筋混凝土屋盖，也可采用轻质泄压屋盖。

危险品仓库的安全出口不应少于 2 个；当仓库面积小于100 m^2，且长度小于 18 m 时，可设 1 个。

仓库内任一点至安全出口的距离不应大于 15 m。

危险品仓库门的设计应符合下列规定：①危险品仓库的门应向外平开，门洞的宽度不宜小于 1.5 m，不得设门槛。②当危险品仓库设计门斗时，应采用外门斗，此时的内、外两层门均应向外开启。③危险品总仓库的门宜为双层，内层门为通风用门，通风用门的下面要有防小动物进入的措施；外层门为防火门。两层门均应向外开启。

危险品总仓库的窗宜设可开启的高窗，并应配置铁栅和金属网。在勒脚处宜设置可开关的活动百叶窗或带活动防护板的固定百叶窗。窗应有防小动物进入的措施。

第三章 烟花爆竹特种作业人员的操作技能与安全守则

第一节 烟花爆竹特种作业人员分类

《特种作业人员安全技术培训考核管理规定》已经2010年4月26日国家安全生产监督管理总局局长办公会议审议通过，自2010年7月1日起施行。该条例对烟花爆竹安全作业作了详细定义：烟花爆竹生产、储存中的药物混合、造粒、筛选、装药、筑药、压药、搬运等危险工序的作业为烟花爆竹特种作业。具体分以下五类。

1. 烟火药制造作业

指从事烟火药的粉碎、配药、混合、造粒、筛选、干燥、包装等作业。

2. 黑火药制造作业

指从事黑火药的潮药、浆硝、包片、碎片、油压、抛光和包浆等作业。

3. 引火线制造作业

指从事引火线的制引、浆引、漆引、切引等作业。

4. 烟花爆竹产品涉药作业

指从事烟花爆竹产品加工中的压药、装药、筑药、褙药剂、已装药的钻孔等作业。

5. 烟花爆竹储存作业

指从事烟花爆竹仓库保管、守护、搬运等作业。

从事以上五类作业的人员均是烟花爆竹特种作业人员。虽然他们所从事的作业在生产过程中有一定差异，但是作为烟花爆竹特种作业人员，在安全生产过程中应共同遵守下述安全规定。

(1)应在许可的专用场所内，按许可的产品类别、级别范围进行安全生产和储存。

(2)应按规定设置标志，按设计用途使用工(库)房，不应擅自改变生产作业流程、工(库)房用途和危险等级。

(3)操作者不应擅自改变药物配方和操作规程，确需改变时应经审查和批准。

(4)应遵守定员、定量和定机的规定，不应超定员、定机和定量生产和储存。

(5)手工直接接触烟火药的工序应使用铜、铝、木、竹等材质的工具，不应使用铁器、瓷器和不导静电的塑料、化纤材料等工具盛装、掏挖、装筑(压)烟火药。

(6)盛装烟火药时药面应不超过容器边缘。

(7)操作工作台应稳定牢固，直接接触烟火药工序的工作台宜靠近窗口，应设置橡胶、纸质、木质工作台面，且应高于窗口，不应使用塑料、化纤等不导静电材质的工作台面。

(8)烟火药中不应混入与烟火药配方无关的泥沙等杂物、杂质，如意外混入，不应使用；直接接触烟火药的工序应按规定设置防静电装置，并采取增加湿度等措施，以减少静电积累。

(9)烟火药、效果件、含药半成品及成品生产、制作、装卸、搬运过程中应轻拿、轻放、轻操作，不应有拖拉、碰撞、抛摔、用力过猛等行为。

(10)生产作业场所应保证疏散通道畅通，不应在疏散通道上放置有碍疏散的物品或闩门生产。

(11)不应在规定地点外晾晒烟花爆竹成品、半成品及烟火药、黑火药、引火线。

(12)不应在规定的燃放试验场外燃放试验产品,不应在规定的销毁场外销毁危险性废弃物。

(13)未安装阻火器的机动车辆不应进入有药生产、储存区域。

(14)不应擅自增设建(构)筑物、改变工房用途、安装电气(器)。

(15)不应在生产、储存区吸烟、生火取暖,不应携带火柴、打火机等火源火种进入生产、储存区,不应在有可燃性气体、粉尘环境的工(库)房使用无线通信设备。

(16)在有药工序使用新设备和新工艺前,应对其安全性能、定员、定机、定量等安全技术要求进行安全评审。

(17)储存乙醇、丙酮等易燃液体的库房应保持良好的通风。

(18)工房定员应满足1.1级厂房的人均使用面积不应少于9.0 m^2、1.3级厂房的人均使用面积不应少于4.5 m^2 的要求。

第二节　烟花爆竹烟火药制造作业操作技能与安全守则

烟火药制造作业指从事烟火药的粉碎、配药、混合、造粒、筛选、干燥、包装等作业。

一、原材料的粉碎

1. 粉碎原理和方法

(1)干法粉碎和湿法粉碎。粉碎操作有干法和湿法两类。干法粉碎时物料中水分含量有一定限制,否则会给粉碎带来困难;湿法粉碎则要求往物料中加水。干法粉碎比湿法粉碎设备简单,消耗能量少,因此通常多用干法粉碎。但干法粉碎到颗粒很小时,会扬起很多粉尘,破坏作业环境、危害工人健康,有些物料还会在颗粒过细的情况下因摩擦引起燃烧或爆炸。因而对易燃易爆物料做很细的粉碎时要用湿法。对于干法粉碎时粉尘危害很大、不易除尘的粉碎作业也应采用湿法粉碎。

(2)粉碎前后物料的大小。按粉碎前后物料直径的大小可将粉碎作业分为如下几类。

①粗碎　将直径为40～1500 mm的物料碎到直径为5～50 mm。

②中碎和细碎　将直径为5～50 mm的物料粉碎到直径为0.1～5 mm。

③磨碎或研磨　将直径为2～5 mm的物料磨碎到直径为0.1 mm左右,并可以小于0.074 mm(即能通过200目的孔筛)。

④超细碎　将直径为0.2 mm左右的物料磨碎,最小可达0.01 μm。

一种物料由直径1米多粉碎到1 mm以下通常都要经过粗碎、中碎、细碎和研磨几步。

2. 粉碎机

粉碎机的工作原理和型号很多,粉碎不同的原材料,可根据颗粒的大小和粉碎度以及物料的硬度选择不同的粉碎机。

(1)雷蒙磨粉机

如图3-1所示,该机在雷蒙磨的基础上更新改进设计而成,该设备比球磨机效率高、电耗低、占地面积小,一次性投资小。磨辊在离心力的作用下紧紧地碾压在磨环上,因此当磨辊、磨环磨损到一定厚度时不影响成品的产量与细度。磨辊、磨环更换周期长,从而剔除了离心粉碎机易损件更换周期短的弊病。该机的风选气流是在风机—磨壳—旋风分离器—风机内循环流动作业的,所以比高速离心粉碎机粉尘少,操作车间清洁、环境无污染。

①雷蒙磨粉机用途和适用范围

雷蒙磨粉机广泛适用于莫氏硬度不大于9.3级、湿度在6%以下的非易燃易爆的矿产、化工、建筑等行业280多种物料的高细制粉加工,R型雷蒙磨粉机成品粒度在80～325目范围内任意调节,部分物料最高可达600目。

②雷蒙磨粉机主要结构

该机结构主要由主机、分析器、风机、成品旋风分离器、微粉旋风分离器及风管组成。其中,主机由机架、进风蜗壳、铲刀、磨辊、磨环、罩壳组成。

图 3-1　雷蒙磨粉机

③雷蒙磨粉机工作原理

工作时,将需要粉碎的物料从机罩壳侧面的进料斗加入机内,依靠悬挂在主机梅花架上的磨辊装置,绕着垂直轴线公转,同时本身自转,由于旋转时离心力的作用,磨辊向外摆动,紧压于磨环,使铲刀铲起物料送到磨辊与磨环之间,因磨辊的滚动碾压而达到粉碎物料的目的。

④雷蒙磨粉机风选过程

物料研磨后,风机将风吹入主机壳内,吹起粉末,经置于研磨室上方的分析器进行分选,细度过粗的物料又落入研磨室重磨,细度合乎规格的随风流进入旋风收集器,收集后经出粉口排出,即为成品。风流由大旋风收集器上端的回风管回入风机,风路是循环的,并且在负压状态下流动,循环风路的风量增加部分经风机与主机中间的废气管道排出,进入小旋风收集器,进行净化处理。

(2)高细度粉碎机(如图 3-2 所示)

FXS 系列高细度粉碎机适用于莫氏硬度不大于 6.5 级,湿度在 6%以下的非易燃易爆的矿产、化工、建筑等行业多种物料的高细制粉加工,成品粒度在 20～325 目范围内任意调节。

图 3-2 高细度粉碎机

(3)风选粉碎机

风选粉碎机是在结合国内外同类产品先进技术的基础上研制成功的。该机由粗碎、细碎、风力输送等装置组成,以高速撞击的形式达到粉碎的目的,利用风能一次成粉,取消了传统的筛选程序,如图 3-3 所示。

本机适用于化工、石墨、橡胶、制药、染料、油化、食品、建材、矿石、水泥、耐火材料等行业,产品细度可在 20～325 目之间任意人为调节。

图 3-3 风选粉碎机

3. 粉碎工序安全管理及操作守则

(1)粉碎操作必须远离仓库和其他厂房。

(2)粉碎设备一定要专机专用。原材料筛选粉碎,每栋工房定员2人。

(3)粉碎前应对设备进行全面检查,并认真清扫设备和生产环境中的粉尘和浮药。

(4)操作人员在开启各种原材料的包装时,应先检查包装、标记是否与包装内物质相符,发现异样应立即报告有关管理人员,不得擅自处理。

(5)必须远距离控制,操作人员未远离机房,严禁开机。

(6)粉碎机房与邻近厂房的安全距离确定后,在任何情况下,操作过程都应坚持"少量、多次、勤运走"的原则,保证机房内的药量不超过规定的限量。

(7)进、出料前必须断电停机,并应停机 10 min,充分散热后,才能进行进、出料操作,以防因物料过热而引发燃烧、爆炸事故。

(8)粉碎作业时应注意通风散热,防止粉尘浓度超标。粉尘不但损害工人身体健康,而且粉尘浓度高容易发生粉尘爆炸。

(9)粉碎设备应有可靠的接地导静电装置,防止静电积聚。

(10)粉碎机房必须经常保持清洁,要每天清扫地面、门窗、墙壁,废药必须集中到安全区域处理。

(11)粉碎后的物料应按要求过筛后包装,在包装物上应贴上标签,注明品名、规格、质量、生产日期等。

二、原材料筛选

将原材料颗粒按大小分开的操作称为筛选(筛分)。筛选不仅用来测定颗粒的粗细程度,更重要的是用来分离固体颗粒。物料经筛选后可以分为大小相近的若干部分,其中某些部分正是生产所需的规格。将固体颗粒按大小分开有三种方法,即机械离析法、水力离析法和空气离析法。机械离析法的设备是机械筛。空气离析法的设备是风筛。

(1)机械筛与风筛

①机械筛　机械筛一般用金属丝制成,或在金属板上钻许多小孔。筛孔可为圆形、正方形或长方形。机械筛按操作方式可分为固定筛和运动筛两类。固定筛用于生产量不大的场合。运动筛广泛用于工业生产。

②风筛　利用空气流将大小不同的固体颗粒分离的方法称为空气离析,简称风筛。其中以离心风筛应用较为普遍。图 3-4 为离心风筛机,它主要由两个同心圆的锥体组成,内锥体中心轴上装有圆盘,离心翼片及风扇。

被粉碎物料从上部加料口进入,落到迅速旋转的圆盘上,借助离心力将粉状物料甩向四周。圆盘四周有上升气流将粉状物料吹起来,使细粉浮动,粗颗粒因离心力大碰到内锥筒壁而落下,中等颗粒的物料浮起不高,遇到旋转着的离心翼片,被带着向内锥筒壁运动,撞到内锥筒壁而下落,从粗料出口管流回粉碎机或其他容器内。能够浮动到离心翼片以上的细料,随气流被风扇吹送到内外锥筒的夹层中,在这里空气速度骤减,粉料由于沉降和碰撞作用沿外锥筒壁下降,从下端的细料出口排出。与细料分离的空气经倾斜装置的折风叶重新进入内锥筒内。

在内锥筒的上端,周围装有调节盖板、伸缩盖板,增减离心翼片数目及倾斜度、变更主轴的转速等都可调节物料被分离的粗细程度。在分离细料时,离心翼片可多至 48 个,最少 6 个。在分离粗料时,有时不要离心翼片。

(2)筛析与筛号

①筛析　用不同筛孔的筛子将粉碎物料按颗粒大小分成若干部分,以测定物料的粗细程度叫过筛分析法,简称筛析。

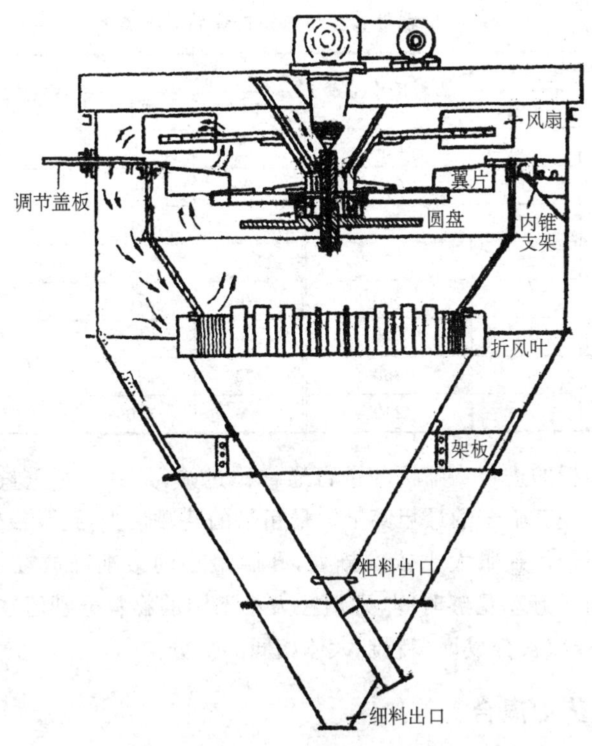

图 3-4　离心风筛机

②筛号　筛子按筛孔大小进行编号，以便于区分筛孔的大小规格，筛号是筛孔大小的一种标志。我国的机械筛采用泰勒筛制，按筛子每英寸长度上有多少筛孔来对筛子编号，也叫目。筛丝直径也有规定，按筛号的增大而变细。例如在 200 号筛（也叫 200 目的筛）中，每英寸有 200 个筛孔。另外也有用每平方厘米上的筛孔数和每厘米长度上的筛孔数表示筛号的。无论采用哪种筛制，都是筛孔数越大，筛号越大，筛子的孔就越小，能通过筛子的颗粒就越细。表 3-1 列出了标准筛目与颗粒尺寸的大小关系。

表 3-1 标准筛目与颗粒尺寸的大小关系

筛目号		颗粒尺寸(μm)	筛目号		颗粒尺寸(μm)
美制	英制		美制	英制	
12	10	1680	80	85	177
18	16	1000	100	100	149
20	18	840	120	120	125
30	25	590	140	150	105
35	30	500	170	170	88
40	36	420	200	200	74
60	60	250	230	240	62
70	72	210	270	300	53

③筛析的进行　筛析的进行通常称过筛，是将称好重量的物料样品放在一套筛子的最粗筛上。最粗筛的孔数最少，孔眼最大，放在上面。筛子依孔眼大小依次排列，孔眼最小的最细筛放在最底层。将这套筛子簸动足够时间，则颗粒大小不同的物料分别留在各层筛子上，这样就被分成许多颗粒大体相同的部分。

三、药物混合

1. 称量

称量的工作任务主要是根据烟火药剂配方，按照氧化剂、可燃剂分别称取不同组分的药剂。在该工序主要应注意以下安全事项：

(1)称量前，应检查各种原料的标识、标志、原材料合格证；

(2)检查称量衡器是否有合格证；

(3)核算称配的原料各成分分配准确性，其每份总量应与每次药物混合定量一致；

(4)称量氧化剂和还原剂时，应分别使用单独工具和计量器具，计量器具的盘和砝码不得使用铁质材料；

(5)称配原料工房定员 1 人；

(6)称配好的原料停滞量不得超过 200 kg;

(7)称配好的原料装入容器后应立即贴上标签,注明品名。含氯酸盐烟火药原料称、配后应将氧化剂、可燃物分别盛装。

2. 混药

混药是将按比例称量好的氧化剂、可燃剂进行混合均匀至工艺要求。在此工序,氧化剂、可燃剂已经混合成具有爆炸性或燃烧性烟火剂,具有一定的危险性,因此从该工序之后,烟花爆竹的各个生产工序就具有燃烧或爆炸的危险性了。

手工过筛方法是一种古老的手工混药方法。它是先将称量好的各组分放在一张牛皮纸上掺和,而后用 80 目左右的筛子过筛。为避免因组分密度不一而出现筛下物分层现象,过筛时,用刷子将筛上物刷下。一般至少过筛三遍,才能获得较均匀的混合物。为了判断混合是否达到均匀程度,可采用涂抹试验来确定,即在指尖压力下捻散混合物,如不显出单独组分的条纹,那么可认为混合是均匀的。

手工混药方法的主要问题是安全性差。由于没有实行人药隔离,手工过筛混合不宜用于高感度的混合物,也不宜用于含有毒性成分的混合物。

手工混药,是用木铲、木杵在内衬橡皮的木盘内进行混药。木盘长约 1 m,宽约 0.5 m,如图 3-5 所示。为了防止意外,混药时须加防护罩或有机玻璃挡板。

(a) 木盘　(b)木铲　(c)木杵

图 3-5　手工混药工具

机械混药。工业大生产中采用混药机混合,其混制量以 10～

25 kg为宜。一种转筒混合机也用于敏感度不太高的烟火药(如黑火药)混合,该混合机转筒内壁装有木制圆丘,如图 3-6 所示。混药时,转筒转速一般为 15～18 r/min,混合时间通常为 15～30 min。

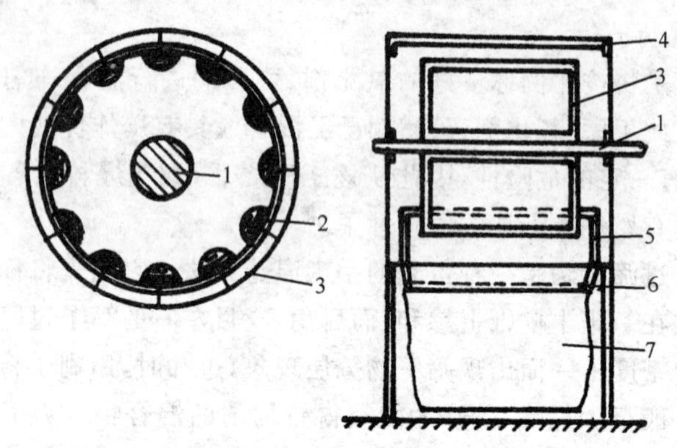

图 3-6　机械混合机

1. 转筒轴;2. 木园丘;3. 木转筒;4. 护罩;5. 下料漏斗;6. 筛网;7. 接料袋

烟火药的混合操作时应注意以下几点。

(1)药物原料的称料操作应在另外的专用厂房内进行,禁止在混合厂房内称药。

(2)称量药物原料所用的秤盘和秤砣等不能用钢或铁制品的,以防止因碰撞、摩擦而引起事故。

(3)称量好的药物原料应分批送入混合工序进行配制混合。

(4)配药前应检查各种药物原料的色质、细度、干湿程度、批号、规格、性能等是否与配方要求相符,若发现异样,应请示报告,不得擅自处理、配制。

(5)配料人员应高度集中精力,认真核对配方,严防搞错配方比例,严禁擅自改变药物配方。

(6)严禁在仓库或其他厂房进行烟火药配料混合作业。

(7)在任何情况下,都应坚持“少量、多次、勤运走”的原则,保证工房内的烟火药数量不超过规定的限量。

(8)转鼓转动运行期间,任何人不得停留或进入机房。

(9)在操作中一定要小心谨慎,必须使用木、竹、铜、铝等不易产生火花和静电的材料制成的工具,不得使用铁制或塑料工具,防止因碰撞、摩擦或静电放电引起燃烧、爆炸事故。

(10)为防止静电积聚,转鼓要刷导电涂料,操作前应检查转鼓的所有金属构件的接地措施是否可靠。

(11)转鼓进、出料操作前必须断电停机,并应停机数分钟以上,保证一定静电的释放后,才能进行进、出料操作,以防因机械过热而引发燃烧、爆炸事故。

(12)由于烟火药对冲击和摩擦非常敏感,因此在混合厂房内移动任何物品都必须提起或抬离地面后再移动,应注意轻拿、轻放、轻操作,绝对禁止使用拖、拉的方法移动物品。

(13)进入烟火药混合厂房前应换上干净的软底导电工作鞋。禁止穿有铁钉的鞋、硬底的鞋或粘有泥沙的鞋进入厂房,以防止因鞋底与地面摩擦或撞击产生的火花或局部高温引燃散落在地面上的烟火药。

(14)混合好的烟火药应放入专用的容器中,并贴上标签,注明药剂种类、配方、质量、混配日期、混配人,并立即转移到专用库房储存。

(15)混药厂房必须每天清扫地面、门窗、墙壁,使厂房经常保持清洁,清扫下来的垃圾和废药必须集中到安全区域处理。

(16)每栋工房定员 1 人,烟火药各成分混合宜采用转鼓等机械设备,每栋工房定机一台;含氯酸盐药物的混合,应有专用工房,并使用专用工具。

(17)手工混药,每栋工房定员 1 人;药物混合每栋工房定量应符合表 3-2 的规定。

表 3-2　药物混合定量表

序号	烟火药类别	烟火药种别	定量(kg)	
			手工	机械
1	硝酸盐烟火药	黑火药	8	200
		含金属粉烟火药	5	20(干法) 100(湿法)
2	高氯酸盐烟火药	含铝渣、钛粉、笛音剂的烟火药、爆炸药	3	10
		光色药、引燃药	5	10
3	氯酸盐烟火药	烟雾药、过火药	8	20
		引火线药	3	10
		摩擦药	0.5(湿法)	
4	其他烟火药	响珠烟火药等	5	10

注:表中未注明湿法的均为干法混合。

不应使用石磨、石臼混合药物;不应使用球磨机混合高感度药物;不应使用干法和机械法混合摩擦药。摩擦药的混合,应将氧化剂、还原剂分别用水润湿后方可混合,混合后的烟火药应保持湿度。干药在中转库的停滞时间不应超过 24 h。采用湿法配制含铝、铝镁合金等活性金属粉末的烟火药时,应及时做好通风散热处理。

四、造粒与筛选

烟火剂为了产生不同的烟火效果或使用于不同的产品、场合,需要制成小颗粒状、球形星光体(也称亮子)、柱状星光体或拉手。这些统称为药剂成型。

1. 小颗粒状

小颗粒状药剂既可以保持混合药剂的均匀性,又可改善其流散性。其方法是将湿混后的药剂稍稍晾干,通过手工加入一定量干的粉状相同的烟火剂,使之成为手捏可成团、落地就散的状态的药剂,然后放入造粒机中,适当加压使药剂通过一定大小的筛孔而成粒状。

筛孔大小视药剂的用途及装药精度而定。一般上筛选择 8～10 孔/cm,下筛选择 19～25 孔/cm 即可。

小颗粒状的成型方法有许多种。

(1)喷雾造粒　此方法是将烟火剂用溶剂溶解在真空容器中,通过喷雾的方式,将烟火剂造粒成型。这种方法设备投入大,产量高,运行费用大,成本也高,对烟火药剂生产不大合适。比较适用于制药和食品行业。

(2)手工造粒　手工造粒的前提:一是药剂的感度适宜,即其撞击感度和摩擦感度不能太高;二是药剂的量不能太大。在生产时,操作人员使用防护钢甲(如图 3-7 所示)保护身体的主要部分,这样才能保证生产人员的安全。所以,手工造粒一般用于试验和样品制造,不适宜批量规模生产。

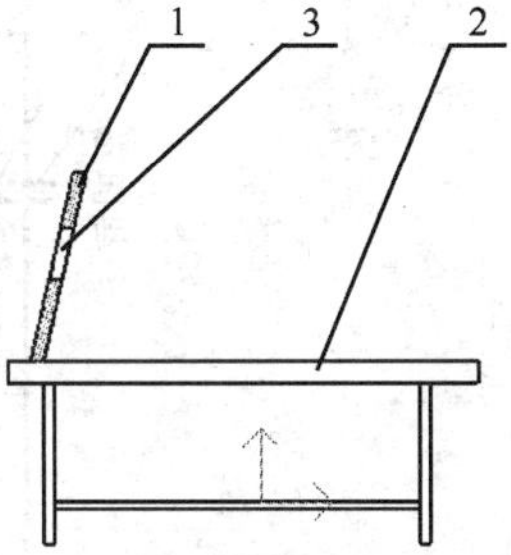

图 3-7　手工造粒防护钢甲
1. 防护钢甲;2. 工作台;
3. 有机玻璃瞭望孔

手工造粒的基本方法:将湿混后干湿适宜的烟火剂放在事先准备好的造粒用手工筛上,用硬度合适的橡皮块轻轻刮蹭药剂,使烟火剂通过筛眼掉在预先放置在造粒筛下的盛料盘(纸)上。

手工造粒的安全操作守则:药剂的感度要适宜;操作要在防护板后面;烟火剂中不能有干粉;药量要少,及时转运;造粒时要轻轻刮蹭,不得使大力,使劲刮蹭;药剂干了,要及时加溶剂使之湿润并混合均匀;手工造粒或制药,每栋工房定员 1 人,定量按照表 3-2 执行。

(3)机械造粒　黑火药的机械造粒方法在黑火药生产的章节中介绍,这里介绍一般烟火剂的机械造粒方法。机械造粒由于药量较大,必须采用人、药隔离的方法生产。其对厂房的要求可参照混药对厂房的要求。

机械造粒的方法:将湿混后干湿度合适的烟火剂倒入造粒机的

滚筒中(造粒机如图 3-8 所示),将护罩盖好,将防护铁门关好,开动机器使药剂与事先放在滚筒中的黄铜球一起在滚筒中滚动,由于黄铜球对烟火剂的挤压作用,烟火剂通过滚筒外的铜筛网而形成颗粒。

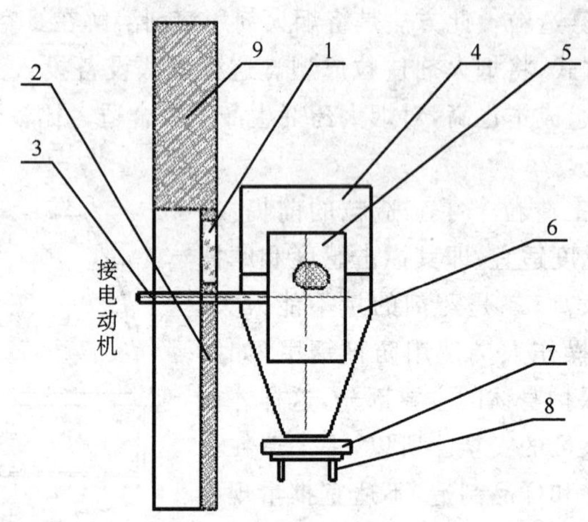

图 3-8　造粒机

1. 有机玻璃瞭望窗;2. 钢甲防护装置;3. 传动轴;4. 护罩盖;
5. 造粒装置;6. 防尘漏斗;7. 药盘;8. 工作台;9. 混凝土防护墙

机械造粒要注意以下几个方面:

①防护门与滚筒控制电路相连,即防护门未关好,带动滚筒的电动机无法启动;

②每次药量控制在 1～1.5 kg;

③造粒用的烟火剂干湿度要合适,湿了,会堵塞筛眼,无法顺利造粒;干了,造出的颗粒呈粉状,合格的颗粒很少,而且容易出意外安全事故;

④滚筒的转速不能太快,一般控制在 20～40 r/min,太快了,由于离心力的缘故,药剂与铜球会贴在滚筒壁,无法造粒;

⑤滚筒的直径为 400 mm 左右,药剂与铜球的比例为1∶3～1∶5;

⑥造粒时间为4～6 min,主要根据铜球与筛网摩擦发出的声音判断,造粒完成就停机;

⑦停机后,小心打开护罩,用毛刷将烟火剂刷入漏斗,将造好粒留在盛药盘中的药剂转运至下道筛分工序,再加药料重复生产;

⑧筛分出来的不合格粒子和粉末,转湿混工序,再湿混后用来造粒。

不管是手工造粒,还是机械造粒,其工艺流程均为:称药→干混→湿混→造粒→筛选→转下道工序。

筛选后的筛上物和筛下物转湿混工序,合格粒子转下道工序。

2. 方状星光体和球形星光体

方状星光体的生产在《烟火原理》一书中有比较详细的描述,这里就不重复了。星光体也可称为星体。

球形星光体在礼花弹中用量最多,因此接下来主要介绍它的生产。

球形星光体的结构不是单一的,这是为了提高它的烧成率,这在《烟火原理》中也叙述过。单色星光体一般有三层结构,即基本药—过度药—点火药。双色星光体一般有五层结构,即基本药—过度药—基本药—过度药—点火药。球形星光体,特别是变色的球形星光体存在着星光体的结构问题,哪种烟火药应铺设在里面,哪种烟火药应铺设在外面?作为一般规律,感度高的、危险性大的放在里面,相对安全的药剂放在外面。从弹道性能考虑,药剂比重大的放在里面,药剂比重小的放在外面。此外还要从相容性来考虑药剂设置。

球形星光体的加工过程主要包括以下几个方面。

(1)做种子　新做的烟火剂需要做种子,即芯核,以前生产过的药剂就将以前生产遗留下来的不合格的小颗粒做芯核。但由于小颗粒存放有一定的时间,已经干燥了,在使用前一定要用溶剂湿润透彻。做种子的方法可参考药剂成型中小颗粒状成型的方法,其造粒筛为10～12孔/cm。将刮蹭下来的药剂用平底鼓型铝脸盆接住,在做圆周摇动同时加少量的雾状酒精、干粉，再重复，使细小颗粒不断长大。为产生不同的烟火效果，种子还可以使用不一样的芯核药剂，如“八菊”、“六菊”。

(2)滚基本药　按做种子的方法，可以手工操作，也可用机械生产。滚球形星光体的设备如图 3-9 所示。为了根据不同的用途加工成不同的直径，就必须不断地用不同直径的上筛、下筛对加工过程中的星光体进行筛分。上筛直径一般为加工尺寸＋0.5 mm，下筛直径为加工尺寸。

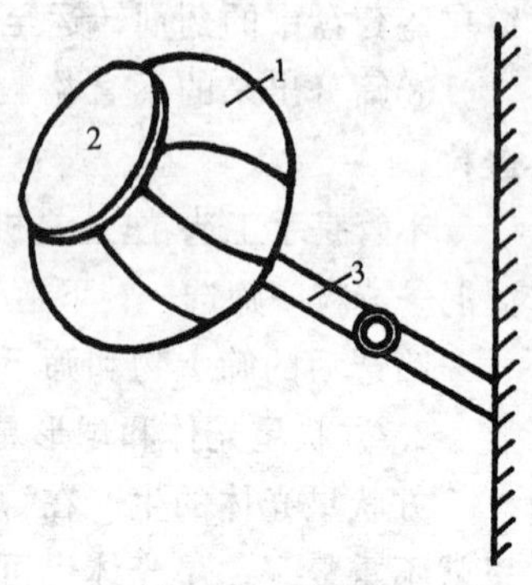

图 3-9　球形造粒机

1. 球鼓；2. 装卸料口；3. 转动轴

(3)滚过渡药　过渡药的组成是基本药与点火药的比例为 1∶1。与基本药一样，过渡药通过三筛三混才能混合均匀。在滚好基本药的基础上滚过渡药，滚过渡药也与滚基本药一样用不同直径的上筛、下筛对加工过程中的星光体进行筛分。上筛直径一般为加工尺寸＋0.5 mm，下筛直径为加工尺寸。

(4)滚点火药　一般星光体的点火药为商品黑火药粉，外加5％～10％黏合剂，非水溶性黏合剂一般采用酚醛树脂，酚醛树脂的黏性比常见的虫胶的黏性要好。为了进一步提高点火药的点火能力，采用增大反应产物固体融渣的方法，可再外加 5％左右的镁铝合金粉。滚点火药也与滚基本药一样用不同直径的上筛、下筛对加工过程中的星光体进行筛分。上筛直径一般为加工尺寸＋0.5 mm，下筛直径为加工尺寸。

加工星光体一般选用两种溶剂，一种是水溶性溶剂，另外一种是非水溶性溶剂。水溶性溶剂常见有糯米粉、面粉、聚乙烯醇、聚乙烯醇缩甲醛等，非水溶性溶剂常见的有酚醛树脂、虫胶、聚乙烯、聚氯乙烯、弱棉等单基药、双基药。在日本用得较多的是糯米粉，糯米粉作为黏合剂价格便宜，但是含量太少时，星光体难以成型；太多时，星光体不易被点燃或燃烧温度降低而影响星光体的燃烧性能。特别是配方中含有金属粉的，相对非水性溶剂来说，糯米粉做黏合剂不够合适，一是水会与金属粉发生反应，降低药剂的安定性；二是用酚醛树脂、虫胶、聚乙烯、聚氯乙烯、弱棉等单基药、双基药做黏合剂，还可以在金属粉表面形成一层有机膜，从而增强药剂的安定性和相容性。故配方中金属含量少或不含金属粉末的，为了降低原料成本可选用糯米粉做黏合剂。用糯米粉做黏合剂每次只能滚一层药，每次厚度为 1 mm 左右，生产周期较长，不利于组织生产；而用酚醛树脂、虫胶等做黏合剂，不管星光体直径多大，可以一次滚成。

不管是手工还是机械加工星光体，都要注意以下几个问题：

①溶剂以雾状加入，量少，次数多。

②干粉的加入也要每次量少一点，防止在底部沉淀结块。

③每次产品要及时运走，遵守定员定量。电动机械造粒或制药，每栋工房定机 1 台，定员 1 人，定量(干法 5 kg，湿法 20 kg)。

3. 药柱和拉手

根据烟火效果的不同，药剂的成型还可能是压制成药柱或拉手。压制成型可以是干法生产或湿法生产。干法生产是将通过造粒、干燥的烟火剂用压药机以一定的压力进行压制，干法压制药柱需要较大的压力，否则压出来的药柱密度小，机械强度低；压力足够，压制出来的药柱机械强度好，密度大，燃烧时间长。湿法压制生产药柱是将烟火剂湿混后再压制，湿法生产药柱，它的机械强度靠药柱干了后黏合剂的作用。湿法生产对压药机的压力要求没有干法大，其安全性要比干法好。

湿法生产有两种。一是手工生产，即唧筒式星体，唧筒式星体在《烟火原理》中有介绍，这里就不重复了。唧筒式星体的模具见图 3-10。二是机械生产，根据模具的使用情况，可分为单模生产和群模生产。单模生产，特别是定压法生产时其产品一致性较好，但生产效率较低，对设备和安全设施要求不高，制造简单，使用方便。群模生产产量大，生产效率高，但由于药量大，对设备和安全设施要求较高，模具较复杂。群模生产适用于大批量生产，但是要求互换性好。使用单模还是群模生产，主要是根据产品对部件的技术要求、批量大小、安全要求来综合考虑。

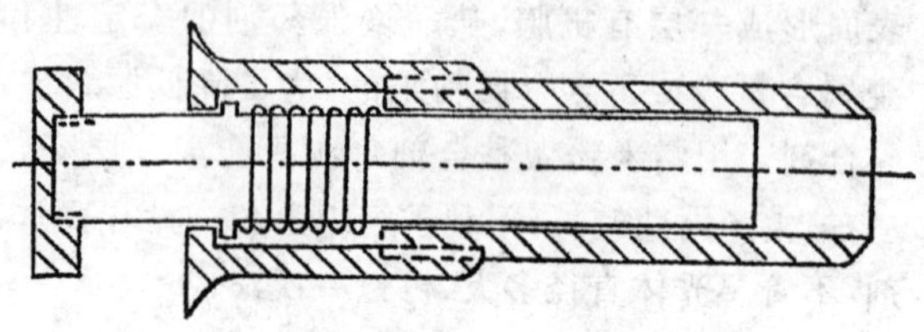

图 3-10　唧筒式星体的模具

六、干燥

干燥即烘干，它是烟花爆竹生产的一道重要工序。干燥的目的是使成型的药剂中的挥发成分降低到≤1.5%，并且使成型的药剂具有一定的机械强度，保证产品的正常生产，达到规定的质量标准，使之燃放时达到预期的烟火效果。通过干燥使产品中的烟火剂的水分含量较少，有利于保证产品长期储存的安定性，不至于使产品在生产、运输、销售和储存过程中发生意想不到的事故。

有很多地方利用天然能源——太阳光来进行干燥，即晒亮子。利用太阳能无疑是最为经济的，但要利用好，否则容易造成事故。这方面生命和血的代价已经给了人们很多警示。从工厂化、规模化的生产来看，在太阳能丰富的地方合理利用太阳能建立烘干房是最为经济有效的。

现在烟花爆竹工厂干燥提供的热源有多种，常见的有远红外辐射板、红外灯泡、热油、热水热气等。

1. 热源

干燥的加热有直接热源加热和间接热源加热两种。

直接热源加热是将热能直接传给物料;间接热源加热是将直接热源的热能先传给中间载热体,然后由中间载热体再传给物料。

直接热源加热主要是用加热炉和电加热器对物料进行加热;间接热源加热有水蒸气加热、热水加热、有机载热体加热、熔盐加热、液体金属加热、矿物油加热等。

直接热源加热烟花爆竹时,不能用加热炉来加热烘干房和烘箱,因为加热炉容易产生明火,而且温度控制方面也不太理想。可以考虑用电来加热,特别是远红外加热技术,它兴起于 20 世纪 70 年代初,是被重点推广的一项节能技术。远红外加热器有板状、管状、灯状和灯口状几种,所用的能源以电能为主,但亦可用煤气、蒸汽、沼气和烟道气等。利用这项技术提高加热效率,关键是要提高被加热物料对辐射线的吸收能力,使其分子振动波长与远红外光谱的波长相匹配。因此,必须根据被加热物的要求来选择合适的辐射元件,同时还应采用不同的选择性辐射涂层材料,并改善加热体的表面状况。

远红外加热与传统的蒸汽、热风和电阻等加热方法相比,具有加热速度快、产品质量好、设备占地面积小、生产费用低和加热效率高等许多优点。用它代替电加热,其节电效果尤其显著,一般可节电30%左右,个别场合甚至可达 60%~70%。为此,这项技术已广泛应用于油漆、塑料、食品、药品、木材、皮革、纺织品、茶叶、烟草等多种制品或物料的加热熔化、干燥、整形、固化等不同的加工要求。一般认为,对木材、皮革、油漆等有机物质、高分子物质及含水物质的加热干燥,其效果最为显著。在一些场合,这项技术与硅酸铝耐火纤维保温材料同炉应用的效果甚佳。

远红外加热技术是一门新兴学科,近几年随着远红外生产品种和数量的不断增多,它的应用领域也不断扩大,远红外加热技术日益引起人们的重视,因此研究远红外辐射材料及其应用有着广阔的前景。远红外辐射材料的节能原理为:远红外辐射材料对其他能量的有效转换和被加热物质的分子振动所吸收,而达到加热、干燥等目的。它具有节能、加热升温快、无污染、热效率高等特点，可广泛应用于纺织、印染、机电、印刷、玻璃退火、食品加工和医疗保健、民用炊具、取暖设备等方面。有的远红外陶瓷辐射材料用在铝制品的涂层上，其节时率达 40%以上，热利用率增量为 35%左右，节能率达 80%以上，是一种理想的高效节能材料。

利用电加热必须要防止因电路或电器在使用过程中的意外短路造成电火花，引燃干燥的药剂。所以在火工或烟火生产中干燥工艺大部分采用间接热源加热。烟花爆竹工厂中最常用的间接热源加热为水蒸气加热，其次为热水加热和有机载热体加热。

烧锅炉产生蒸汽，蒸汽在烘干房通过热交换器将热量留在烘干房，使烘干房的温度上升，加热被烘干的药物。随着药物温度的升高，物质的内能增加，水分子容易脱离烟火剂分子对它的吸引而跑到空中，达到干燥的目的。

2. 常见烘干设备

(1)真空干燥器

如图 3-11 所示。器内循环热水温度为 90～100℃，水压为1.5～2 个表压，真空度为 600 mmHg 以上，水压过高，容易损坏干燥板。

真空干燥器由于有真空泵不停地抽真空，干燥器内真空度为 600 mmHg 以上，即干燥器内的实际压强小于 160 mmHg。真空度越高，其内部压强越低，在该压强下的沸点越低(见表 3-3)，药剂中的水分子越容易烘出来。

表 3-3　水的饱和蒸气压

压强(mmHg)	1	5	10	20	40	60	100	200	400	760
沸点(℃)	−17.3	1.2	11.2	22.1	34	41.5	51.6	66.5	83.0	100.0

工作原理：此真空干燥器是水浴干燥设备，一般其热水是锅炉产生的蒸汽将水加热至足够的温度，热水由水泵抽出并经过真空干燥器烘干板进行热交换后循回至原处。被烘干的产品由铝盘盛装放在

烘干板上，将前门关好。启动真空泵抽真空，真空度达到600 mmHg以上时，将水泵打开，让热水循环烘干药剂。操作过程中应注意严格控制热水温度、水压和烘干时间。此烘干方法适用于感度较高的药剂，此方法烘干的效率较高，但一次烘干量较少。

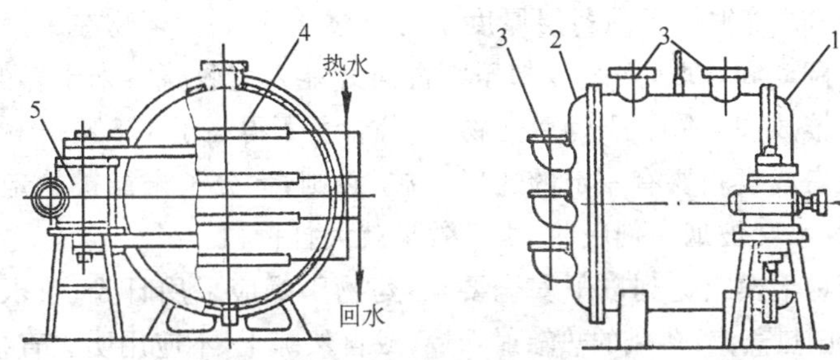

图 3-11　真空干燥器

1. 前门；2. 后盖；3. 泄爆孔；4. 烘干板；5. 隔离开关装置

(2)干燥柜

干燥柜的外形像一个铁皮保险柜，它的上部有一个通风孔，烘干时，潮湿的空气通过此孔排出，此孔不能太大，否则，干燥柜由于对流太快，温度较低，对烘干不利。干燥柜内部由数块烘干板相隔，被烘干的药剂装在铝盘中干燥。干燥柜最好是用保温材料保温。

一般干燥柜工作热源是蒸汽，也可用红外、远红外热源。利用红外、远红外热源，干燥柜内部要相应涂抹好涂料，保证效率的提高，要防止火花的产生。干燥柜较干燥器投入少，干燥量也较大，是烟花爆竹原材料干燥较好的方法之一。

(3)烘干房

由于生产的需要，一次要投入数百千克甚至更多的药剂生产，一般这时的干燥采用烘干房干燥，烘干房干燥利用热源一般为蒸汽或红外、远红外热源。利用蒸汽为热源进行干燥时，其换热装置不能安装在被干燥药剂的下面，防止药粉或浮药洒在或沉积在换热器上，因为药剂长期受热会发生自燃；用翅管式换热器要安装在墙壁内，防止浮药沉积。用红外、远红外热源进行加热时，其接线头不能设在烘房内，防止接头打火引起烘房爆炸。烘干房的设计及电器的安装必须符合《烟花爆竹工程设计安全规范》的有关规定。换热器或热源与药剂的距离不应小于0.3 m。严禁用明火直接烘烤药物，烘房温度不得超过 60℃，被烘干的药层厚度不得超过 1.5 cm。药物在干燥时，不得去翻动和收取，必须冷却至室温时才能入室收藏。未干燥的药物严禁堆放和入库。干燥后药物，水分含量不得高于 1.5%。

烘房或烘箱要有一定的通风设施，否则，水分子未能被抽走，在冷却时，水又被烟火剂吸收，烘干效果就大打折扣。

药物干燥应达到以下安全要求：药物干燥应采用日光、热水（溶液）、低压热蒸汽、热风的热辐射干燥，或自然晾干，不应用明火直接烘烤药物；被干燥的药物应摊开放置在药盘中，药层厚度不应超过 1.5 cm（效果件直径超过 1.0 cm 时，其摊开厚度不应超过效果件直径的 2 倍）；药盘直径或边长不应超过 60 cm；采用日光干燥应在专用晒场进行，晒坪应硬化、平整、光洁；晒场应设晒架，晒架应稳固，高度宜为 25～35 cm，晒架间应留搬运、疏散通道，通道应与主干道垂直并≥1 m；严禁将药物直晒在地面上，气温高于 37℃时不宜进行日光直晒；晒场应由专人管理，同时进入场内不得超过 2 人，非管理和操作人员不应进入晒场；不应在晒场进行浆药、筛药、包装等操作；应时刻关注晒场气象情况，在大风、下雨前将晒场内药物收入散热间或及时采取防雨淋措施，下雨时不应抢收药物，被淋湿的药物应摊开放置，不应堆放。

烘房干燥应符合下列要求：水暖干燥时，每栋烘房定量不应超过 1000 kg，烘房温度不应超过 60℃；热风干燥时，每栋烘房定量应不超过 500 kg，烘房温度应不超过 50℃，同时应有防止药物产生扬尘的措施，风速不应大于 0.5 m/s；烘房应有排湿装置并及时排湿；烘房应设置感温报警装置，保持均匀供热，烘房升温速度不应超过 30 ℃/h；烘房内药物应用药盘盛装，分层平稳放置在烘架上，烘架离地面应≥25 cm，层间隔≥15 cm，总高度≤120 cm，药物与热源的距离应≥30 cm；烘架间应留搬运、疏散通道，宽度≥1 m；烘房应由专人管理，加温干燥药物时任何人不应进入，烘干前后烘房内药物进出操作，每栋定员 2 人；烘房应保持清洁，散热器上不应留有任何药物；药物在干燥散热时，不应翻动和收取，应冷却至室温时收取，如另设散热间，其定员、定量、药架设置应与烘房一致并配套；散热间内不应进行收取和计量包装操作，不应堆放成箱药物；湿药和未经摊凉、散热的药物不应堆放和入库；不应在干燥散热场所检测药物；干燥后的药物，水分含量应符合关于烟火药含水量相关标准的规定；药物计量包装应在专用工房进行，每栋工房定员 1 人，定量30 kg；药物进出晒场、烘房、散热、收取和计量包装间，应单件搬运。

第三节　烟花爆竹黑火药制造作业操作技能与安全守则

一、概述

从世界各国生产黑火药的工艺发展史来看，都是由简单到复杂，由手工到机械，由低级到高级，总之，都是由落后到先进。开始几乎都用捣碎法将各组分粉碎混合而制得黑火药粉。后来采用碾磨法来代替捣碎法。十九世纪又进一步发展为使用球磨机的转鼓法粉碎及混合黑火药粉。通过实践又进一步发现压制的黑火药的燃烧、爆炸性能要比粉状黑火药好，故黑火药的生产工艺延伸到压制、造粒。开始采用冷压法，但由于冷压制得的黑火药各组分间结合不紧密，吸湿性大，还需加烘，所以又发展为热压法。后来又发现经压制再粉碎(造粒)所得的药粒表面粗糙，多棱角，因而易吸湿、强度低、感度大，无论在使用、保管还是运输上都存在不少问题。为了克服这些缺点，因而又增加了光药工序。实践又进一步证明，欲得到性能一致的黑火药，还必须对药粒的大小进行控制并混合均匀……黑火药的制造工艺随着时间的推移，就这样逐步发展、逐步趋于完善。黑火药的制造工艺主要由粉碎、混合、压制、成粒、光药、筛选等工序所组成。

黑火药是一种机械混合物，所以其制造工艺纯属物理加工，原材料间不发生化学反应，只是机械地混合。近代生产黑火药的方法有多种：按压药方式可分为热压法和冷压法；按粉碎混合方式可分为碾磨法、转鼓碾磨法和转鼓法；按黑火药的状态可分为干法和湿法。这些方法都属于间断法，其缺点为生产线长、占地面积大、工(库)房中存药量大、生产周期长、生产效率低、劳动条件差、劳动强度大等。为克服这些缺点，近几年来西方有些国家试验成功推出气流磨进行粉碎及混合的连续生产工艺。

下面主要介绍当前我国大都采用的转鼓—热压法工艺。

二、黑火药制造工艺

导火索用黑火药粉的制造，大致可分为原材料加工、粉碎混合两个主要阶段。木炭导火索用黑火药粉的工艺流程如图 3-12 所示。

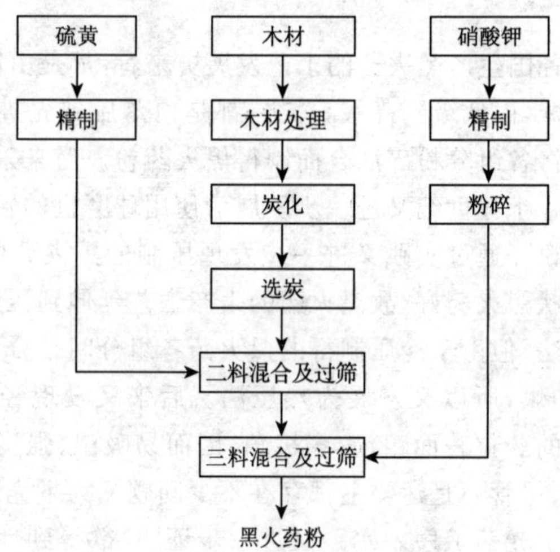

图 3-12　木炭导火索用黑火药粉的工艺流程

粒状黑火药的制造，大致可分为以下几个阶段：原材料加工、粉碎混合、压制成型和药粒后加工。原材料加工包括硝酸钾的精制及粉碎、硫黄的精制、木材处理、制炭及选炭。粉碎混合包括二料混合及过筛、三料混合及过筛。压制成型包括潮药、装袋、压药、拆袋、药板粗碎及造粒。药粒后加工包括光药、净药、除粉、筛选、混同及除杂质，然后包装入箱。粒状黑火药的制造工艺流程见图 3-13 及图 3-14。

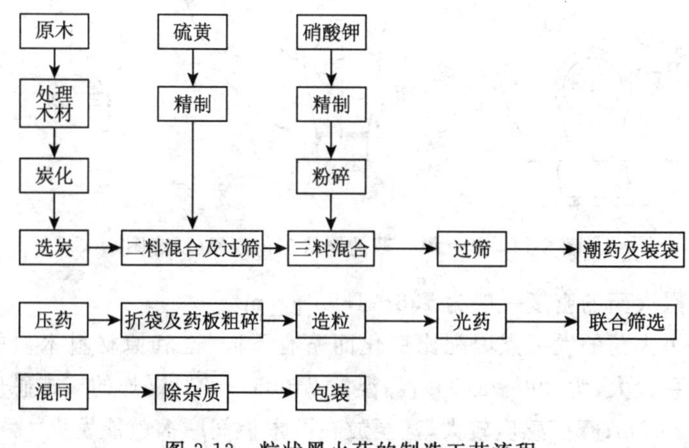

图 3-13　粒状黑火药的制造工艺流程

三、黑火药的配方与性质

我国于公元 808 年发明了由硝石、硫黄和木炭组成的火药。长期流传的简易配方为“一硝二黄三木炭”，就是 16 两为 1 斤的一斤(500 g)硝酸钾，大约二两(62.5 g)硫黄和三两(93.75 g)木炭。它们的配比是 76∶10∶14，和现代世界各国黑火药的常用配比 KNO_3∶S∶C＝75∶10∶15 几乎一致。黑火药中的 KNO_3 是氧化剂，C 是可燃剂，S 一方面是作黏合剂增加药粒强度，另一方面也是可燃剂，使黑火药易于点火。

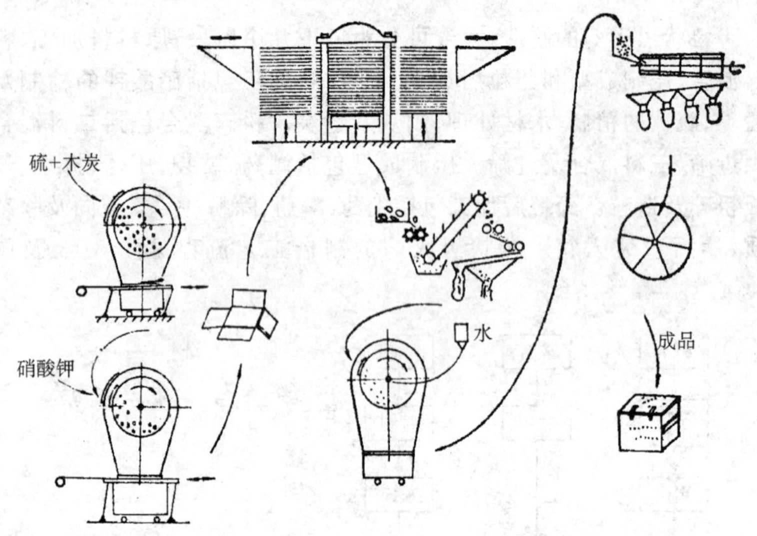

图 3-14 粒状黑火药的制造工艺流程(示意图)

黑火药的密度一般为 1.6～1.95 g/cm³。

黑火药的发火点因配比变化而略有不同,也和原材料木炭的性质关系较大,为 290～310℃;爆温约 2100℃;50%爆炸的撞击感度为 84 kg·cm;摩擦感度较大,甚至放在两木板间摩擦就能发火。

黑火药燃烧后能生成多种产物,其中气体生成物约占 44%(每千克黑火药燃烧能生成 0.436 kg 气体),固体生成物约占 56%。大量的高温固体夹杂在火焰中,可使火焰的点火能力大大加强。

黑火药吸湿性强,因为成分中的木炭是多孔性物质,会因表面吸附作用和毛细管作用而吸湿;另外黑火药是粉状或具有孔隙的粒状物质,也容易吸附水分。

黑火药燃烧时的反应是很复杂的,从黑火药的差热分析图谱(DTA)可以大致看出受热分解的历程,见图 3-15。黑火药受热首先在 115℃和 133℃出现相变时的吸热峰,这是硫的熔化和相变($\alpha \rightarrow \beta$)。在 330℃左右 KNO_3 分解和熔化,在 410℃上方出现两个放热反应。放热峰处的反应可以根据各成分的特性和可能发生的氧化反应推测。

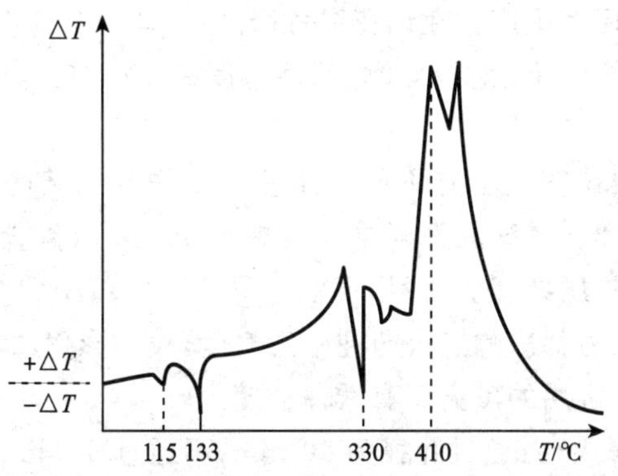

图 3-15 黑火药的 DTA 曲线

纯 KNO_3 在 350℃时分解(吸热)并放出氧;但黑火药 DTA 图中吸热峰在 330℃,说明有 S 与 C 同时存在时使 KNO_3 的分解温度降低了。KNO_3 分解的反应式为:

$$4KNO_3 \rightarrow 2K_2O + 2N_2 + 5O_2 \quad \triangle H = +1269.8\ kJ/mol$$

C 氧化反应式为:

$$C + O_2 \rightarrow CO$$

$$CO + O_2 \rightarrow CO_2 \quad \triangle H = -391.2\ kJ/mol$$

S 氧化反应式为:

$$S + O_2 \rightarrow SO_2 \quad \triangle H = -1635\ kJ/mol$$

在高温下还可能有副反应:

$$2KNO_3 + S + 3C \rightarrow K_2S + 3CO_2 + N_2$$

$$2KNO_3 + C \rightarrow K_2CO_3 + N_2 + 1.5O_2$$

$$K_2S + 2O_2 \rightarrow K_2SO_4$$

如按 $KNO_3 + C + S$(75∶15∶10)作为零氧平衡计算,则黑火药化学反应方程式为:

$$2KNO_3 + S + 3C \rightarrow K_2S + 3CO_2 + N_2 \quad \triangle H = -73.2\ kJ/g$$

黑火药容易点火、反应热大、点火能力强，且价格便宜、原材料来源丰富，所以用途很广。在烟花爆竹产品中，黑火药的用量几乎占总用药量的50%。但是它易吸潮、摩擦感度高、反应后生成气体量多，也给使用带来了麻烦。

黑火药按粒度大小有不同的用途。用作延期药的是小粒黑火药，用于炮弹和礼花弹的发射是大粒黑火药。粉状黑火药是三元混合物，未经过热压处理，一般用于制造导火索。粒子大小、粒子密度和压药时的压力都影响黑火药柱中透气度，故亦影响燃速。

现在我国常用的黑火药有六种粒度。

1# 大粒黑火药：通过孔径为10 mm，不通过5 mm的铜筛，筛上筛下物＜5%；

2# 大粒黑火药：通过孔径为6 mm，不通过5 mm的铜筛，筛上筛下物＜5%；

1# 小粒黑火药：通过4孔/cm的绢筛，不通8孔/cm的绢筛，筛上筛下物＜5%；

2# 小粒黑火药：通过7孔/cm的绢筛，筛上物＜2%，不通11孔/cm的绢筛，筛下物＜3%；

3# 小粒黑火药：通过9孔/cm的绢筛，筛上物≤2%，不通15孔/cm的绢筛，筛下物≤3%；

4# 小粒黑火药：通过14孔/cm的绢筛，筛上物≤2%，不通19孔/cm的绢筛，筛下物≤3%。

四、黑火药制造中的一些共同性安全措施

黑火药在外界激发冲量作用下，会发生燃烧或爆炸，所以在生产中必须严格控制，以避开使它燃烧或爆炸的条件。黑火药生产中的安全事故主要是在造粒、三料混合、压制及运输等各生产工序系统过程中发生的。其中造粒和三料混合工序系统中事故发生频率较大。黑火药事故发生的原因很多，其基本技术原因是黑火药特别是其浮

药、药粉尘受到大于其感度的激发能量的作用。据此提出以下的安全措施。

(1)所用原材料应符合技术标准，特别防止杂质含量超过规定，在生产过程中严防杂质混入药料。

(2)黑火药对火焰极为敏感，应防止它和火焰接触。所以生产区和库区内，不应带入与生产无关的发火物、引火物。工、库房附近不应堆放与生产无关的可燃物品。在生产区内运用明火修理机器设备时(如电焊、气焊)，应将黑火药及时运走，并将维修加工部位附近的、特别是管道内的残存浮药冲洗干净；身穿沾有黑火药工服的人员，应避开火源，不得触摸电器设备。

(3)黑火药生产或运输过程中发生的燃、爆事故也和其他火、炸药作业中所发生的燃、爆事故一样，多是因浮药受到各种激发能量(特别是摩擦、冲击能量)的作用而发生的。因此改革工艺防止浮药产生，并随时消除干净浮药是防范此类事故的基本措施。

(4)黑火药在摩擦和撞击作用下会产生静电，若达到放电条件，它会产生静电火药，当其放电能量大于黑火药静电发火能量时，就会引起燃烧或爆炸。因此，黑火药生产工房内应保持足够的相对湿度，以减少静电积累，机器设备应保持接地良好。

(5)凡易发生燃烧或爆炸的工序，应尽量采取远控隔离操作，以保证人员的安全；凡隔离操作的危险工房，在生产过程中人员不应入内。

(6)为保持工库房整洁及防止摩擦碰撞，应尽量避免运输车辆入内。

(7)生产人员应该进行一定的技术培训，使其了解黑火药的性能，避免事故发生。

潮药装模、人工碎(药)片、包装，每栋工房定员 1 人；机械压(药)片、造粒分筛、抛光、精筛，每栋工房定员 1 人、定机 1 台。

各工序工房定量分别为：潮药装模 120 kg、压(药)片 120 kg、散热

800 kg、人工碎(药)片 15 kg、机械碎(药)片 80 kg、造粒分筛 80 kg、抛光 250 kg、精筛 80 kg、包装 80 kg。

添药和出药操作应在停机 10 min 后进行；装模时宜包片，压药应同时加热，温度≤110℃；压药片时应预加压，并缓慢升压，最大压力≤20 MPa。

五、二料混合

黑火药是一种机械混合物，要使黑火药有良好的性能就必须使其三种成分达到充分的接触，故必须使三组分以极小的颗粒存在并混合均匀。粉碎混合的方法有多种，如先将三种成分单独粉碎然后再进行混合，或两组分先烩碎然后再加入另一组分。一般说来，硫黄单独粉碎易产生静电，硝酸钾单独粉碎易粘壁，木炭单独粉碎易燃烧。木炭和硝酸钾两组分一起粉碎，一个是汽化剂，另一个是可燃剂，也不安全。故目前广泛使用的方法是先将木炭和硫黄进行粉碎并混合，再加入具有一定细度的硝酸钾进一步粉碎并混合，前者称为二料混合，后者称为三料混合。

粉碎混合的工艺流程如图 3-16 所示。

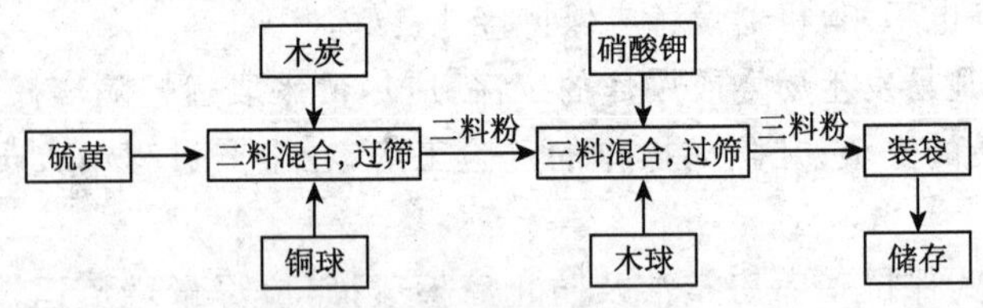

图 3-16　粉碎混合工艺流程图

二料混合是把精制后的硫黄和选分后的木炭按一定比例一起粉碎，混合成二料粉。二料粉粉碎及混合在二料混合机内进行。二料混合机实质上是一种球磨机，其滚桶是铁制的，内壁有突起的筋条，内装铜球，物料在其中靠铜球、桶壁、物料间的撞击作用及研磨作用而粉碎及混合。二料混合机的结构如图 3-17 所示。一般使用的二料混合机滚桶直径为 1500 mm、宽 1150 mm，内壁有六根高 50 mm、宽 40 mm 的铁筋条，铜球直径为 25±5 mm。

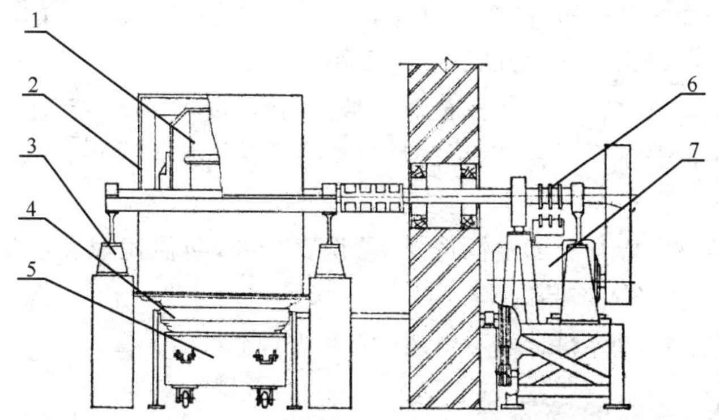

图 3-17　二料混合机结构示意图

1. 二料混合铁桶；2. 机罩；3. 机架；4. 机动筛；
5. 接料箱；6. 对口器；7. 动力部分

二料粉碎、混合时应注意以下几个方面。

(1)配料称量应准确，严防杂物混入二料粉内。

(2)二料混合机内铜球与铜球、铜球与桶壁的撞击能量大于黑火药的发火冲击最小能量，故必须从各方面严防三料粉混入二料机内，否则会发生爆炸事故。

(3)二料粉是一种可燃物质，混合加工后，它具有较高的温度，在高温下硫黄与木炭(尤其质量差的木炭)中的有机物会发生化学反应，引起自燃。故为了使热量散逸，不至造成自燃，须冷却一定时间方可入库。为防止三料混合时发生事故，二料粉在投入三料混合前须自然存放足够时间。

(4)三料混合机爆炸事故分析结论指出，铜球混入三料混合机内是事故发生的主要原因之一。因此在二料粉碎混合出料中，必须严格防止将铜球混入二料粉中，否则铜球会随二料粉混入三料混合机中，引起爆炸。

(5)安全措施：

①检修机器后，必须在确定机器外套、布筒、接料箱及机器内一切正常，没有无关物品后方可工作；

②每次出料前必须检查筛底是否漏药，接料箱是否扫净；

③转手库不得存放无关物品，并要每天清扫一次到二次，每两周大扫除一次；

④每次检查和倒出铜球时，须认真检查，勿使铜球夹在机罩、筛框内，以免掉入产品内；

⑤工房内存料定额不得超过 200 kg，定员 1 人。

六、三料粉碎混合

把粉碎后的硝酸钾粉和二料粉，按一定比例在三料混合机中粉碎、混合成三料粉。三料混合机也是一种球磨机，滚桶下侧由皮革制成，内壁有突起的筋条，内装木球，物料是靠木球、桶壁和物料间的撞击作用及研磨作用粉碎及混合的。三料混合机的结构如图 3-18 所示。一般使用的三料混合机其滚桶下侧直径为 1670 mm、宽 1320 mm，桶内有 21 根高 83 mm、宽 83 mm 的筋条，木球直径为 55±5 mm，木球比重大于 0.9。

三料粉即黑火药粉，具有易燃、易爆性质，尤其对火焰作用极为敏感。三料粉碎、混合是黑火药生产中的主要危险工序。由于三料混合机内装药量大(一般为 200 kg)，如果发生爆炸，造成的灾害也大。因此，三料混合须注意以下三点。

(1)三料混合机若混入砂粒等杂质，会提高火药的感度而有发生爆炸的危险。若机内混入坚硬的物块，如铜球等，它们相互碰撞或与机桶侧壁铜螺栓碰撞，均会发生爆炸危险。因此在生产过程中应严格防止杂质混入三料混合机内。

(2)三料混合机在不断运转过程中，机内三料粉温度会逐渐升高，其感度亦提高，特别在干燥季节，温度升高越烈。因此三料混合机运转一定时间后，应停机开盖凉药，亦可注入酌量蒸馏水使其降温。

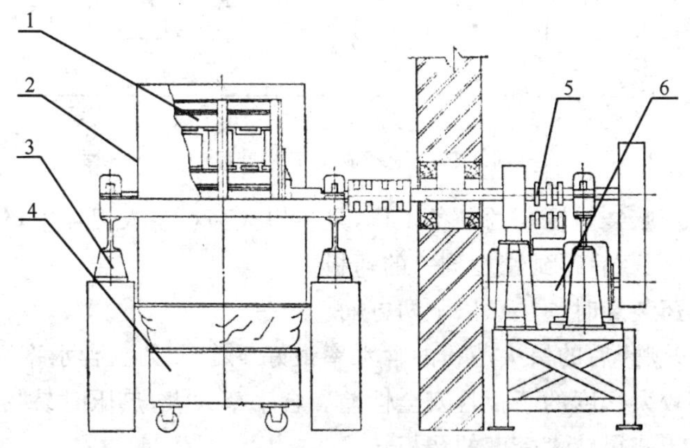

图 3-18　三料混合机结构示意图

1. 皮革滚桶；2. 机罩；3. 机架；4. 接料箱；5. 对口器；6. 动力部分

(3)三料混合机运转过程中，药粉与木球以及皮革桶壁不断地摩擦产生静电。根据测试，三料粉带负电荷，其带电量随混制时间的延长而增大，混合 4 h 接近饱和。对于静电造成的危害应予重视，要加强对静电的预防。如设备接地线应保持良好有效；在三料混合机中取样时，不要用导电体工具以免发生放电现象。

七、潮药

为提高黑火药的燃烧、爆炸以及弹道性能的稳定性，必须使黑火药具有较大的密度以及一定的颗粒度。压药成型就是使黑火药粉经过压药和造粒之后成为具有一定密度的粒状黑火药的过程。通常先将黑火药粉压制成具有一定密度的药板，然后将药板破碎、筛选成为具有一定粒度的粒状黑火药。压药成型的工艺流程见图 3-19。

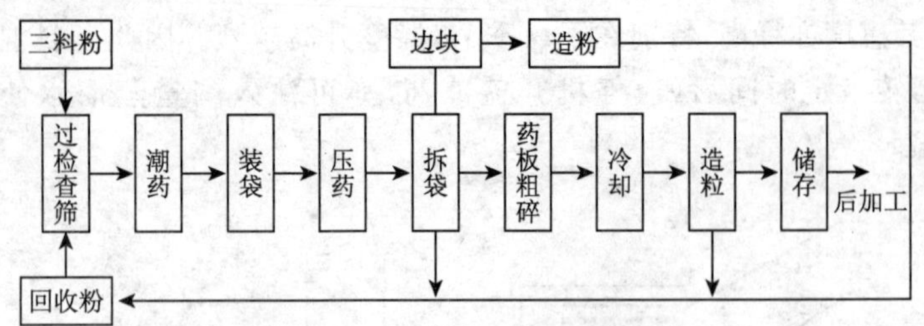

图 3-19 压药成型工艺流程图

潮药装袋是压药的准备工作，是将黑火药粉装入铝板中，外包封袋，再经压药后得到密度均一的药板。

潮药装袋时须注意以下两方面。

(1)潮药后的黑火药粉的含水率最好 1%～2%。含水率太小不易获得较大密度的药板且安全性差。含水率太大，热压时易“起层”，也不利于获得较大密度的药板。

(2)铝板应定期清洗并保持平整。封袋应定期清洗。装袋时应将铝板角包严密，不要裸露在外，以免装机过程中发生撞击摩擦而引起事故。

八、压药

压药的目的在于获得具有较大密度的(黑)药板。压药分热压法与冷压法。目前生产黑火药大都采用热压法，其优点在于能获得优质的药板，三组分能紧密地结合在一起，使黑火药的吸湿性降低，又可取消冷压法的烘干工序；其缺点是比冷压法在生产过程中危险性大些。热压在热压机上进行。热压机其实是由多层热压板组成的压力机，因此，可以是水压热压机，也可是油压热压机。黑火药生产所使用的压机一般是上移式的，原因为防止油、水等漏入产品。热压机外形见图 3-20。

图 3-20 热压机

图 3-20 所示热压机为 400 t、21 层(热压板)水压热压机,其进料部分为油压系统。

热压温度一般控制在 95～107℃,其压力和时间随品种而异。压药工序的爆炸事故,大多发生在装、卸药板过程中。因为在高温下进行操作时,黑火药的感度亦有所提高,尤其是工装间常存在着浮药,遇到摩擦和撞击时,易形成发火原点。因此,压药过程中应注意:

(1)加压时,热压机房内禁止人员进入;

(2)要随时清理机上浮药;

(3)装、卸料时要避免摩擦和撞击;

(4)由于压机操纵是远距离操作,因此需注意信号联络,最好改成程序控制;

(5)装料时要注意位置,推料时应随时注意药板运动情况,以防由于顶板而发生事故。

九、折袋及药板粗碎

折袋及药板粗碎是将已压制成的药板取出并粗碎，为造粒做准备。此时黑火药处于高温状态，其感度较大，因此操作时应尽量避免摩擦和撞击。被粗碎的药板必须经足够的时间冷却后才可送去造粒。

十、造粒

造粒是将药板破碎、筛选，将其分成大小不同的药粒。造粒在专用造粒机上进行。它主要由三对轧辊、送料箱、输送装置、机动筛网等部件所组成。造粒机简单结构见图 3-21。

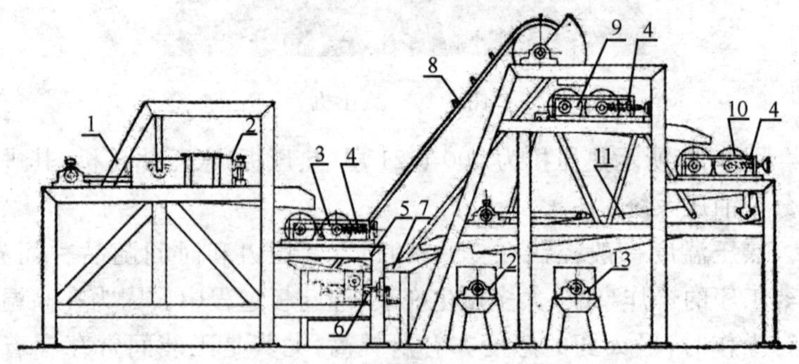

图 3-21　造粒机结构示意图

1. 机架；2. 送料箱；3. 齿辊；4. 缓冲器；5. 输送带的被动木轮；6. 输送带的调整装置；7. 存料箱；8. 输送带；9. 槽辊；10. 光面辊；11. 机动筛；12. 药粒螺旋输送器；13. 药粉螺旋输送器

如上所述，造粒是一个机械挤压、破碎的过程，且造粒机机械传动部分较为复杂，机器维修保养较为困难，因此，爆炸原因多数出于机器故障。

造粒时须注意：

(1)机器必须完好，不能带病作业；

(2)机器运转其间，禁止人员入内；

(3)严防杂质、杂物混入机器；

(4)送料应均匀，以防药片崩落而造成"卡车"故障导致事故发生。

十一、光药

光药是磨光药粒，堵塞药粒毛细孔以降低吸湿性；磨掉棱角以降低感度及增大假密度；磨掉不密实部分以提高药粒的机械强度及增大真密度。光药是在木质的光药机内进行的。光药机的结构见图 3-22。

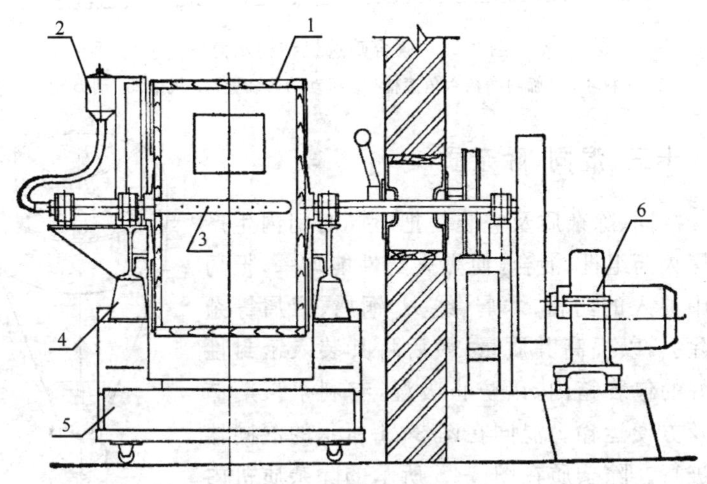

图 3-22　光药机结构示意图

1. 光药滚桶；2. 盛水容器；3. 加水铜管；4. 机架；5. 接料装置；6. 动力部分

十二、联合除粉

除粉、净药、筛选是筛出黑火药中的药粉，除去药粒表面所附着的药粉，并按药粒大小进行分类，以获得优质、均一的黑火药。除粉、净药、筛选是在联合筛选机上进行的。它是由除粉、净药的六角转筒及筛选机两大部分组成，其结构见示意图 3-23。

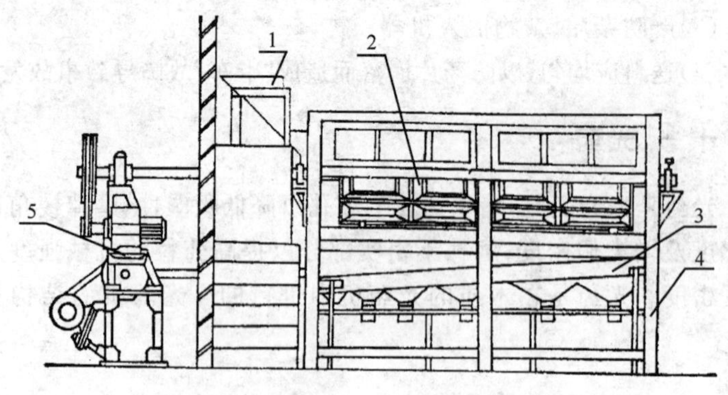

图 3-23　联合筛选机结构示意图

1. 加料斗;2. 筛粉净药六角滚桶;3. 机动筛选装置;4. 机架;5. 动力装置

十三、混同、除杂质

混同、除杂质及包装是把不同时间内生产的黑火药组批、混合，使黑火药性能均一；把药粒中混入的药粉、木屑、线头、铜屑、铝屑等杂质除去，以提高其质量；最后将其装入密封性能好的包装箱内，以防止吸湿，有利于长期储存及方便运输。混同在图 3-24 所示的混同器内进行。除杂质在图 3-25 所示的除杂质机内进行。

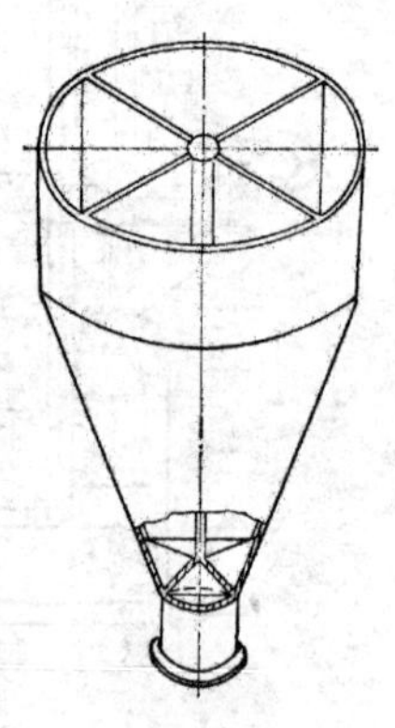

图 3-24　六穴混同器示意图

实践证明，药粒后加工各工序在整个黑火药的生产中是比较安全的。其原因在于生产过程中浮药较少，加工过程简单且易于控制。但毕竟黑火药是具有燃烧及爆炸性的物质，操作不慎也是会发生事故的，而且药粒后加工的在制药量大，又没有采用隔离操作，一旦发生事故，危害程度也极大，所以必须给予重视，严格执行各项安全规定。

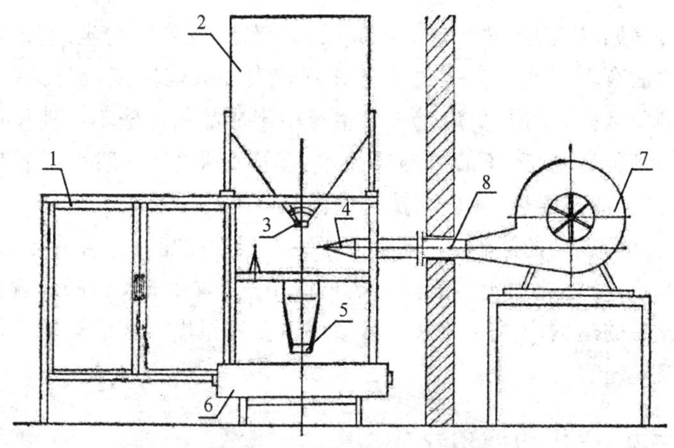

图 3-25　除杂质机示意图

1. 除杂质机箱；2. 料斗；3. 下料速度控制器；4. 风嘴；
5. 出料口；6. 接料盘；7. 风机；8. 风管

十四、黑火药的储存和运输

(1)黑火药的储存一般应有专用库房，但如受条件限制时，可与导火索等黑火药制品合库存放，但不应任意与其他火、炸药合库存放。黑火药属于危险品储存分组第九组，同属第九组的还有黑火药的制品、黑火药发射药包、黑火药发射管及导火索。这些同组的危险品可以同库存放。

黑火药生产时的各种转手库必须符合安全规定，其存放量不应超过最大允许存放量，与周围工库房之间的距离必须大于最小安全距离。

黑火药及其制品的总库属于 1.1 级危险建筑物，其单库最大允许存量为 10 t。在此储存量其内部允许最小距离为 40 m。

(2)黑火药属易燃易爆的危险物品，运输时应遵守各项危险物品运输规定，以免在运输中发生事故，造成人员伤亡及财物损失。

黑火药半成品运输的危险性：三料混合工序后各工序的半成品

均具有易燃易爆性，而且这些半成品含有较大程度的粉尘，它的盛具外面常沾有不少药粉。黑火药粉具有较大的火焰感度，因此在运输中应避免摩擦、撞击，更应避火。生产中半成品的运输不应使用产生火花的各种运输车，车的结构要简单，车面应平整，一般铺以胶皮或铝板，便于清扫浮药，减轻摩擦和撞击。

黑火药成品的运输：应将黑火药装入密封性能好的金属箱，外面套有木箱，经过这样包装的黑火药可以用汽车、火车及轮船运输。黑火药成品的运输应遵守国家的运输规定。零星黑火药的运输应使用专用保险箱。

十五、黑火药的销毁

黑火药的销毁方法有溶解法及烧毁法两种。

(1)溶解法：由于黑火药是由硝酸钾、硫黄和木炭混制的一种机械混合物，此三成分混在一起具有火药的性质。而硝酸钾是一种易溶于水的物质，尤其在高温下溶解度相当大。如 100℃时，100 g 水中可溶解硝酸钾 244 g。所以只需将黑火药倒入水中，由于硝酸钾的溶解，而使其组成破坏，失去可燃、可爆性。此法简单、可靠、安全。若销毁的黑火药数量较多时，此法还可以回收数量较多的硝酸钾。硝酸钾回收过程是，先将黑火药倒入水中，加热使其中硝酸钾全部溶于热水中，然后趁热过滤，将硫黄和木炭与硝酸钾分离，再将溶液净化、浓缩、冷却，将硝酸钾结晶出。

(2)烧毁法：利用黑火药的燃烧性能进行销毁。用烧毁法进行销毁时必须注意，由于黑火药的燃烧速度、引火速度较大，且易由燃烧转化为爆炸，所以禁止成箱或成堆烧毁。应将黑火药铺成条状，或在地上挖沟，将黑火药撒在沟中，一般宽不超过 25 mm，深不超过 25 mm，两条沟之间距离必须大于 3 m。一次销毁应不超过 25 kg。可用导火索或其他办法点燃，点火应在下风方向开始。引燃时间应能保证销毁人员撤离至安全地点。

十六、技安总则

(1)黑火药制造是有着火或爆炸危险的工作,违反工艺规程和技安规程易引起事故,从业人员应在专人指导下进行过实际操作锻炼,熟悉机器设备性能,并能很好地掌握工艺规程和技安规程,经进行安全技术考试合格并取得安全与技术操作合格证后方可独立操作。

(2)班长和安全员负责对工人进行教育和训练,不准酒后上岗操作。

(3)每月由班长组织本班工人学习一次技安规程,每半年由技安副厂长组织技术员和安全员对工艺规程和技安规程进行一次全面测试。

(4)应严格遵守交接班制度:

①接班工人穿戴好劳动护具,于工作前 15 min 到达工作地点,会同交班工人检查工作地点的整洁情况和机器、设备、工具的完好及清洁情况。

②交班工人要向接班工人交待机器设备的运转情况和润滑情况、原料现存情况及本班内发现和存在的问题,并传达分厂领导所给予的工作任务和注意事项。

③当发现机器设备和工具有不正常现象时须立即报告分厂领导,采取措施解决,待消除问题后,经分厂领导允许方可开始工作。

④交接班时要求交接清楚,若交班者对问题交代不清楚,之后发生的问题应由交班者负责。接班者对全部工作了解清楚后,应对接班后的一切工作(包括安全生产、产品质量、机器设备、工具及物品实数是否账物相符和保持工作地点清洁等)负责。

⑤在工作地点正常情况下,接班者将交班情况记入交接班的记录簿内方可开始工作。

(5)黑火药生产中应采取共同性的安全措施:

①凡外来人员(直接与生产有关人员例外)进入工房时须有本公

司保卫部门签发的证明和由公司、分厂指定人员陪同方可进入工房，但不准携带枪支弹药、照相机、黑色金属、手机及发火物品，对黑火药制造各工序的工房和库房不准穿带有铁钉的鞋或硬皮底的鞋进入工房。进入工房后，须听从引导人员或操作人员介绍，不得乱动设备。

②操作工、班长以及分厂负责管生产的副厂长，均负有执行技安规程的责任。

③未执行技安规程的过失者，根据情节轻重，应给予批评或处分。

④接触黑火药粉尘的工序（工位），工作完毕必须脱去劳动护具、洗澡；其他接触产品工序（工位），工作完毕应洗手、洗脸，注意经常洗澡。

⑤运输道路上发现有浮药时应立即用水冲洗干净。

(6)严禁如下行为：

①穿带有铁钉的鞋、硬皮底鞋及携带含有黑色金属的工具进入危险工房；

②在工房内及其周围吸烟和往危险区带烟火、引火物、手机；

③在火工生产线违章试验和堵塞通道；

④在光线不足的情况下工作；

⑤工房内存放油棉纱和无关物品；

⑥工房无人时，不关闭门窗，不上锁；

⑦机器、工具有故障时，不进行修理而仍继续生产；

⑧机器设备和工具受到剧烈的撞击和摩擦；

⑨机器运转时进行清洁或修理；

⑩磅秤进入危险工房（采用铜秤钩与铜秤砣，经安全部门允许后可进入包装工房）；

⑪将撒在地上的混有杂质的半成品或成品混入良品中；

⑫使用破口袋、脏污口袋；

⑬袋上无标签的原材料、半成品或产品投入生产；

⑭工房超过定员或存料定额；

⑮将火药袋子放到暖气管上。

第四节 烟花爆竹引火线制造作业操作技能与安全守则

一、概述

在烟花爆竹产品中燃烧的传递有时需要传火的部件来完成，此责任大部分由引火线来承担。

1. 分类

引火线以燃速的不同可分为慢速引火线和快速引火线。

(1)慢速引火线

燃烧速度小于 3.0 cm/s 的引火线被称为慢速引火线。慢速引火线又分以下四种：

①烟火药为药芯，表面为棉线和纸的本色，燃速为 0.4～1.0 cm/s 的普通型定时引火线(工业导火索)；

②以防潮材料包裹烟火药为药芯，外层以棉线为缠物且有一根绿色线，燃速为 0.4～0.7 cm/s 的缓燃型引火线；

③以烟火药为药芯，以棉线作包缠物，织成外织层，外涂以防潮材料的安全引火线；

④以烟火药为药芯，用纱纸或皮纸作包缠物，外浆以专用胶的慢纸引火线，或由两根或两根以上纸引火线黏合而成的慢速组合纸引火线。

(2)快速引火线

燃烧速度大于等于 3.0 cm/s 的引火线称为快速引火线。快速引火线又分以下四种：

①以棉线包滚上烟火药为药芯，用牛皮纸包裹的牛皮纸快速引火线；

②以快速引火线为芯，外层包裹塑料材质或防水免水胶带的防水快速引火线；

③以烟火药为药芯，以棉线作为包缠物，织成外层，外涂以防潮材料的安全快速引火线；

④以烟火药为药芯，用纱纸或皮纸作包缠物，外浆以专用胶的快速纸引火线，或由两根或两根以上纸引火线黏合而成的快速组合纸引火线。

2. 技术要求

(1)外观：外观整洁，无霉变、潮湿、空引、螺纹引、鼠尾引、疵点、藕节、漏药、散浆、散纱和析硝等现象。

(2)燃速与燃速精度：必须符合所标示的燃速要求。允许偏差：定时引火线为±4%；其他慢速引火线为±8%；快速引火线为±6%。

(3)吸湿率：硝酸盐引火线≤5.0%；其他引火线≤3.0%。

(4)水分：硝酸盐引火线≤1.5%；其他引火线≤1.0%。

(5)热安定性：在温度为75℃±2℃的恒温箱放置48 h后，引火线无自燃、不燃现象。

(6)旁燃时间：安全引火线的旁燃时间必须≥3 s。

(7)燃烧性：引火线燃烧传火时不允许有熄火、透火、顿火现象，除快速引火线外不得有爆燃、速燃现象。

(8)其他要求

①快速引火线：不允许有药芯线中断的现象，且能承受5 000 g ±5%的质量；纸引火线：能承受50 g±5%的质量；安全引火线：牢固性好，应能承受2000 g±5%的质量。

②定时引火线：两头必须封以防潮剂，允许包缠外层棉线排列不均，其长度不大于10 cm；外层缠线断线不得超过三根，其连续长度不大于6 cm。

③安全引火线：外层缠线排列不均的部分，最长不得超过10 cm，在1000 cm内不得超过两处；外层缠线断线不得超过两根（含两根），其长度总和不得超过整卷长度的2.5%；外缠线间隔允差±0.1 cm。

④防潮性：除纸引火线外其余引火线经防潮试验后应符合以下要求。

取五根20 cm的引火线（快速引火线取五根长2 000 cm的引火线卷成盘状放入桶内），将两头夹住，成U形，置于直径不小于18 cm、高不小于20 cm的桶内。桶内装有水。将桶盖合拢上，使引线悬空，不与水和桶壁接触。水温保持在20±2°C之间。放置24 h后，取出试样，将一段引线裁断，分别用火源引燃，其燃烧性能应满足燃烧传火时无熄火、透火、顿火现象，除快速引火线外不得有爆燃速燃现象的要求。

⑤抗水性：定时引火线、安全引火线必须满足以下要求。

取五根20 cm的引火线（快速引火线取五根长2 000 cm的引火线卷成盘状放入桶内），将两头夹住，成U形，置于直径不小于18 cm、高不小于20 cm的桶内。桶内水面应在距桶顶3 cm处。将引火线直接浸入水中长不少于10 cm，两端不能浸水，安全引线浸水时间为5 s，定时引火线为200 s。取出后，用干布或吸水纸将浸水表面水迹吸去，取开夹子，将一头从夹口处裁断，并用火源引燃浸水后的引线，其燃烧性能应满足燃烧传火时无熄火、透火、顿火现象，除快速引火线外不得有爆燃、速燃现象的要求。

3. 尺寸要求

慢速引火线的长度应一致，允许偏差±2%，横向尺寸允许偏差±4%（手工纸引线除外）。卷式包装引火线的长度允许偏差±1%，横向尺寸允许偏差±4%。快速引火线的长度尺寸允许偏差±2%，横向尺寸允许偏差±10%。

二、安全要求

引火线必须机械制作，并在专用工房操作；机器的动力装置与制引机应隔离。干法生产，每栋定机 4 台，单机单间；水溶剂湿法生产，每栋定机 16 台，每间定机 4 台；其他溶剂湿法生产，每栋定机 2 台，单机单间。机械运转时，人机必须分离，接引、添药、取引锭时，整栋工房必须停机，机器旋转部位与墙壁不得有任何摩擦。下料药斗下口与引芯间距不小于 3 mm；引线机械主架的合金芯应用橡皮等材料包裹。工房地面应保持一定的湿度，墙体和地面应定时清洗浮药。引火线制作定员、定量规定见表 3-4。

表 3-4　引火线制作定员定量表

<table>
<tr><th colspan="2" rowspan="2">引火线种类</th><th colspan="2">定员(人/栋)</th><th colspan="2">定量(kg/台)</th></tr>
<tr><th>干法</th><th>湿法</th><th>干法</th><th>湿法</th></tr>
<tr><td rowspan="3">硝酸盐引火线</td><td>纸引火线</td><td>1</td><td>4</td><td>3</td><td>6</td></tr>
<tr><td>安全引火线(含效果引火线)</td><td>1</td><td>4</td><td>6</td><td>12</td></tr>
<tr><td>快速引火线</td><td>——</td><td>2
(有机溶剂)</td><td>3</td><td>6</td></tr>
<tr><td rowspan="3">高氯酸盐引火线</td><td>纸引火线</td><td>1</td><td>4</td><td>3</td><td>6</td></tr>
<tr><td>安全引火线(含效果引火线)</td><td>1</td><td>4</td><td>6</td><td>12</td></tr>
<tr><td>快速引火线</td><td>——</td><td>2
(有机溶剂)</td><td>3</td><td>6</td></tr>
<tr><td>氯酸盐引火线</td><td>纸引火线</td><td>1</td><td>4</td><td>1</td><td>2</td></tr>
</table>

纸引火线上浆、绕引每栋工房定员 2 人，定量 15 kg，单人单间，引锭与人应分离，隔墙应密封。安全引火线上漆每栋工房定员 2 人，定量 25 kg，应用调速电动机控制发引端引卷转速，出引卷转速小于等于 40 r/min。

引火线干燥应在专用晒场或烘房进行；干燥后，应在散热后方可收取，晒场内通道应与主干道垂直，宽度大于等于 100 cm。采用烘房干燥的技术要求，按有药半成品干燥的规定执行。

割引、捆引、切引安全要求：

(1)切、割引宜采用机械，当采用机械操作时，每栋工房定员 1 人，硝酸盐引线定量 1 kg，其他引线定量 0.6 kg。

(2)操作人员应戴披肩帽、手套、防护面罩进行操作。

(3)割、捆、切引应分别单独进行，不应在晒场、散热间进行；手工操作每栋工房定员 1 人，定量应符合表 3-5 的规定。

(4)切、割引的刀刃要锋利，应及时涂油、蜡；严禁在切引间磨(刮)刀具。用力应均匀，严禁来回拉扯。

(5)引头、引尾应及时放至水中，及时销毁。包装每栋工房定员 1 人，定量 30 kg。

表 3-5 切、割、捆引定量表

操作名称		药量(kg)
		手工
割引	硝酸盐引火线	6
	高氯酸盐引火线	3
	氯酸盐引火线、效果引火线	1.5
捆引	硝酸盐引火线	6
	高氯酸盐引火线	3
	氯酸盐引火线、效果引火线	1.5
切引	硝酸盐引火线	2
	高氯酸盐引火线	1
	氯酸盐引火线、效果引火线	0.5

三、机械制引操作规程

1. 机制快引工序安全操作规程

(1)引线机组工作前，必须严格检查各传动部位是否正常，并空机运转 3～5 min，检查机器是否处于正常的运行状态。

(2)机械制引操作工房以一台机组 1 人计算，在配料中转间领取已拌和好的糊状黑火药最大限量为 2 桶(每桶 10 kg)。

(3)一台引线机每生产 2 卷引火线时必须中转。

(4)机引过塑操作每台机组每次最大定量为 3 卷引线。

(5)糊状黑火药拌和操作每次定量为：三味粉 10 kg，引燃剂 25 kg。

(6)配料中转间糊状黑火药中转量为 16 桶、70 kg。

(7)剪切引线必须谨慎操作，要求刀具锋利。

(8)在机制引线操作过程中随时清除设备上的药尘。

(9)引燃剂中转库最大定量 1000 kg；三味粉中转库最大定量 1000 kg；引线仓库每间库存成品引火线的最大定量为 250 箱。

(10)引线机组必须每 2 个月全面检修 1 次。

2. 剪切引线安全操作规程

(1)剪切引线必须戴好面罩在剪引操作间单人操作；剪刀要求刃口锋利，剪刀要求 2 把，每剪完 1 卷引线换一把剪刀，剪刀必须每月至少磨 1 次；剪切引线时，随时清扫工作台面和地面的余药。

(2)引线制作工序的每人每次操作定量，见表 3-6。

表 3-6　引线制作工序的每人每次操作定量

<table>
<tr><th rowspan="3">操作工序</th><th colspan="3">剪机制快引(1卷上盘)</th><th colspan="2">剪慢引</th><th rowspan="3">装发火头接收装置</th><th colspan="3">引线装慢引头</th><th rowspan="3">套引</th><th rowspan="3">折引</th><th colspan="5">粘串联引</th></tr>
<tr><th rowspan="2">2寸以下</th><th rowspan="2">2.5寸以上</th><th rowspan="2">串联引</th><th rowspan="2">φ3 mm</th><th rowspan="2">φ2 mm以下</th><th rowspan="2">2寸以下</th><th rowspan="2">2.5寸以上</th><th rowspan="2">慢引头</th><th rowspan="2">中间引</th><th rowspan="2">10发串联引</th><th rowspan="2">6发串联引</th><th colspan="2">扎时引</th></tr>
<tr><th>4 s以下</th><th>5 s以下</th></tr>
<tr><td>定量</td><td>50根</td><td>25根</td><td>5根</td><td>20根</td><td>50根</td><td>100根</td><td>50根</td><td>25根</td><td>200个</td><td>25根</td><td>25根</td><td>100根</td><td>5根</td><td>10根</td><td>200个</td><td>100个</td></tr>
</table>

(3)剪引、套引、包引、扎引必须均匀用力，严禁强力操作。

(4)晒引时，晒架应在远离操作工房的指定晒场。

(5)严禁在烘房内或太阳下翻动引线。

(6)浆礼花弹中管引和内接火引操作定量为三味粉 15 kg，浆完 1 架中管引或内接火引必须中转。

(7)各中转间的最大停滞量见表 3-7。

(8)在成品引火线进出库时，操作人员严禁超过 3 人。

表 3-7 中转间的最大停滞量

中转间名称	浆引中转间				半成品引线中转间	剪引中转间					
	糊状黑火药	湿硝	内接火引	已浆中管引		安直引	慢引	机引	已包黑引	裸引	引线点引燃药
定量	1 箱	2 箱	1 架	1 架	8 架	6 扎	3 卷	10 卷	20 扎	1 架	20 扎

3. 机制快引烘房安全操作规程

(1)机制快引烘房每间按两边烘槽进行计算：一个烘槽放置 5 个竖立的机引烘架；另外一个烘槽放置机引平架，叠放高度不超过 5 层；每间总量不超过 45 架。

(2)进入烘房的操作人员或管理人员严禁超过 2 人。

(3)操作人员进出烘房的运输以 2 人为一组，用手抬每次 2 人 2 架；用平板车运输每车限装 2 架；严格要求上层机制快引烘架 4 个脚位稳妥地对准下层烘架的上沿横木，防止上层机引烘架不稳倾倒。

(4)操作人员在运输过程中，必须做到轻抬轻放，平衡用力，慢行走，严禁碰撞或使上层机引烘架左右摇晃。

(5)放进烘房中的烘架上的机引厚度应适量，保证一定的烘干空间。

(6)蒸汽烘房温度控制在 75℃以下。

(7)值班人员密切注意管道、抽风设施是否处于正常状态，各种仪表读数是否达标；若出现问题，立即切断汽源、电源、火源，组织抢修。

(8)机制快引在干燥过程中，严禁在烘房翻动和收取；必须抬至凉棚冷却后方可收取，未干透的机制快引严禁堆放或入库。

(9)严禁在烘房取暖或烘干与生产无关的物品。

第五节 烟花爆竹产品涉药作业操作技能与安全守则

烟花爆竹产品涉药作业人员是指从事烟花爆竹产品加工中的压药、装药、筑药、褙药剂、已装药的钻孔等作业的人员。所涉及的作业人员必须遵守以下规定。

一、涉药作业操作一般要求

使用含氯酸盐、黄磷、赤磷、雷酸银、笛音剂等高感度烟火药的工房，不应改做其他产品制作工房。每次限量药物用完后，应及时将半成品送入中转库或指定地点。剩余的烟火药应退还保管人，不应留置工房或临时存药洞过夜。

二、各工序的定员、定量的要求

各工序宜分别在单独专用工房进行，不同工序需要在同一工房进行时，不应同时进行，定员、定量、定机应按危险等级最高的工序确定。使用的烟火药为多种时，定量按表3-8的平均值确定；产品制作如定量不能满足单发(枚)产品，则定量为1发(枚)的含药量。几种烟火药混合，每次限量取该几种烟火药表中限量的平均值。

表 3-8　各工序药物定量表

<table>
<tr><th rowspan="2">序号</th><th rowspan="2">烟火药类别</th><th rowspan="2">烟火药种别</th><th colspan="2">定量(kg)</th></tr>
<tr><th>手工</th><th>机械</th></tr>
<tr><td rowspan="2">1</td><td rowspan="2">硝酸盐烟火药</td><td>黑火药</td><td>8</td><td>200</td></tr>
<tr><td>含金属粉烟火药</td><td>5</td><td>20(干法)
100(湿法)</td></tr>
<tr><td rowspan="2">2</td><td rowspan="2">高氯酸盐烟火药</td><td>含铝渣、钛粉、笛音剂的烟火药、爆炸药</td><td>3</td><td>10</td></tr>
<tr><td>光色药、引燃药</td><td>5</td><td>10</td></tr>
<tr><td rowspan="3">3</td><td rowspan="3">氯酸盐烟火药</td><td>烟雾药、过火药</td><td>8</td><td>20</td></tr>
<tr><td>引火线药</td><td>3</td><td>10(干法)
100(湿法)</td></tr>
<tr><td>摩擦药</td><td>0.5(湿法)</td><td></td></tr>
<tr><td>4</td><td>其他烟火药</td><td>响珠烟火药等</td><td>5</td><td>10</td></tr>
<tr><td colspan="5">注:表中未注明湿法的均为干法混合。</td></tr>
</table>

装药、筑(压)药工序一般每栋工房定员 1 人,筑(压)药定量按表 3-8 的 1/2 确定;笛音药筑(压)药每栋工房定量:手工 0.5 kg,机械 2 kg。

单人单间时或工房内有防爆墙隔离时的装黑火药、烟雾药、单发裸药效果件、礼花弹装发射药包、吐珠类装药,每栋工房可定员 2 人。

装药每栋工房定量按表 3-8 确定。砂炮手工包(装)药砂,药砂定量 0.5 kg/人;砂炮机械包(装)药砂,药砂定量 6 kg/机。

效果内筒点药每栋工房定员 2 人,单人单间,效果内筒应单层摆放,定量 30 kg。

擦炮点药每栋工房定员 4 人,单人单间,含药半成品应单层摆放,定量 20 kg。

含氯酸盐的摩擦类产品手工点药每栋工房定员 4 人,定量 0.1 kg;机械蘸药每栋工房定员 4 人,定机 4 台,每机定量 0.05 kg。

线香类蘸药(提板)每栋工房定员 8 人,定量(湿药)200 kg。

电点火头手工蘸药每栋工房定员 8 人,定量 0.2 kg;机械蘸药每栋工房定员 4 人，定机 4 台，每机定量 0.1 kg。

装有黑火药半成品每栋工房定员 4 人，定机 4 台，单人单间单机；其他有药半成品的钻孔，每栋工房定员 2 人，定机 2 台；定量按规定执行。

手工插引，每栋工房定员 8 人，每间定员 4 人；当单间只有 1 个疏散出口时，每间定员 1 人；每人定量 0.5 kg。

机械插引，每栋工房定员 4 人，单人单机单间；每人定量 3 kg。

无药部件插、串、安引每栋工房定员 24 人。

含爆音药半成品封口(底)定量 6 kg，其余定量 10 kg。每栋工房定员 2 人。

手工(人力机械)结鞭，每栋工房定员 24 人，每间定员 6 人；当单间只有 1 个疏散出口时，每间定员 2 人；每人定量 2 kg。

动力机械结鞭，每栋工房定机 6 台，单机单间，每间定员 3 人；每机定量 6 kg。

礼花弹、小礼花敷弹(球)每栋工房定员 24 人，每人定量 15 kg，雷弹每人定量 9 kg。

升空类、吐珠类、小礼花类、组合烟花类直径≥38 mm 或单发药量≥25 g 的效果内筒(或球)等非裸药效果件的组装，礼花弹组装(含安装效果件升尾，安装定时引、串球)，每栋工房定员 2 人，单人单间，每人定量 10 kg(含全爆炸药的定量 6 kg)；当有防爆墙时，每栋工房定员 4 人，单人单间，每人定量 8 kg、含全爆炸药的 4 kg。

升空类、吐珠类、小礼花类、组合烟花类直径＜38 mm 或单发药量＜25 g 的效果内筒(或球)等非裸药效果件的组装，每栋定员 12 人，每间定员 2 人，每人定量 12.5 kg(含全爆炸药的定量 7.5 kg)。

喷花类、架子烟花类、造型玩具类、旋转类、烟雾类、旋转升空类等产品组装每栋工房定员 24 人，每人定量 15 kg。

三、各工序的安全操作

1. 压亮珠工序安全操作规程

(1)操作人员必须熟悉压亮机的一般技术性能和工作原理,对一般的故障能及时发现或排除。

(2)操作前,做好一切准备工作,必须进行空机试压运转,确认正常后方可操作。

(3)操作人员压亮、浆亮珠、浆炸药、鼓引燃药、亮珠裹皮、拌药、亮珠称量每人每次操作定量和中转间限量,见表 3-9。

表 3-9 每次操作定量和中转间限量

操作工序	压亮					浆亮珠		浆炸药	鼓引燃药		亮珠裹皮						药剂湿拌		亮珠称量	
	机械			手工																
	机体上	案台上	中转间	操作台	中转间	引燃药	亮珠		亮珠	中转间	点引燃药	中转间	亮珠	中转间	炸药	中转间	拌和操作	中转间	亮珠	中转间
数量(kg)	1	5	45	1	30	5	15	15	30	240	1	15	1.5	75	0.2	15	15	45	45	180

(4)操作时,模具上药必须轻轻地均匀抹平,已上好药的模具应垂直端起上机,严禁拖动摩擦;时刻清扫模具上、机体上和案台上的药尘;机压室不准摆放沾染油污的易燃的擦机布等。

(5)在中转库领取裹亮时,人数不得超过 3 人。

(6)在裹亮操作过程中,必须做到轻拿轻放轻操作。

(7)各中转库药物停滞量为 2 天的生产量,药物中转库的烟火药剂储存不允许超过 2 天。

(8)机械压亮时,严禁人员站在运行的油压机旁。

(9)板车运送烟火药限装 12 箱 180 kg,并用橡皮夹在箱与箱中间。

(10)严禁敲打或用铁器撬取模具上的结块余药。

(11)在压亮操作过程中,操作人员禁止携带手机,检查人员严禁在操作场所接听或拨打手机。

2. 礼花弹装球车间安全操作规程

(1)礼花弹装中心管工序安全操作规程

①导火索的裁切必须在指定位置,每人每次1卷(20 m)。

②裁切刀具刃口必须锋利。

③裁切时戴好防护面罩,单人操作。

④清漆、香蕉水、引燃药液属挥发性液体,必须坚持随用随盖,严禁堆放在生产场地。

⑤使用炸药时,每人每次不超过0.25 kg。

⑥导火索需进行斜切口时,选用锋利的刀片,定量为1卷(20 m)的裁切量。点引燃药时,每人每次只允许调配1小碗(0.15 kg),尽量做到用多少调多少,如碗底剩有余药,必须用水浸湿进行清洗。

⑦车间原材料必须摆放整齐,每人工作台边只允许放1只袋子或1只纸箱,保证道路畅通。

⑧中转库药物停滞量:炸药15 kg,黑火药(三味粉)20 kg,清漆15 kg,引燃药液20 kg,香蕉水24 kg,定位胶1桶25 kg。

(2)礼花弹装球工序安全操作规程

①装礼花弹每人每次使用药物定量按表3-10进行。

表3-10　礼花弹每人每次使用药物定量

球径(英寸)	2.5″以下	2.5″	3″	4″	5″	6″	7″
亮珠球(个)	15	12	6	5	2	2	1
炸药球(个)	10	10	6	3	1		

注:①欧式柱形弹由于药物不受挤压,每人每次操作定量为:2.5″24个,3″19个,4″15个,用10″球壳盛装零件、谷壳药、亮珠;②普通柱形弹操作按亮珠球操作。

②装亮珠球时,球壳中的花物不能装填过满,敲打时必须戴好防护面罩(造型类、盒装类和柱形类可不戴),轻轻敲打,均匀用力,使球吻合,严禁猛力敲打和拖动。

③装炸药球时，必须戴好防尘口罩及工作帽，均匀挤压，使球吻合。

④每装完1次球时，必须清扫地面余药并保持地面无余药。

⑤高温或干燥季节，必须在规定时间内生产，并保持地面潮湿，屋顶喷水，消防桶或池装满水。

⑥使用板车进行药物转运时，按规定线路低速行驶，定量：亮珠为12箱、炸药为6桶、爆炸药为9袋。

⑦操作中转间多余的亮珠或零件等药物达100 kg时应及时退回仓库。

⑧接火炸药中转间最大滞留量为1箱、10 kg；接火炸药中转库最大滞留量为4箱、40 kg。

⑨亮珠仓库和开包药仓库药物停滞量为本车间2天生产量。

3. 礼花弹糊球车间安全操作规程

(1)礼花弹糊球工序安全操作规程

①糊球操作人员领取礼花弹时，2人只能抬1架；平板拖车从烘房领取礼花弹时每次不超过2架，并且上面一层架的礼花弹最大不超过4″。

②糊球每人每次的操作定量按表3-11进行。

表3-11 糊球每人每次的操作定量

球径(英寸)	2.5″以下	2.5″	3″	4″	5″	6″	7″以上
数量(个)	15	12	6	4	2	2	1

注：2.5″形弹每人每次定量8个。

③严禁在领取礼花弹或糊球过程中产生碰撞或跌落地面，在操作过程中应轻拿轻放。

④礼花弹7″以上球的分架标准见表3-12。

表 3-12　球的分架标准

球径(英寸)	7″	8″	10″	12″	16″
数量(个)	20	18	8	6	4

⑤中转间礼花弹停滞量为:大球组 5″或 5″以上不超过 3 架,5″以下不超过 2 架;小球组不超过 2 架。

⑥严禁破损的球架进入生产流通领域。

⑦球架不得随意乱放,无论是放在中转间还是在外摊晒均需摆放整齐,保持道路畅通。

⑧所有礼花弹必须在凉棚完全冷却后方可进行操作。

(2)礼花弹糊球烘房安全操作规程

①礼花弹糊球烘房每间按两边烘槽进行计算,每个烘槽放置 9 个架位,每个架位叠放高度不超过 3 个礼花弹烘架,每间总量不超过 54 架。

②进入烘房 3″以下的时引球烘架必须摆放在最下层,防止时引球的导火的引线受潮。

③进入烘房的操作人员或管理人员严禁超过 2 人。

④操作人员进出烘房的运输以 2 人为一组,用手抬每次 2 人 1 架;用平板车运输每车限装 2 架;严格要求上层礼花弹烘架四个脚位稳妥地对准下层烘架上沿横木,防止上层礼花弹烘架不稳倾倒。

⑤操作人员在运输过程中,必须做到轻抬轻放,平衡用力,慢速行走,严禁碰撞或使上层礼花弹烘架左右摇晃。

⑥进入烘房烘架上的礼花弹数量以糊球的分架数量为标准。

⑦蒸汽烘房温度控制在 75℃以下。

⑧值班人员应密切注意管道、抽风设施是否处于正常状态,各种仪表读数是否达标;出现问题,立即切断汽源、电源、火源,组织抢修。

4. 礼花弹切口车间安全操作规程

(1)礼花弹二次时引工序安全操作规程

①引火线的裁切和钻眼必须在指定位置,每人每次定量:导火索1卷(25 m),中管内接火引1圆板(2小扎)。

②裁切、钻眼要求刀具的刃口和钻具的锥尖必须锋利。

③裁切中管内接火引或钻眼只允许1人单独操作。

④二次时引每人每次安装定量见表3-13。

表3-13 二次时引每人每次安装定量

球径(英寸)	3″	4″	5″	6″	7″以上
数量(个)	5	4	3	2	1

⑤二次时引操作中转间最大中转量以当天生产量为准。

⑥礼花弹封口缠线的定量为每组(3人)8架,应做到缠完1架中转1架。

⑦清漆属挥发性液体,应坚持随用随盖。

⑧裁切好的中管接火引,操作时操作人员身边不超过3组。

⑨礼花弹切球脚操作:2人每次1架,7″以下在球架上无座筒的必须在操作案台的座筒上进行操作,严禁在球架上进行操作;7″以上在球架上有座筒的可在球架上进行切脚操作。

(2)礼花弹切口工序安全操作规程

①操作人员切口钻眼每人每次操作量见表3-14。

表3-14 切口钻眼每人每次操作量

球径(英寸)	2.5″以下	2.5″	3″	4″	5″	6″	7″以上
数量(个)	10	10	5	4	3	2	1

②钻孔操作必须准备3把以上钻子,要求锥尖锋利并涂油擦蜡,做到每钻3个球换一把钻子。

③引线头不允许丢在地上,应放在案桌的球壳中,切口钻眼撤出

的余硝要及时清扫。

④襄亮珠:每人每次 1 竹筛(1.5 kg);点引燃:每人每次 1 圆板(1 kg)。

⑤将已襄亮珠的牛皮纸剪成叶片时,必须戴好防护面罩,每人每次 1 圆板(1 kg)。

⑥切口钻眼的案台应适当向墙位倾斜,防止礼花弹向外滚动跌落地面。

⑦对 16″礼花弹切口钻眼时,由于重量较大,可以在指定地方以一架球为准进行操作。

⑧引燃液调配尽量做到用多少调配多少,若碗底剩有余药,必须用水浸湿进行清洗。

⑨礼花弹中转间定量以当天生产量为准;药物中转间停滞量:黑火药(三味粉)20 kg,引燃水 25 kg,丙酮 15 kg。

⑩高温季节下午 1:00 之后严禁钻球(钻礼花弹时引)。

5. 礼花弹装引车间安全操作规程

(1)每组人员中转间定量:礼花弹 1 架、发射硝(用木桶盛装)10 kg、点火引为 1 架礼花弹的数量。

(2)操作工每人每次定量见表 3-15。

表 3-15　礼花弹装引工定量

球径(英寸)	2.5″以下	3″	4″	5～6″	7″以上
礼花弹数量(个)	10	5	3	2	1
发射硝(kg)	0.5	1.0	1.0	1.0	1.0
点火引(根)	50	25	25	25	25

注:安装串联弹时,每人每次礼花弹的定量以一根串联引的发数为准。

(3)在领取和操作过程中,严禁礼花弹跌落地面。

(4)在 4″以下装有发射盒的盒体上钻孔时,钻头严禁钻到礼花弹时引的引燃药上,防止产生剧烈摩擦。

(5)经常清扫洒落案面和地面的发射硝。

(6)安装完的礼花弹必须及时转入包装中转库。

(7)安装串联球时,严禁点火引拖到地面,以免发生脚踩摩擦。

(8)在中转间的木桶中用球壳舀取发射药时,必须轻轻操作,并盖好桶盖。

(9)用平板拖车运输礼花弹的定量:8″以下每次 2 架,8″或 8″以上每次 1 架。

(10)中转间发射药停滞量为 120 kg,中转库发射药停滞量为 2 天的生产量。

6. 礼花弹组装车间安全操作规程

(1)各中转间药物最大定量见表 3-16。

表 3-16　中转间药物最大定量

中转名称	发射药(kg)	内接火引(kg)	盆花球					成品礼花弹盆花(只)			
			单色球(架)	混色球(个)							
				1.5″	2″	2.5″	3″	1.5″	2″	2.5″	3″
定量	40	25	1	300	200	150	100	16	12	20	12

(2)组装每人每次操作量见表 3-17。

表 3-17　组装每人每次操作量

操作工序	装发射硝	装内接火引	下弹						筑圆纸板(巴巴)		装零件
			2″		2.5″		3″	4″	25 发以下(只)	25 发以上(只)	
定量	2 kg	1 kg	50 发	100 发	25 发	25 发	25 发	16 发	2	1	药量相当 5 kg

(3)装筑必须在单独工房进行,定员不得超过2人。

(4)操作台或操作地面必须垫好橡胶板。

(5)装筑必须轻拿轻放,均匀用力,严禁猛力挤压或碰撞。

(6)对球径偏大的礼花弹,禁止强行筑入。

(7)成品中转间成品堆叠不超过3层架子。

(8)无论是单色或混色品种,每次安装完1只必须中转。

(9)发射药中转间最大停滞量为80 kg,发射药中转库定量为2天的生产量,盆花球中转库礼花弹停滞量为90架。

7. 礼花弹虎尾车间安全操作规程

(1)礼花弹虎尾工序安全操作规程

①工作前必须戴好防尘口罩和工作帽。

②操作人员每人每次粘搓定量见表3-18。

表3-18　操作人员每人每次粘搓定量

球径(英寸)	2″～3″	4″	5″	6″
球数(个)	5	3	2	1

③配好的湿料必须及时用完。

④操作时,做到水管放水不停地冲洗地面。

⑤粘搓完1架后,必须及时中转。

⑥药物中转库的烟火药等储存不允许超过2天(若只生产1～3箱且用药在7层以上的虎尾除外)。

⑦未满架的球应用横木条固定,防止球与球之间相互滚动而产生摩擦与撞击。

⑧虎尾每人每次包装定量见表3-19。

表3-19　虎尾每人每次包装定量

球径(英寸)	2″～3″	4″	5″	6″
球数(个)	5	3	2	1

⑨在太阳底下曝晒的球，严禁用手翻动。

⑩药物中转库、中转间停滞量见表 3-20。

表 3-20　药物中转库、中转间停滞量

名称	粉药		开包药	香蕉水、清漆	
	中转库	中转间		中转库	中转间
定量(kg)	200	100	60	172	40

⑪板车运送烟火药限装 12 箱，并用橡胶板夹在箱中间，以防摩擦和撞击。

(2)礼花弹虎尾烘房安全操作规程

①礼花弹虎尾烘房每间按两行放置，叠放高度不超过 1 层虎尾烘架，每间总量不超过 40 架。

②进入烘房的操作人员或管理人员严禁超过 2 人。

③操作人员进出烘房的运输以 2 人为一组，用手抬每次 2 人 1 架，用平板车运输每车限装 1 架。

④操作人员在运输过程中，必须做到轻抬轻放，平衡用力，慢速行走，严禁碰撞或使烘架左右摇晃。

⑤进入烘房烘架上的虎尾弹如未满烘架，应用横木条固定，防止球与球之间相互滚动而产生摩擦与撞击。

⑥虎尾烘房温度控制在 60℃以下。

⑦值班人员密切注意送汽管道是否处于正常状态，压力表读数是否达标；出现问题，立即切断汽源，组织抢修。

⑧烘房必须持续供汽。

⑨虎尾弹在干燥过程中，严禁在烘房翻动和收取；必须抬至凉棚冷却后方可收取。

⑩严禁在烘房取暖或烘干与生产无关物品。

8. 礼花弹包装车间安全操作规程

(1)礼花弹领取：①用手抬每次 2 人 1 架；②用平板车运输，2 人一组,7″以下每车 2 架,且上面一层球架的礼花弹不能超过 4″;8～16″的礼花弹每车 1 架。

(2)用手抬或用小车运礼花弹必须平衡用力,严禁礼花弹跌落地面。

(3)2″以下混色装箱的礼花弹必须放入纸箱中再进行操作。

(4)亮珠等领取:2 人 1 组(1 标准中转箱)。

(5)包装操作过程中,必须轻拿轻放,绝不允许拖拉碰撞和强力挤压。

(6)包装好的品种必须排叠整齐,防止倾倒。

(7)装箱操作间必须保持道路畅通。

(8)打包工必须熟悉打包机的一般技术性能,操作前必须检查线路,防止接线口脱落、漏电等,在工作中如电源电压偏低应及时关机。

(9)包装完的产品应及时打包入库,打包停滞量以 22 箱为准,严禁成箱成品存放车间过夜。

(10)中转库如有订单上多余的球,必须及时分类装箱运至成品总库。

(11)中转库 8″以上球架高度不超过 2 层,8″以下球架高度不超过 3 层。

(12)中转库 90 架/栋。

(13)成品中转库成箱礼花弹停滞量为 2 天的生产量。

9. 烟花配药车间安全操作规程

(1)烟花配药工序安全操作规程

①操作前,戴好防尘口罩和帽子,做好配料前的准备工作。

②严格按照药物配方比例进行称量配料。

③配药操作必须单人单间,操作案台必须垫好橡胶板;在操作过程中应开窗通风并时刻清扫操作案台和飘洒于地面的余药。

④各种烟火药剂每次操作限量见表 3-21。

表 3-21 各种烟火药剂每次操作限量

名称	光药	接火炸药	响珠药	外引药
定量(kg)	5.0	2.5	4.0	3.5

⑤操作人员在配制过程中应高度集中精力,严禁随意操作。

⑥配制时,必须先均匀混合,轻轻牵动牛皮纸四角;用标准规格筛子筛制烟火药剂时,必须均匀用力,轻轻摇动,筛完后剩余的渣子,倒入余硝桶。

⑦中转间烟火药剂定量为:5 标准中转箱 75 kg;中转库烟火药剂定量为 200 kg。

⑧按规定时间进行配药操作,炸药配制必须在上午 10:00 时前(高温季节必须在 8:00 前)结束。

⑨药物称量装箱以 15 kg 为准进行中转,严禁地面和称台出现余药。

⑩在配药操作过程中,操作人员禁止携带手机,检查人员严禁在操作场所接听或拨打手机。

⑪新配方或老配方的单项原料调整在±5%的药物样品,必须经过检测中心测试合格后方可投入生产。

(2)烟花机压工序安全操作规程

①操作工必须熟悉空压机性能,能及时发现和排除简单的故障。

②开机前,先放掉汽缸里的水,开机让空压机空运 2~3 min,检查各部位运转是否正常,严禁机械带病操作。

③机压操作过程中,操作工精力要高度集中,运作准确。如发现机械运转不正常,要及时关闭气源,进行检查维修。

④筑压产品效果到位,保压时间不能超过 3 s,压好后及时送入下道工序工作间进行包装。

⑤积压产品限量:49~50 发 4 只,100~150 发 2 只。

⑥下班停机关闭总电源,彻底擦拭清扫机械设备,加注润滑油。

⑦机械设备每两个月全面检修一次。

(3)烟花钻眼工序安全操作规程

①操作工必须熟悉钻眼机的性能,能及时排除一般故障。

②开机前,先放掉汽缸中的水,空机运转 2～3 min,检查各部位运转是否正常,严禁机械带病操作。

③钻眼操作过程中,操作工必须精力集中,动作准确,如发现机械动转不正常,必须及时关闭气源,进行检查维修。

④钻好的产品及时运走,摆放整齐,做好防潮工作。

⑤下班停机时关闭总电源,彻底擦拭清扫机械设备,传动部位加注润滑油。

⑥机械设备每两个月全部检修一次。

(4)烟花引线裁切工序安全操作规程

①对引线进行规范整理和捆扎,以每 200 根为 1 扎。

②操作时,必须戴好面罩及手套,每裁好半条必须中转。

③中转库引线的最大库存量为 10 条。

④裁切时,刀刃必须锋利,并经常涂蜡擦油,随时清除刀具上的沙石等杂质,禁止猛力操作。

⑤每裁完一条引线后案台要清扫一次,将药粉和引线头清扫干净。

⑥保持地面潮湿。

⑦工作完后,必须对工作案台及地面进行全面清扫和冲洗。

10. 烟花烛光车间安全操作规程

(1)机制烛光工序安全操作规程

①开机前,先放掉汽缸中的水,空机运转 2～3 min,检查各部位运转是否正常,确认无误后方可操作。

②操作前准备好需要的材料,每次操作的最大限量如表 3-22 所示。

表 3-22　每次操作的最大限量

规格名称	1.2″	1.5″	2″	2.5″	3″	军工硝	空筒
操作量(根)	10	10	10	5	1	1 kg	1 饼
药物量(波)	20	20	20	10	6		

注:“波”指单筒中的“发”。

③在机械装筑过程中,如发现机械运转不正常,必须及时关机检查或维修。

④操作工房药物中转间药物定量为:发射药 15 kg,内筒零件、亮珠、小礼花弹等总量不超过 4 标准中转箱。

⑤操作中,经常清扫散落在机械、桌面及地面的余硝。

⑥下班停机时关闭总电源,彻底清扫机械设备,传动部位加注润滑油。

⑦操作工房药物中转间和成品中转间严禁药物和烛光成品、半成品存放过夜。

⑧机械设备每两个月全面检修一次。

(2)手工制作烛光工序安全操作规程

①操作工房药物中转间药物定量为:发射药 15 kg,内筒零件、亮珠、小礼花弹等总量不超过 4 标准中转箱。

②烛光安装按照 1.2″以上每次 1 支、1″以下每次 2 支进行操作。

③小吐珠类产品按每次内筒 4 饼,发射药 0.5 kg 进行操作。

④在实施装筑操作时,必须均匀用力,严禁猛烈撞击。对外径过大的内装物(礼花弹等)禁止强行筑入。

⑤操作工房药物和成品中转间严禁药物和烛光成品、半成品存放过夜。

⑥裁切引火线必须戴好面罩在指定的地方进行。滞留量:导火索不超过一卷(25 m),2.5″快引不超过 50 根。

⑦烛光零件点引燃每次只允许调配 1 小碗引燃液进行操作。

⑧亮珠、发射药、礼花弹和零件中转库停滞量为 2 天的生产量。

四、烟花包装工序安全操作规程

(1)裹皮人员包装时必须按照规定的数量领取,小烟花每次限量1箱,喷花类和旋转类每次1饼。

(2)打包操作中转间待打包产品最大限量为:小型产品10箱,大型产品20箱。

(3)领取货物时必须轻拿轻放,防止拖拉碰撞。

(4)严禁货物掉落地面,在中转库或成品库堆叠货物时,必须排叠整齐,防止货物倾倒;严禁有烟产品与无烟产品混储一库。

(5)打包必须在指定的地方进行操作。

(6)打包人员操作前必须检查线路,防止电线脱皮或接线口处脱落、漏电等,操作时如电源电压偏低应及时关机。

(7)打包人员用板车搬运成箱货物限高1 m(板车底板为起点)。

(8)包装好的产品应及时打包转入成品仓库,不得将打好包的产品留在车间过夜。

(9)各半成品中转库和成箱成品中转库停滞总量为2天的生产量。

第六节　烟花爆竹储存作业操作技能与安全守则

烟花爆竹储存作业人员是指在生产企业的总库区或经营(批发)企业的库区从事保管、搬运、守护等作业的人员。

一、烟花爆竹产品储藏

(一)储藏要求

烟花爆竹生产经营企业的危险品应按表3-23分类并根据表3-24的产品危险等级单库储存。

表 3-23　仓库分类

类别	原材料					烟火药、引火线					半成品	成箱成品
仓库名称	固体化工原料	液体化工原料	木炭	硝化棉系列产品	其他	效果件	黑火药	开球炸药	引火线	其他烟火药		

表 3-24　库危险等级分类

储存的危险品名称	危险等级
烟火药(包括裸药效果件),开球药	1.1^{-1}
黑火药,引火线,未封口含药半成品,单个装药量在 40 g 及以上已封口的烟花半成品及含爆炸音剂、笛音剂的半成品,已封口的 B 级爆竹半成品,A、B 级成品(喷花类除外),单筒药量 25 g 及以上的 C 级组合烟花类成品	1.1^{-2}
电点火头,单个装药量在 40 g 以下已封口的烟花半成品(不含爆炸音剂、笛音剂),已封口的 C 级爆竹半成品,C、D 级成品(其中:组合烟花类成品单筒药量在 25 g 以下),喷花类成品; 符合联合国危规运输包装要求且经鉴定为 1.3 级的成箱产品	1.3

注:表中 A、B、C、D 级为现行国家标准《烟花爆竹　安全与质量》(GB 10631)规定的产品分级。

黑火药、效果件、引火线、烟火药从仓库到生产区或生产后准备到仓库的物品应经过中转库。仓库、中转库必须专库专用,不得改变等级、性质或超过核定数量储存;性质相抵触、危险等级不同的物品不得混存。仓库内木地板、垛架和木箱上使用的铁钉,钉头要低于木板外表面 3 mm 以上,钉孔要用油灰填实;无地板的仓库,地面要铺设防潮材料,或设置 30 cm 高的垛架。

储存仓库的保管人员应懂得所保管物品的安全性能,熟悉并严格执行安全规程。应加强对消防设施(器材)以及通风、防潮、防鼠等设施的维护,保证其有效、适用要求。

烟火药、黑火药、引火线等必须经彻底干燥、冷却，经包装后方可收藏入库；包装物应用防潮、防静电的材质，烟火药、黑火药、引火线、烟花爆竹等物品的包装应符合《烟花爆竹　安全与质量》(GB 10631)的要求；包装箱上应贴有明显的标签，标签内容包括名称、生产（出厂）日期、危险等级和重量等。

应保持疏散通道的畅通、卫生整洁，物品应摆放整齐、平码堆放。堆垛与库墙之间应留有大于 10 cm 的通风巷，堆垛与堆垛之间应留有大于 70 cm 的检查通道，堆垛通往安全出口的主通道宽度应不小于 150 cm。

烟花爆竹成品、半成品堆垛高度按照表 3-25 规定。

表 3-25 仓库堆码高度

名称	成品、半成品	烟火药(黑火药、效果件)	成箱成品	货架离地面
高度(cm)	≤150	≤100	≤250	＞20

危险品仓库应建立台账，专人负责，严格进出库登记手续，并定期进行货账核对。仓库内物品应整进整出，严禁在库房内进行拆箱、钉箱、分箱、成箱等操作行为。仓库应做好防潮、降温、通风处理，有条件的应设去湿机，库房内应有测温、测湿计，每天进行检查。

(二)管理制度

1. 库房保管制度

(1)烟花爆竹仓库应该通过安全评价。

(2)烟花爆竹的仓库应设仓库负责人，并配备相应的仓库管理人员和足够的保卫人员。保卫人员按公安部门规定，配备必要的警用器具，设置固定的岗哨和流动岗哨，门卫设立严格的烟花爆竹进出库检查制度。

(3)仓库管理人员应了解产品安全性能，掌握防火、防爆等知识，熟悉仓库各项安全规定并经考试合格后持证上岗。

(4)外来人员进入仓库应经本单位保卫部门审查批准，在了解仓库有关管理规定的前提下由仓库工作人员带领进入。

(5)烟花爆竹产品必须严格执行“双人保管、双人收发、双人领料、双账本、双锁”的“五双”管理。对出入库产品严格检查验收产品合格证,坚决杜绝无合格证产品出入库。

(6)烟花爆竹产品应分级分类存放。

(7)烟花爆竹存放应遵守下列规定:

①产品按生产批号成垛堆放,不同规格的产品应分垛堆放。

②仓库内装运的主要通道宽度不小于 1.5 m,人行检查清点通道宽度不小于 0.7 m,通道上严禁堆放任何物品,堆垛边缘距墙不应小于 0.45 m,堆垛之间距离不应小于 0.7 m。

③烟火药、黑火药堆垛的高度不应超过 1.0 m;成品与半成品堆垛的高度不应超过 1.5 m;成箱成品堆垛的高度不应超过 2.5 m。

④库房应按规程要求执行定置定位标准,按不得超过最大定量的规定,定出合理的摆放位置及高度线。

(8)仓库宜根据产品特性做到防潮、防热、防冻、防雷、防洪、防火、防鼠、防虫、防盗、防破坏(十防)和库内无尘土、无禁物、无渗水、无事故差错、无锈蚀、无霉烂、无鼠咬、无虫蛀、库边无杂草、库区周围范围内无针叶树或竹林、水沟无阻塞(十二无),库内设置干湿温度计表。

(9)严禁在烟花爆竹仓库内开箱取产品,如需开箱取货,移至防护屏障处指定地点进行,用不产生火花的安全工具开启。

(10)维修库房时,应采取可靠的安全防范措施,小修移至指定地点进行,库房大修应将仓库内的产品全部搬出,清扫后方可进行。

(11)严格按照库房的安全定量储存产品,存贮量不得超过最大临界贮量。

(12)入库人员严格控制在定员标准以内,特殊工作需要请示企业主管领导批准后方可入库。

(13)要做到库存产品账物相符、账票相符、账卡相符,出入库产品必须进行登记并做到日清月结。

(14)产品出入库必须做到审批手续齐全,准确无误,认真填写出入库记录,按先进先出的原则发放烟花爆竹产品。

(15)对库区的消防设备、通讯设备、报警装置和防雷装置、防护犬应经常检查。

(16)做好每日巡查,发现产品丢失、被盗,必须立即向公司主管领导和有关单位报告,并做好记录。

2. 装卸管理制度

(1)装卸须有专门的装卸队伍负责,老、弱、病、残和儿童不得录用为装卸工,增加装卸人员须经企业安全部门同意。

(2)装卸作业前要对装卸工进行安全教育,执行企业有关安全管理制度。作业时不应穿戴化纤衣物或带钉子的鞋、高跟鞋,不准携带火具、火种。

(3)装卸人员应服从仓库保管人员指挥,按指定的仓库以及产品的品种、生产日期、数量装卸作业。

(4)装卸时要轻拿轻放,不论危险品的包装形式如何,一律双手抱件进行,严禁手抓捆扎带和翻滚、拖拉、撞击、抛掷、脚踩危险品包装箱或站在包装箱上作业。

(5)运输产品时,装车高度低于车厢拦板 10 cm,包装箱放置平稳,不得倒置或侧放。危险品载重量不得超过额定载重量。运输时严禁装卸工站或坐在包装箱上。

(6)装卸作业时,车辆必须熄火、制动,同车不得装载不能存放在一起的危险品,两车不准在同时、同地进行装卸。

(7)雨天装卸时要做好危险品的防湿工作,盖好篷布,严禁暴风雨或雷雨天作业。

(8)包装箱破损、数量不清的危险品不准发运入库。

(9)作业前认真检查运输车辆的完好状况,清除车厢内的一切杂物。装卸结束后,作业场所须清理干净,不得遗留危险品,清理的药粉等危险品须送至指定地点，定期销毁。

3. 仓库保管员安全管理责任制

（1）在主管经理、仓库负责人的领导下，认真执行《库房安全管理制度》，保证出入库产品的品种、规格、数量准确无误。

（2）库存产品要做到账货、账票、账卡相符，出入库的产品必须做到日清月结，库内产品摆放严格按照《烟花爆竹工程设计安全规范》要求。

（3）保持库房清洁，做到“十防”、“十二无”，认真观察库房的干湿温度计，并做好记录。对于出入库的烟花爆竹产品清点准确，保证过期失效的产品绝不出库。

（4）出库要做到先入先出，防止危险品积压时间过长，影响产品质量，给使用留下安全隐患。

（5）严格查验用户各种相关证件和有关部门签发的相关手续，发货时要确保准确无误。

（6）经常检查库区消防设施、警报系统是否处于良好的工作状态。

（7）必须对库内物品精心保管，防止因管理不善造成经济损失。

（8）严格监督和执行烟花爆竹堆放、储存、保管、装卸等规程。

（9）必须严格遵守《烟花爆竹安全管理条例》，熟悉、了解烟花爆竹的性能，以及防火、防爆知识和爆炸物品管理的安全常识、安全存放等业务知识，做到安全保管。

（10）雷雨等灾害天气严禁烟花爆竹出入库。

4. 装卸工安全管理责任制

（1）装卸人员必须具备适合本岗位工作的身体素质，并熟知作业中的烟花爆竹产品的性能、性质及注意事项。

（2）严格执行烟花爆竹装卸管理制度和公司制定的其他制度。

（3）操作前必须按规定穿戴劳动保护用具。

（4）装卸烟花爆竹产品时，应文明作业、规范操作，严格按规定做到轻拿轻放，严禁翻滚、拖拉或用撬棍、铁器敲打包装件。

(5)按时上下班，不准迟到早退，做到有事请假。

(6)按时完成公司及主管领导安排的工作任务。

(7)积极配合好其他部门做好各项安全工作。

二、烟花爆竹产品的运输

按照管理原则，经由道路运输烟花爆竹的，应当经公安部门许可。经由铁路、水路、航空运输烟花爆竹的，依照铁路、水路、航空运输安全管理的有关法律、法规、规章的规定执行。

经由道路运输烟花爆竹的，托运人应当向运达地县级人民政府公安部门提出申请《烟花爆竹道路运输许可证》，并提交下列有关材料：

(1)承运人从事危险货物运输的资质证明；

(2)驾驶员、押运员从事危险货物运输的资格证明；

(3)危险货物运输车辆的道路运输证明；

(4)托运人从事烟花爆竹生产、经营的资质证明；

(5)烟花爆竹的购销合同及运输烟花爆竹的种类、规格、数量；

(6)烟花爆竹的产品质量和包装合格证明；

(7)运输车辆牌号、运输时间、起始地点、行驶路线、经停地点。

《烟花爆竹道路运输许可证》应当载明托运人、承运人、一次性运输有效期限、起始地点、行驶路线、经停地点，以及烟花爆竹的种类、规格和数量等内容。经由道路运输烟花爆竹的，除应当遵守《中华人民共和国道路交通安全法》外，还应当遵守下列规定：

(1)随车携带《烟花爆竹道路运输许可证》；

(2)不得违反运输许可事项；

(3)运输车辆悬挂或者安装符合国家标准的易燃易爆危险物品警示标志；

(4)烟花爆竹的装载符合国家有关标准和规范；

(5)装载烟花爆竹的车厢不得载人；

(6)运输车辆限速行驶，途中经停必须有专人看守；

(7)出现危险情况立即采取必要的措施，并报告当地公安部门。

烟花爆竹运达目的地后，收货人应当在3日内将《烟花爆竹道路运输许可证》交回发证机关核销。

烟花爆竹产品的道路运输必须遵守《道路危险货物运输管理规定》，承担运输的单位必须经过运输许可，应当具备下列条件。

1. 有符合下列要求的专用车辆及设备

(1)自有专用车辆5辆以上。

(2)专用车辆技术性能符合国家标准《营运车辆综合性能要求和检验方法》(GB 18565)的要求，车辆外廓尺寸、轴荷和质量符合国家标准《道路车辆外廓尺寸、轴荷和质量限值》(GB 1589)的要求，车辆技术等级达到行业标准《营运车辆技术等级划分和评定要求》(JT/T 198)规定的一级技术等级。

(3)配备有效的通讯工具。

(4)有符合安全规定并与经营范围、规模相适应的停车场地。具有运输爆炸物品的专用车辆的，还应当配备与其他设备、车辆、人员隔离的专用停车区域，并设立明显的警示标志。

(5)配备有与运输的危险货物性质相适应的安全防护、环境保护和消防设施设备。

(6)运输爆炸物品货物的，应当具备厢式车辆，车辆应当安装行驶记录仪或定位系统。

(7)运输爆炸危险货物的非罐式专用车辆，核定载质量不得超过10 t。

2. 有符合下列要求的从业人员

(1)专用车辆的驾驶人员取得相应机动车驾驶证，年龄不超过60周岁。

(2)从事道路危险货物运输的驾驶人员、装卸管理人员、押运人员经所在地设区的市级人民政府交通主管部门考试合格，取得相应从业资格证。

3. 健全的安全生产管理制度

健全的安全生产管理制度，包括安全生产操作规程、安全生产责任制、安全生产监督检查制度以及从业人员、车辆、设备安全管理制度。

烟花爆竹产品运输管理制度如下：

(1)运输烟花爆竹时，应严格执行《道路危险货物运输管理规定》及有关交通安全规则。

(2)运输烟花爆竹产品的车辆应按时接受车辆安全检验，逾期未经检验的车辆和检验不合格的车辆不得承运烟花爆竹产品。

(3)采用厢式专用运输车，专用运输车应符合国家有关标准，各项设施和手续合格、齐全。

(4)运输烟花爆竹应配备押运人员，承运司机、押运员应随身携带符合行政许可审批要求的有关证件，掌握押运产品的数量、质量、规格、批次和装载等情况，了解所载物品的主要危险特性和安全防护知识。押运员在接收烟花爆竹产品时应与库房管理人员当面点清数量，运至接收地点应与接收人员办理好有关交接手续。

(5)运输烟花爆竹的车辆，不应在人口密集的地方、宿舍区、交叉路口或火源附近停车。

(6)运输车辆不应直接进入危险建筑物内，宜在距离建筑物不少于2.5 m处进行装卸作业。烟花爆竹装载应符合危险货物配装、码放要求，中途卸货后应及时调整货物堆放高度，防止高位坠落和撞击，装载量不应超过额定负荷。车辆起停时，应避免突然启动和急刹车。

(7)在暴雨和雷电等恶劣天气下，烟花爆竹不得出库。

第四章 烟花爆竹事故预防与处置

第一节 烟花爆竹应急预案概述

应急预案是针对可能发生的事故，为迅速、有序地开展应急行动而预先制定的行动方案。制定生产安全事故应急预案是应急管理工作的关键环节，是提高应对风险和防范事故的能力，保证职工安全健康和公众生命安全，最大限度地减少财产损失、环境损害和社会影响的重要措施。

一、生产安全事故应急预案的性质与作用

应急预案是在辨识和评估潜在重大危险、事故类型、发生的可能性及发生的过程、事故后果及影响严重程度的基础上，针对各种可能发生的事故所需的应急行动对安全生产应急机构职责、人员、技术、装备、设施、物资、救援行动及其指挥与协调方面预先做出的具体安排而制定的指导性文件。

针对各种不同的紧急情况制定有效的应急预案，不仅可以指导应急人员的日常培训和演习，保证各种应急资源处于良好的备战状态；而且可以指导应急行动按计划有序进行，防止因行动组织不力或现场救援工作的混乱而延误事故应急，从而降低人员伤亡和财产损失。应急预案对于如何在事故现场开展应急救援工作具有重要的指导意义，它帮助实现应急行动的快速、有序、高效，以充分体现应急救

援的“应急精神”。生产安全事故应急预案的作用体现在以下几个方面。

(1)生产安全事故应急预案确定了生产安全事故应急救援的范围和体系,使生产安全事故应急管理不再无据可依、无章可循。

(2)生产安全事故应急预案有利于做出及时的应急响应,降低事故后果。应急行动对时间要求十分敏感,不允许有任何拖延。

(3)生产安全事故应急预案建立了与上级单位和部门应急救援体系的衔接。

(4)生产安全事故应急预案有利于提高风险防范意识。

二、生产安全事故应急预案的主要内容

应急预案通常应该明确在事故发生前、事故过程中以及事故发生后,谁负责做什么,何时做,怎么做,以及相应的策略和资源准备等。包括以下内容:

(1)对紧急情况和事故灾害的辨识、评价。通过危险辨识、事故后果分析,采用技术和管理手段降低事故发生的可能性,或将已经发生的事故控制在局部,防止事故蔓延,并预防次生、衍生事故的发生。同时,通过编制生产安全事故应急预案并开展相应的培训,可以进一步提高各层次人员的安全意识,从而达到事故预防的目的。

(2)对人力、物资和工具等资源的确认与准备。

(3)指导建立现场内外合理有效的应急组织。

(4)设计应急行动战术。一旦发生事故,通过应急处置程序和方法,可以快速反应并处置事故或将事故消灭在萌芽状态。

(5)制定事故后的现场清除、整理及恢复等措施。通过编制应急预案,采用预先确定的现场抢险和救援方式,对人员进行救护并控制事故发展,从而减少事故造成的损失。

应急预案除上述内容外,还应该实现下列要求:明确应急系统中各机构的权利和职责、建立培训及演习等准备程序、对所涉及的法律

法规的论述、对特殊危险建立专项应急预案等。

烟花爆竹生产安全事故应急预案编写内容要求如下。

(1)厂区的基本情况;

(2)危险目标的数量及分布图;

(3)指挥机构的设置和职责;

(4)装备及通讯网络和联络方式;

(5)应急救援专业队伍的任务和训练;

(6)预防事故的措施;

(7)事故的处置和救援;

(8)紧急安全疏散;

(9)现场医疗救护;

(10)社会支援等;

(11)记录与报告:规定各种应急准备工作、应急响应的记录和报告制度;

(12)附件:应急执行程序。

三、生产安全事故应急预案的基本要求

制定应急救援预案是进行事故应急准备的重要工作内容之一,不但要遵守一定的编制程序,同时内容也应满足下列基本要求。

1. 科学性

生产安全事故应急救援工作是一项科学性很强的工作,制定生产安全事故应急预案也必须以科学的态度,在全面调查研究的基础上,充分发挥集体和专家的作用,开展科学分析和论证,制定出决策程序、处置方案和应急手段先进、严密、统一、完整的应急反应方案,使预案真正具有科学性。

2. 针对性

生产安全事故应急预案是针对可能发生的生产安全事故,为迅速、有序地开展应急行动而预先制定的行动方案。因此,生产安全事

故应急预案应结合危险分析的结果，有针对性地进行编制，确保其有效性。

3. 实用性、可操作性

应急救援预案应符合企业现场和当地的客观情况，具有适用性和实用性，便于操作。即发生重大生产安全事故时，有关应急组织、人员可以按照应急预案的规定迅速、有序、有效地开展应急救援行动，降低事故损失。为确保生产安全事故应急预案实用、可操作，重大生产安全事故应急预案编制过程中应充分分析、评估本企业可能存在的重大危险及其后果，并结合本企业应急资源、能力的实际情况，对应急过程的一些关键信息，如潜在重大危险及后果分析、支持保障条件、决策、指挥与协调机制等进行系统的描述。同时，应急相关方应确保重大生产安全事故应急所需的人力、设施和设备、资金支持以及其他必要资源。

4. 权威性

生产安全事故应急救援工作是一项紧急状态下的应急性工作，所制定的应急救援预案应明确救援工作的管理体系、救援行动的组织指挥权限和各级救援组织的职责和任务等一系列的行政性管理规定，保证救援工作的统一指挥。因此，应急预案还应经批准后才能实施，保证预案具有一定的权威性。

5. 合法性

生产安全事故应急预案中的内容应符合国家法律、法规、标准和规范的要求，生产安全事故应急预案的编制工作必须遵守相关法律法规的规定。

6. 可靠性

生产安全事故应急预案应当包含应急所需的所有基本信息，并确保这些信息的可靠性。

7. 相互衔接

生产安全事故应急预案应相互协调一致、相互兼容。烟花爆竹企业的应急预案应与当地政府及相关主管部门的应急预案相互衔接，确保出现紧急情况时能够及时启动各方应急预案，有效控制事故。

四、烟花爆竹生产安全事故应急预案

《安全生产法》、《烟花爆竹安全管理条例》等法律、法规特别强调了烟花爆竹生产经营企业要制定事故应急救援预案。因此，对烟花爆竹危险性较大的生产工序或过程都要制定应急救援预案。烟花爆竹生产安全事故应急预案主要有以下几个方面。

(1)混药时发生事故的应急救援预案。

(2)压药时发生事故的应急救援预案。

(3)装药时发生事故的应急救援预案。

(4)产品运输事故的应急救援预案。

(5)发生全厂性和局部性停电时的应急救援预案。

(6)生产装置工艺条件(包括防火、防爆装置，操作控制系统)失常时的应急救援预案。

(7)发生自然灾害时的应急救援预案，主要有：

①发生洪水、泥石流时的应急救援预案；

②遭受台风或局部龙卷风等强风暴袭击时的应急救援预案；

③高温季节针对危险源的应急救援预案；

④寒冷气候条件下(包括发生雪灾、冰冻等)针对危险源的应急救援预案；

⑤发生地震、雷击等其他自然灾害时的应急救援预案。

(8)发生火灾时的应急救援预案。

(9)发生爆炸时的应急救援预案。

(10)发生火灾、爆炸、中毒等综合性事故时的应急救援预案。

(11)其他应急救援预案。

五、应急救援预案的分级

烟花爆竹生产安全事故应急预案由企业(现场)应急预案和政府(场外)应急预案组成。现场应急预案由企业负责,场外应急预案由各级政府主管部门负责。现场应急预案和场外应急预案应分别制定,但应协调一致。

根据可能的事故后果的影响范围、地点及应急方式和我国事故应急救援体系,烟花爆竹生产安全事故应急预案可分为五种级别(图4-1)。

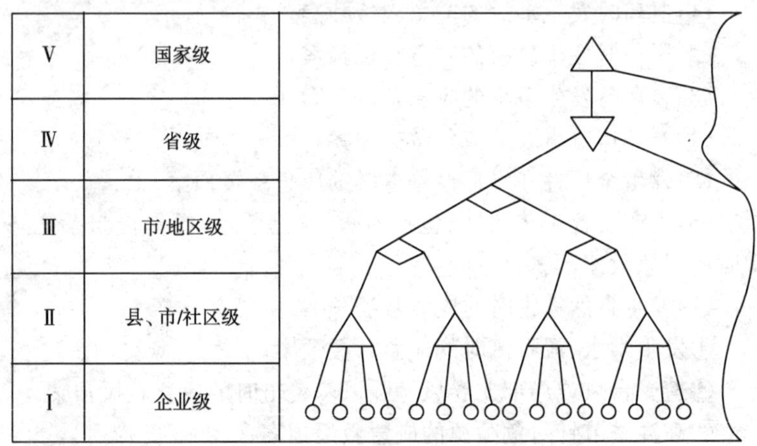

图 4-1　事故应急预案的级别

1. Ⅰ级(企业级)应急预案

这类事故的有害影响局限在一个单位(如某个生产厂、仓库、经营企业等)的界区之内,并且可被现场的操作者遏制和控制在该区域内。这类事故可能需要投入整个单位的力量来控制,但其影响预期不会扩大到公共区(乡、村、社区等)。

2. Ⅱ级（县级）应急预案

这类事故所涉及的影响可扩大到公共区（乡、村），但可被该县（市、区）或乡镇（村、社区）的力量，加上所涉及的工厂的力量所控制。

3. Ⅲ级（地区/市级）应急预案

影响范围大、后果严重，或是发生在两个县（市、区）管辖区边界上的事故。应急救援需动用地区的力量。

4. Ⅳ级（省级）应急预案

对可能发生的特大火灾、爆炸事故，特大危险品运输事故以及属省级特大事故隐患、省级重大危险源应建立省级事故应急响应预案。它可能是一种规模极大的灾难事故，或可能是一种需要用事故发生的城市或地区所没有的特殊技术和设备进行处理的特殊事故。这类意外事故需用全省范围内的力量来控制。

5. Ⅴ级（国家级）应急预案

对事故后果超过省、直辖市、自治区边界以及列为国家级事故隐患、重大危险源的设施或场所，应制定国家级应急预案。

企业一旦发生事故，就应即刻实施应急程序，如需上级援助应同时报告当地乡镇（社区或村）、县（市、区）政府事故应急主管部门，根据预测的事故影响程度和范围，需投入的应急人力、物力和财力，逐级启动事故应急预案。

在任何情况下都要对事故的发展和控制进行连续不断的监测，并将信息传送到社区级指挥中心。社区级事故应急指挥中心根据事故严重程度将核实后的信息逐级报送上级应急机构。社区级事故应急指挥中心可以向大专院校、科研单位、地（市）或全国专家、数据库和实验室就事故所涉及的危险物质的性能、事故控制措施等方面征求专家意见。

企业或社区级事故应急指挥中心应不断向上级机构报告事故控制的进展情况、所作出的决定与采取的行动。后者对此进行审查、批准或提出替代对策。将事故应急处理移交上一级指挥中心的决定，应由社区级指挥中心和上级政府机构共同作出。作出这种决定(升级)的依据是事故的规模、社区及企业能够提供的应急资源及事故发生的地点是否使社区范围外的地方处于风险之中。

政府主管部门应建立适合的报警系统,且有一个标准程序,将事故发生、发展信息传递给相应级别的应急指挥中心,根据对事故状况的评价,启动相应级别的应急预案。

第二节　烟花爆竹常见事故处置技术

烟花爆竹的常见事故,主要以生产场所为主,其中又以危险生产工序为主,如混药、装(筑)药、干燥等工序,但近年来原材料销毁、运输、储存等也出现事故。引起事故的原因很多,正如前所述,摩擦、撞击、静电、雷击等都能引起事故,但不管引起的原因如何,其结果都为燃烧和爆炸。处置事故的基本方法是:以人为本,组织及时有效的救援行动,抵御事故风险,控制灾害蔓延,降低危害后果,小事故基本以扑灭为主,即把事故消灭在萌芽状态,以防事故的扩大化,中、大事故主要以疏散隔离为主。处置事故还应注意确定事发地点,明确其周围环境和企业基本情况,以便采取与其适应的处置方法。事故发生后,采取的基本措施:一是迅速从最近的疏散口撤离;二是报告,即广而告知;三是成立现场指挥部,由熟悉情况的人担任指挥长;四是迅速开展自救和互救工作;五是成立调查组,且有专家参与,做好善后工作。

1. 原材料事故处置技术

烟花爆竹用原材料一般有化工原材料、纸张、塑料部件等,化工原材料又分为可燃物和助燃剂,所以一般原材料可能的事故现象为燃烧,可采取水和沙土及灭火器灭火,具体见《烟花爆竹作业安全技术规程》中相关化工原材料的灭火方法。剩余的材料应做好处置方案(有专家参与),然后进行销毁,具体见《烟花爆竹作业安全技术规程》中危险性废弃物的处置。

2. 生产场所中事故处置技术

生产场所中可能发生事故现象有两种，即燃烧和爆炸。生产条件不符合要求或者违章操作等都有可能产生燃烧和爆炸，或再次燃烧和再次爆炸。

生产工序药量小，但中转库(含日用库)药量大，一旦引燃了中转库，极有可能产生继发性殉爆。

处置燃烧为主的事故技术也要看燃烧现象的大小，燃烧小的立即启动消防栓等消防器材扑灭火，如果燃烧现象大，立即以逃生为主，按照企业预先设置的疏散路线迅速离开现场，并报告立即启动应急救援预案，控制周围的易燃易爆物质，远距离进行扑灭措施。以燃烧为主的事故主要发生在引线生产企业，造型玩具类、线香类及 1.3 级组装车间，1.3 级仓库等。

处置以爆炸为主的事故技术以逃生为主，并采取控制事故扩大的措施。以爆炸为主的事故主要发生在礼花弹生产工房、爆竹生产工房、亮珠生产工房及中转仓库。

3. 成品库事故的处置技术

成品库中产品已封装，无外露药，并已装箱，不易产生燃烧爆炸。但如有烟火或雷击都易产生燃烧或爆炸，如 2008 年 7 月 13 日湖南醴陵某烟花厂，2008 年 8 月 2 日湖南浏阳磨盘花炮厂都因雷击而发生事故。

成品库事故的处置技术较难，但一般成品库都没人，燃烧和爆炸时间长，处置技术主要是疏散并防护守候等，即迅速疏散群众，隔离周围易燃易爆物，尽可能地转移易燃易爆物质，以防再次燃烧，并远距离扑灭。

现场救护还要注意保护现场原有痕迹，任何一次事故都有其深刻的教育意义。

4. 储运场所事故处置技术

储存和运输场所一般不容易发生事故，但如发生事故，其影响和破坏程度较大，因为此时药量大、产品多，如长沙霞凝港、广东山水、江西上饶等事故。

储运场所的事故也是两种，即燃烧和爆炸。礼花弹、B级以上组合烟花及半成品如亮珠，主要以爆炸为主。处置技术上，第一以逃生为主，即疏散隔离；第二启动应急救援预案；第三救护和救火。

5. 重大隐患的处置技术

重大隐患应为一旦发生事故时有可能造成多人死伤或1000万元以上财产损失的隐患。检查中发现下列情况应作为重大隐患处理。

(1)厂房布局严重不合理。

①未做到“五分开”。

②收发室、药物日用库、中转库未布置在厂区边缘，与生产工房距离太近危及多人安全。

③外部距离不足或生产区与总仓库区距离不足，所限药量不切合实际，不符合生产要求。

(2)擅自改变工房用途、改变生产流程、乱存乱放等。

(3)超核定范围生产产品。

(4)出入通道不畅，发生事故时人员疏散困难。

(5)危险工序药物严重超量或仓库超核定存量，发生事故会波及周围邻近的建筑物及人员。

(6)其他发生事故时危及3人以上生命或重大财产损失的隐患。

各级安全监督机关在检查中发现存在重大隐患时，必须果断、灵活地进行处置。常用的处置方式有以下几种。

(1)“先斩后奏”法。检查人员遇到紧急情况，应责令立即停止生产，疏散人员，然后再报告上级批准。

(2)“边斩边奏”法。在条件允许的情况下，检查人员应利用现代通讯手段，边口头请示上级领导，边进行处置。

(3)“先奏后斩”法。对于有可能发生重大事故，但情况不危急的隐患,可按照法律程序报请裁决后再进行处置。

无论采取哪一种方法,均需制作《重大安全隐患整改通知书》。“整改意见”栏内应指明整改方法。同时应注意做到:属于全局的问题,全厂停产整改;属于局部的问题,局部停产整改;属于药物超量的问题,还应边生产,边整改,以便在消化中消除隐患。

凡下达了《重大安全隐患整改通知书》的隐患都必须进行复查,复查合格的允许其复工生产,复查不合格或未经复查验收的不得生产。

6. 应急救援处置(图 4-2)

(1)一旦发生烟花爆竹事故,现场人员要尽快撤离现场,并采取一切办法把事故信息传送到应急救援指挥中心。

(2)单位主要负责人应当按照本单位制定的应急救援预案,立即组织救援,并立即报告当地安全生产监督管理局和公安、消防、交警、环境保护、质监、气象等部门,各部门要立即赶赴事故现场。

(3)区县人民政府接到事故报告后,立即按照本区县的烟花爆竹事故应急救援预案,做好指挥、领导工作。区县负责烟花爆竹安全监督管理综合工作的部门和环境保护、公安、卫生等有关部门,按照当地应急救援预案要求组织实施救援,不得拖延、推诿。区县人民政府及有关部门应当立即采取必要措施,减少事故损失,防止事故蔓延、扩大。

(4)当区县人民政府确定烟花爆竹事故不能很快得到有效控制或已造成重大人员伤亡时,应立即向市政府办公室报告,请求市烟花爆竹应急救援指挥部给予支援。指挥部各成员单位接到通知后立即赶赴事故现场,开展救援工作。

7. 现场处置程序

(1)隔离、疏散

①建立警戒区域。

事故发生后,应根据烟花爆竹火焰热辐射、爆炸所涉及的范围建立警戒区,并在通往事故现场的主要干道上实行交通管制。

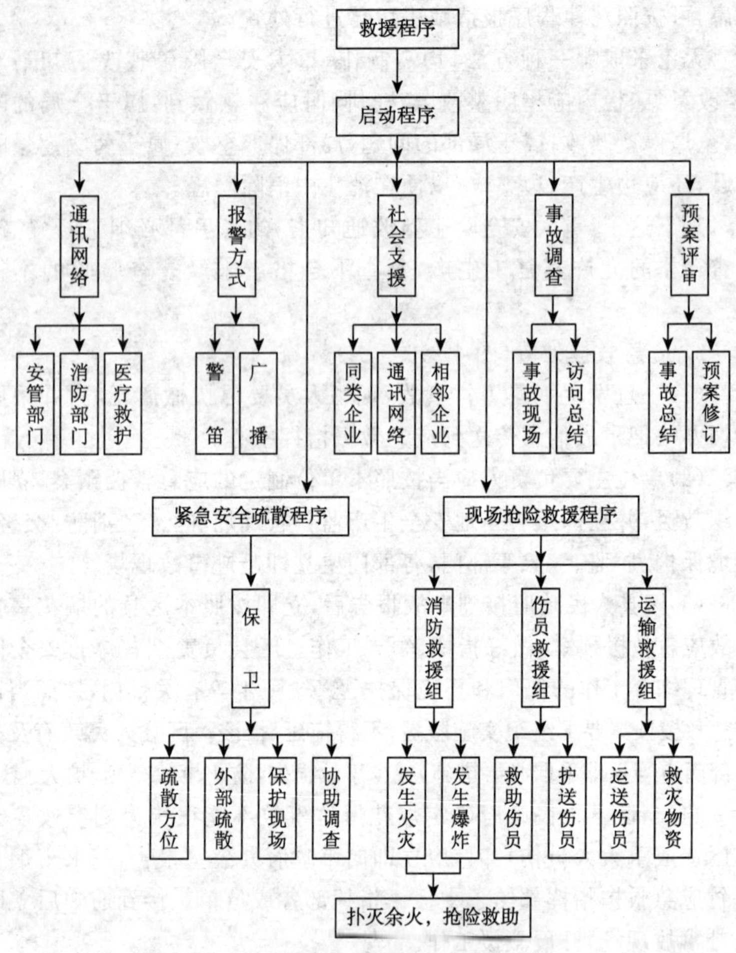

图 4-2　应急救援程序图

②紧急疏散。

迅速将警戒区及污染区内与事故应急处理无关的人员撤离，以减少不必要的人员伤亡。

(2)防护

根据事故划定危险区域,确定相应的防护等级,并根据防护等级标准配备相应的防护器具。

(3)询情和侦检

①询问遇险人员情况,周边单位、居民、地形、电源、火源等情况,以及消防设施、工艺措施、到场人员处置意见。

②使用检测仪器测定燃烧残物的浓度、扩散范围。

③确认设施、建(构)筑物险情及可能引发爆炸燃烧的各种危险源,确认消防设施运行情况。

(4)组织烟花爆竹事故的现场抢救

烟花爆竹事故的现场抢救由专业人员实施。

8. 现场救护措施

烟火药引起的爆炸、燃烧事故,必须及时、科学地进行现场自救、互救和抢救。首先应消除继发性爆炸和燃烧的基本条件,然后对伤病员进行临时性的紧急救护,抢救伤病员的生命。因此,从业人员平时应努力学习和掌握有关救护知识和技术。

(1)现场救护实际应用的基本方法

①迅速将火源附近可燃物质转移到安全处;

②切断电源,使用各种工具和灭火物质进行灭火;

③迅速将伤员从危险区转移到安全地点,并进行临时急救。

发生事故的现场,往往围观的人多,影响抢救工作的正常开展,延误抢救时间,甚至造成抢救人员不必要的伤亡。因此需要有正确的统一的现场指挥和维护秩序的治安人员,疏散围观者,让开通道,协助救护人员迅速有效地开展工作。

(2)现场急救注意事项

①选择有利地形设置急救点;

②做好自身及伤病员的个体防护;

③防止发生继发性损害;

④应至少2人为一组集体行动，以便相互照应；

⑤所用的救援器材需具备防爆功能。

(3)现场处理

烟花爆竹具有易燃、易爆等特点，在生产、储存、运输、燃放过程中容易发生燃烧、爆炸等事故。由于热力作用、化学刺激或腐蚀可造成皮肤、眼的烧伤；有的化学物质还可以从创面吸收甚至引起全身中毒。所以对烟花爆竹烧伤比开水烫伤或火焰烧伤更要重视。抢救伤员到安全处后第一任务是对受伤处进行初步处理，包括清创、无菌敷盖、止血、初步包扎，这项工作对后续治疗有很大的作用，因此企业应成立兼职医疗小组。

9. 火灾的事故处置

不同的烟花爆竹在不同的情况下发生火灾时，其扑救方法差异很大，若处置不当，不仅不能有效地扑灭火灾，反而会使险情进一步扩大，造成更大的财产损失。由于烟花爆竹产品、原材料及其燃烧产物大多具有毒害性，极易造成人员中毒、灼伤等伤亡事故。因此，从事烟花爆竹生产、经营、储存、运输、装卸、包装、使用的人员和处置废弃烟花爆竹及药剂的人员，以及消防、救护人员平时应熟悉和掌握这类物品的主要危险特性及其相应的灭火方法。根据具体情况，一旦发生火灾可分两种情况处理：①1.1级生产和储存区内发生火灾的，以人员的自救和逃生为主；②1.3级及以下区域的，确认无爆炸危险才开展救火工作。

(1)扑救烟花爆竹火灾总的要求

①先控制，后消灭。针对烟花爆竹火灾的火势发展蔓延快和燃烧面积大的特点，积极采取统一指挥、以快制快，堵截火势、防止蔓延，重点突破、排除险情，分割包围、速战速决的灭火战术，控制四周易燃易爆物，防止事故扩大。

②扑救人员应占领上风或侧风阵地。

③进行火情侦察、火灾扑救、火场疏散的人员应有针对性地采取

自我防护措施，如佩戴防护面具、穿戴专用防护服等。

④应迅速查明燃烧范围、燃烧物品及其周围物品的品名和主要危险特性、火势蔓延的主要途径。

⑤正确选择最适应的灭火剂和灭火方法(灭火剂主要以水为主，金属起火用沙土、水泥等扑灭，有条件的可启用干粉灭火器或消防水枪灭火)。火势较大时，应先堵截火势蔓延，控制燃烧范围，然后逐步扑灭火势。

⑥对有可能发生爆炸、爆裂、喷溅等特别危险需紧急撤退的情况，应按照统一的撤退信号和撤退方法及时撤退。

⑦火灾扑灭后，起火单位应当保护现场，接受事故调查，协助安全管理部门和公安消防部门调查火灾原因，核定火灾损失，查明火灾责任，未经安全监督管理部门、公安消防部门的同意，不得擅自清理火灾现场。

(2)扑救烟花爆竹火灾的基本方法

烟花爆竹一般都有专门的储存仓库。由于其内部结构含有爆炸性基因，受摩擦、撞击、震动、高温等外界因素诱发，极易发生爆炸，遇明火则更危险。发生爆炸物品火灾时，一般应采取以下基本方法。

①迅速判断和查明再次发生爆炸的可能性和危险性，紧紧抓住爆炸后和再次发生爆炸之前的有利时机，采取一切可能的措施，全力制止再次爆炸的发生。

②含镁铝合金粉等烟火药及其产品不能用水灭火，宜选用干沙和不用压力喷射的干粉扑救。

③如果有疏散可能，人身安全上确有可靠保障，应迅即组织力量及时疏散着火区域周围的爆炸物品，使着火区周围形成一个隔离带。

④扑救爆炸物品堆垛时，水流应采用吊射，避免强力水流直接冲击堆垛，以免堆垛倒塌引起再次爆炸。

⑤灭火人员应积极采取自我保护措施，尽量利用现场的地形、地物作为掩蔽体或尽量采用卧姿等低姿射水；消防车辆不要停靠离爆

炸物品太近的火源。

⑥灭火人员发现有发生再次爆炸的危险时,应立即向现场指挥报告,现场指挥应迅即作出准确判断,确有发生再次爆炸征兆或危险时,应立即下达撤退命令。灭火人员看到或听到撤退信号后,应迅速撤至安全地带,来不及撤退时,应就地卧倒。

(3)扑救易燃液体火灾的基本方法

烟花爆竹行业的易燃液体(乙醇、丙酮、香蕉水等)通常是储存在容器内的。液体容器有的密闭,有的敞开,一般都是常压。液体不管是否着火,如果发生泄漏或溢出,都将顺着地面流淌或在水面飘散;而且,易燃液体还有比重和水溶性等涉及能否用水和普通泡沫扑救的问题。因此,遇易燃液体火灾,一般应采取以下基本方法。

①首先应切断火势蔓延的途径,疏散受火势威胁的密闭容器和可燃物,控制燃烧范围,并积极抢救受伤和被困人员。如有液体流淌时,应筑堤(或用围油栏)拦截飘散流淌的易燃液体或挖沟导流。

②及时了解和掌握着火液体的品名、比重、水溶性以及有无毒害、腐蚀等危险性,以便采取相应的灭火和防护措施。

③小面积(一般 50 m^2 以内)液体火灾,一般可用雾状水扑灭。用泡沫、干粉、二氧化碳灭火一般更有效。

④大面积液体火灾则必须根据其相对密度(比重)、水溶性和燃烧面积大小,选择正确的灭火剂扑救。

⑤比水轻又不溶于水的液体(如汽油、苯等),用直流水、雾状水灭火往往无效,可用普通蛋白泡沫或轻水泡沫扑灭。用干粉扑救时灭火效果要视燃烧面积大小和燃烧条件而定。

⑥具有水溶性的液体(如醇类、酮类等),虽然从理论上讲能用水稀释扑救,但用此法要使液体温度达不到闪点,水必须在溶液中占很大的比例,这不仅需要大量的水,也容易使液体溢出流淌。而普通泡沫又会受到水溶性液体的破坏(如果普通泡沫强度加大,可以减弱火势),因此,最好用抗溶性泡沫扑救。用干粉扑救时,灭火效果要视燃

烧面积大小和燃烧条件而定。

⑦扑救毒害性、腐蚀性或燃烧产物毒害性较强的易燃液体火灾，扑救人员必须佩戴防护面具，采取防护措施。

(4)扑救易燃固体、自燃物品火灾的基本方法

易燃固体、自燃物品一般都可用水和泡沫扑救，相对其他种类的危险化学品而言是比较容易扑救的，只要控制住燃烧范围，逐步扑灭即可。但也有少数易燃固体、自燃物品的扑救方法比较特殊，如黄磷等。

黄磷是自燃点很低、在空气中能很快氧化升温并自燃的自燃物品。遇黄磷火灾时，首先应切断火势蔓延途径，控制燃烧范围。对着火的黄磷应用低压水或雾状水扑救，因为高压直流水冲击能引起黄磷飞溅，导致灾害扩大。黄磷熔融液体流淌时应用泥土、沙袋等筑堤拦截并用雾状水冷却。对磷块和冷却后已固化的黄磷，应用钳子钳入储水容器中；来不及钳时可先用沙土掩盖，但应做好标记，等火势扑灭后，再逐步集中到储水容器中。

(5)扑救遇湿易燃物品火灾的基本方法

遇湿易燃物品能与水发生化学反应，产生可燃气体和热量，有时即使没有明火也能自动着火或爆炸，如镁粉、镁合粉和含镁粉、镁合粉的烟火剂及其产品等。因此，这类物品有一定数量时，绝对禁止用水、泡沫等湿性灭火剂扑救。这类物品的这一特殊性给其火灾的扑救带来了很大的困难。

对遇湿易燃物品火灾一般应采取以下基本方法：

①首先应了解清楚遇湿易燃物品的品名、数量、是否与其他物品混存、燃烧范围、火势蔓延途径等情况。

②如果只有极少量(一般 50 g 以内)遇湿易燃物品，则不管是否与其他物品混存，仍可用大量的水或泡沫扑救。水或泡沫刚接触着火点时，短时间内可能会使火势增大，但少量遇湿易燃物品燃尽后，火势很快就会熄灭或减小。

③如果遇湿易燃物品数量较多，且未与其他物品混存，则绝对禁止用水或泡沫等湿性灭火剂扑救。遇湿易燃物品应用干粉、二氧化碳扑救，只有金属铝、镁等个别物品用二氧化碳无效。固体遇湿易燃物品应用水泥、干沙、干粉、硅藻土和蛭石等覆盖。水泥是扑救固体遇湿易燃物品火灾时比较容易得到的灭火剂。对遇湿易燃物品中的粉尘如合金粉等，切忌喷射有压力的灭火剂，以防止将粉尘吹扬起来，与空气形成爆炸性混合物而导致爆炸发生。

④如果其他物品火灾威胁到相邻的遇湿易燃物品，应将遇湿易燃物品迅速疏散，转移至安全地点。如因遇湿易燃物品较多，一时难以转移，应先用油布或塑料膜等其他防水布将遇湿易燃物品遮盖好，然后再在上面盖上棉被并淋上水。如果遇湿易燃物品堆放处地势不太高，可在其周围用土筑一道防水堤。在用水或泡沫扑救火灾时，对相邻的遇湿易燃物品应留有一定的力量监护。

(6)扑救氧化剂和有机过氧化物火灾的基本方法

氧化剂和有机过氧化物从灭火角度讲是一个杂类，既有固体、液体，又有气体。这些物质既不像遇湿易燃物品一概不能用水和泡沫扑救，也不像易燃固体几乎都可用水和泡沫扑救。有些氧化剂本身不燃，但遇可燃物品或酸碱能着火和爆炸。有机过氧化物（如过氧化二苯甲酰等）本身就能着火、爆炸，危险性特别大，扑救时要注意人员防护。不同的氧化剂和有机过氧化物火灾，有的可用水（最好雾状水）和泡沫扑救，有的不能用水和泡沫扑救，有的不能用二氧化碳扑救。因此，遇到氧化剂和有机过氧化物火灾，一般应采取以下基本方法：

①迅速查明着火或反应的氧化剂和有机过氧化物以及其他燃烧物的品名、数量、主要危险特性、燃烧范围、火势蔓延途径、能否用水或泡沫扑救。

②能用水或泡沫扑救时，应尽一切可能切断火势蔓延，使着火区孤立，限制燃烧范围，同时应积极抢救受伤和被困人员。

③不能用水、泡沫、二氧化碳扑救时，应用干粉或水泥、干沙覆盖。用水泥、干沙覆盖应先从着火区域四周尤其是下风等火势主要蔓延方向覆盖起，形成孤立火势的隔离带，然后逐步向着火点进逼。

由于大多数氧化剂和有机过氧化物（如氯酸钾、高氯酸钾等）遇酸会发生剧烈反应甚至爆炸，因此，储存、运输、使用这类物品的单位和场合对泡沫和二氧化碳也应慎用。

10. 发生人身中毒事故的急救处理

(1)人身中毒的途径

在烟花爆竹使用有毒危险化学品制药和原材料的储存、运输、装卸、搬运等操作过程中，毒物主要经呼吸道和皮肤进入人体，经消化道进入人体的情况较少。

呼吸道：整个呼吸道都能吸收毒物，尤以肺泡的吸收能力最强。肺泡的总面积达 55～120 m^2，而且肺泡壁很薄，表面为含碳酸的液体所湿润，又有丰富的微血管，所以毒物吸收后可直接进入大循环而不经肝脏解毒。

皮肤：在混药、装药等操作过程中，毒物能通过皮肤吸收。毒物经皮肤吸收的数量和速度，除与其脂溶性、水溶性、浓度等有关外，皮肤温度升高，出汗增多，也能促使黏附于皮肤上的毒物易于吸收。

消化道：操作中，毒物经消化道进入体内的机会较少，主要由于手被毒物污染未彻底清洗而取食食物，或将食物、餐具放在车间内被污染，或误服等。

(2)人身中毒的主要临床表现

神经系统：慢性中毒早期常见神经衰弱综合征和精神症状，多属功能性改变，脱离毒物接触后可逐渐恢复，常见于砷、铅等中毒。锰中毒和一氧化碳中毒后可出现震颤，重症中毒时可发生中毒性脑病及脑水肿。

呼吸系统：一次大量吸入某些气体可突然引起窒息；长期吸入刺激性气体能引起慢性呼吸道炎症，出现鼻炎、鼻中隔穿孔、咽炎、喉炎、气管炎等。吸入大量刺激性气体可引起严重的化学性肺水肿和化学性肺炎。某些毒物可导致哮喘发作，如二异氰酸甲苯酯。

血液系统：许多毒物能对血液系统造成损害，表现为贫血、出血、溶血等。如铅可造成低色素性贫血；苯可造成白细胞和血小板减少，甚至成为再生障碍性贫血，苯还可导致白血病；砷化氢可引起急性溶血；亚硝酸盐类及苯的氨基、硝基化合物可引起高铁血红蛋白症；一氧化碳可导致组织缺氧。

消化系统：毒物所致消化系统症状有多种多样。汞盐、三氧化二砷经急性中毒可出现急性胃肠炎；铅及铊中毒出现腹绞痛；四氯化碳、三硝基甲苯可引起急性或慢性肝病。

中毒性肾病：汞、镉、铀、铅、四氯化碳、砷化氢等可能引起肾损害。

此外，生产性毒物还可引起皮肤、眼损害，骨骼病变及烟尘热等。

(3)急性中毒的现场急救处理

发生急性中毒事故，应立即将中毒者送往医院急救。护送者要向院方提供引起中毒的原因、毒物名称等，如化学物不明，则需带该物料及呕吐物的样品，以供医院及时检测。

如不能立即到达医院时，可采取急性中毒的现场急救处理。

①吸入中毒者，应迅速脱离中毒现场，向上风向转移至空气新鲜处。松开患者衣领和裤带，并注意保暖。

②化学毒物沾染皮肤时，应迅速脱去污染的衣服、鞋袜等，用大量流动清水冲洗 15～30 min。头面部受污染时，首先注意眼睛的冲洗。

③口服中毒者，如为非腐蚀性物质，应立即用催吐方法，使毒物吐出。现场可用自己的中指、食指刺激咽部、压舌根的方法催吐，也可由旁人用羽毛或筷子一端扎上棉花刺激咽部催吐。催吐时尽量低头、身体向前弯曲，避免呕吐物呛入肺部。若误服强酸、强碱，催吐后反而使食道、咽喉再次受到严重损伤，可服牛奶、蛋清等。另外，失去

知觉者，呕吐物会误吸入肺；误喝石油类物品，易流入肺部引起肺炎。因此，有抽搐、呼吸困难、神态不清或吸气时有吼声者均不能催吐。

④对中毒引起呼吸、心跳停止者，应进行心肺复苏术，主要的方法有口对口人工呼吸和胸外心脏按压术。参加救护者，必须做好个人防护，进入中毒现场必须戴防毒面具或供氧式防毒面具。如时间短，对于水溶性毒物，如常见的氯、氨、硫化氢等，可暂用浸湿的毛巾捂住口鼻等。在抢救病人的同时，应想方设法阻断毒物泄漏处，阻止毒物蔓延扩散。

第三节　烟花爆竹常见事故的自救与互救

一、现场急救

现场急救是指在救护车到达现场之前，或得到医务人员救援之前，现场一般人员给予伤病员的治疗和救助。其目的：一是通过及时正确的现场急救措施，如心肺复苏(CPR)、控制严重出血、清理并开放气道以及呼救，保存生命；二是通过及时发现外伤及重大疾病控制势态，防止情况恶化；三是通过适当的医疗帮助，促进伤病员康复。

现场急救前，必须对伤病症状和特征进行全面检查，以确定下一步的急救方案。对头颅的检查，应检查有无出血、有无肿胀征象或局部凹陷，这些征象提示可能有骨折存在。对眼的检查，应注意瞳孔的大小是否相等，检查有无异物、损伤或眼周青紫与否。对鼻的检查，应检查有无损害、出血或清亮液体流出。对耳的检查，应检查有无出血或清亮液体从双耳流出。对口的检查，应注意呼吸气味、口腔创伤，检查牙齿及假牙是否受损，并观察口唇颜色是否青紫或有无烧伤。对颈部的检查，应检查颈动脉，观察其速率、强度和节律，检查颈椎处有无淤血青紫、压痛及变形。对胸部和躯干的检查，应检查呼吸频率、节奏和幅度，检查双侧锁骨有无压痛及不规则，轻轻按压腹部有无压痛、腹肌强直和明显外伤，通过从两侧轻轻挤压骨盆观察有无骨折及不适征象，注意有无大小便失禁等。对后背和脊柱的检查，应检查是否有肢体运动和感觉障碍，如有可疑发现，注意不要移动病人，应将手轻轻叉到其后背沿脊柱检查有无肿胀、压痛或伤口。对上肢的检查，应检查其有无感觉，如伤病员意识清楚，可要求伤病员弯曲或伸直手指、手腕和肘部，观察和触摸有无出血、淤血青紫、肿胀或变形等。对下肢的检查，如伤病员意识清楚，可要求伤病员依次抬起左右腿，弯曲和伸直膝、踝关节，注意观察有无出血、淤血青紫、肿胀或变形等。

通过以上检查和评估，可进一步确定救助行动方案。若伤病员无意识、没有呼吸和脉搏，应立即拨打急救电话，并开始心肺复苏急救；若无意识、没有呼吸、有脉搏，则应立即拨打急救电话，并开始做人工呼吸；若无意识、有呼吸和脉搏，则应立即拨打急救电话，并对伤病员进行从头到脚的全身检查，然后将伤病员置于复苏体位，并注意观察其气道是否通畅，呼吸和循环是否正常；若有意识、呼吸和脉搏，则应给予相应的救助，根据需要拨打急救电话。需要特别注意的是，如果怀疑有颈椎、脊柱损伤，在救治伤员时需高度注意，不要随意搬动。

二、现场急救的方法

现场急救方法包括心肺复苏、止血、包扎、骨折临时固定和伤员搬运等。

（一）心肺复苏

心肺复苏是指心跳呼吸骤停后，现场进行的紧急人工呼吸和胸外心脏按压（也称人工循环）技术，通常心肺复苏包括 3 个步骤。

1. 判断神志，畅通呼吸道

具体内容包括：

(1)判断病人神志；

(2)呼救;

(3)将患者置于仰卧位;

(4)畅通呼吸道。

2. 判断呼吸和人工呼吸

在气道通畅的前提下判断病人有无呼吸,可通过看、听和感觉来判断呼吸。如果病人的胸廓没有起伏,将耳朵伏在病人鼻孔前既听不到呼吸声也感觉不到气体流出,可判定伤员呼吸停止,应立即进行口对口或口对鼻人工呼吸。

(1)人工呼吸的要点。以口对口人工呼吸为例进行介绍,其操作步骤如图 4-3 所示。

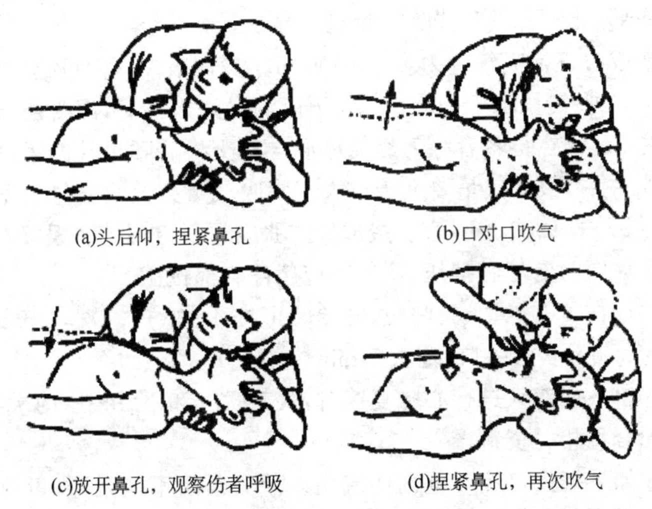

(a)头后仰，捏紧鼻孔
(b)口对口吹气
(c)放开鼻孔，观察伤者呼吸
(d)捏紧鼻孔，再次吹气

图 4-3　口对口人工呼吸法

①保持病人后仰、呼吸道畅通和口部张开。

②抢救者跪伏在病人的一侧,用一只手的掌根部轻按病人前额,同时用拇指和食指捏闭病人的鼻孔(捏紧鼻翼下端)。

③抢救者深吸一口气后,张开口紧紧包贴病人的口部,使其鼻孔

不漏气。

④用力快速向病人口内吹气，使病人胸部上抬。

⑤一次吹气量为 800～1200 mL。

⑥一次吹气完毕后，口应立即与病人口部脱离，同时将捏鼻翼的手松开，掌根部仍按压病人前额部，以便病人呼气时可同时从口和鼻孔出气，确保呼吸道畅通。抢救者轻轻抬起头，眼视病人胸部，此时病人胸廓应向下塌陷。抢救者再吸入新鲜空气，做下一次吹气准备。

(2)口对口人工呼吸的注意事项

①吹气时，如果感觉气道阻力较大并且伤员胸部不上抬，要考虑气道是否被堵塞。若气道有异物堵塞，再加大吹气量有可能使异物落入深部，此时要及时清除呼吸道的异物。

②成人正常吸气量为 400～600 mL，较深吸一口气可达到800～1200 mL，吹气量小于 800 mL 则不能满足病人供氧，因为空气中氧浓度约 21％，在抢救者肺部经气体混合和交换后呼出气的氧浓度约为 16％左右，故吹气量要大于成人正常吸气量。但吹气量也不宜过大，如果大于 1200 mL，容易造成胃扩张及胃反流，甚至“误吸”。

③如同时有心脏按压，吹气时应暂停胸部按压。

④如伤员有脉搏、无呼吸，开始时可按 4 s 吹气一次，1 min后可减少为每 6 s 吹气一口(抢救 2 min 左右)。

⑤单人或双人进行心肺复苏时，人工吹气和心脏按压的次数、比例及配合见相关资料。

⑥如果病人口腔严重创伤或病人牙关紧闭不能张开，可改用口对鼻人工呼吸。其方法是吹气时紧闭口腔，口对双侧鼻孔吹气，待患者呼气时，关闭口腔的手抬起以利通气，如图 4-4 所示。

3. 人工循环

人工循环是指用人工的方法使血液在血管内流动，使人工呼吸后含氧的血液从肺部流向心脏，再注入动脉，供给全身重要脏器来维持其功能，尤其是脑功能。

(1)判断有无脉搏

在进行人工循环之前,必须确定病人有无脉搏,且须在伤员呼吸道畅通的前提下进行,具体判断方法如图 4-5 所示。

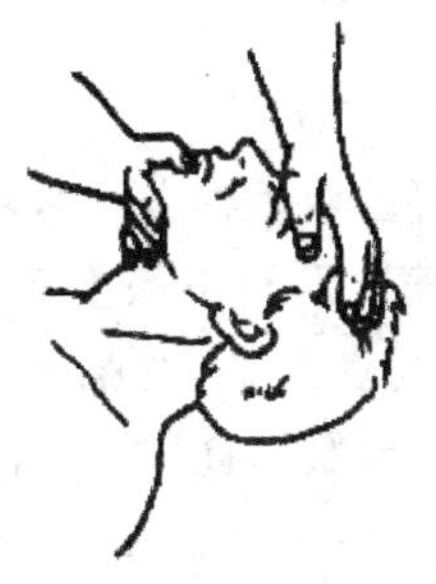

(a)头后仰,关闭口腔

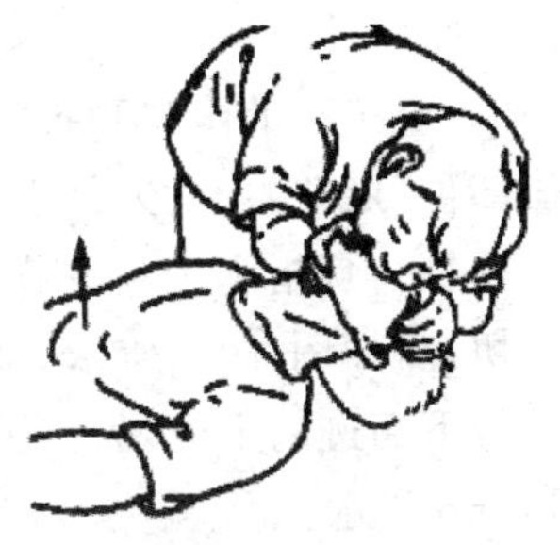

(b)口对鼻吹气

图 4-4　口对鼻人工呼吸法

(a)中指、食指置于颈前甲状软骨外侧

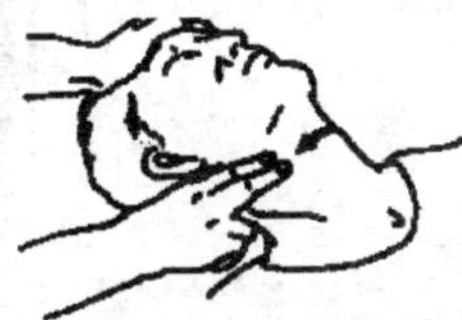

(b)手指向颈动脉滑动

图 4-5　判断有无脉搏的方法

一手置于病人前额,使头部保持后仰,另一手触摸病人靠近抢救者一侧的颈动脉;用食指及中指指尖先触到喉部,男性可先触及喉结,然后向外滑移 2～3 cm,在气管旁软组织深部轻轻触摸颈动脉;检查时间一般不超过 5～10 s,以免延误抢救。

该操作应注意:触摸颈动脉不能用力过大,以免压迫颈动脉影响头部供血(如有心跳者),或将颈动脉推开影响感知,或压迫气道影响通气;更不要同时触摸双侧颈动脉,以免造成伤者头部血流中断。同时应避免两种错误,一是病人本来有脉搏,因判断位置不准确或感知有误,结果判断病人无脉搏;二是病人本来无脉搏,而检查者将自己手指的脉搏误认为病人的脉搏。

判断颈动脉搏动时要综合判断，结合意识、呼吸、瞳孔、面色等。如无意识、面色苍白或紫绀，再加上触摸不到颈动脉搏动，即可判定心跳停止。

(2)胸外心脏按压的步骤和技术

①按压部位(定位)。病人处于仰卧位，双手置于身体两侧，抢救者位于病人一侧。食指和中指并拢，沿病人肋弓下缘上滑至两侧肋弓交叉处的切迹，如图 4-6a 所示。以切迹为标志，然后将食指和中指横放在胸骨下切迹的上方，另一手的掌根紧贴食指上方，按压在胸骨上，如图 4-6b 所示。

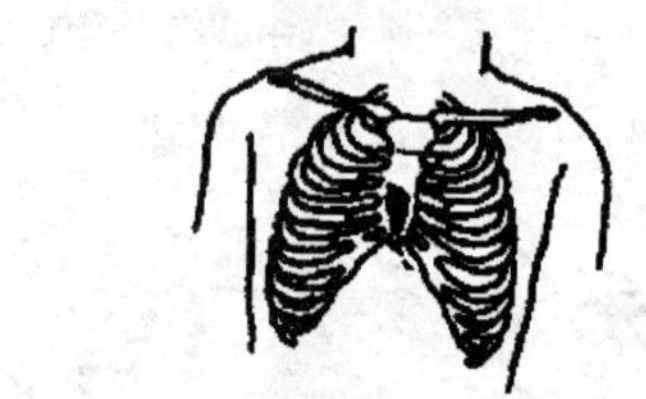

(a)心脏按压部位在胸骨下1/3处

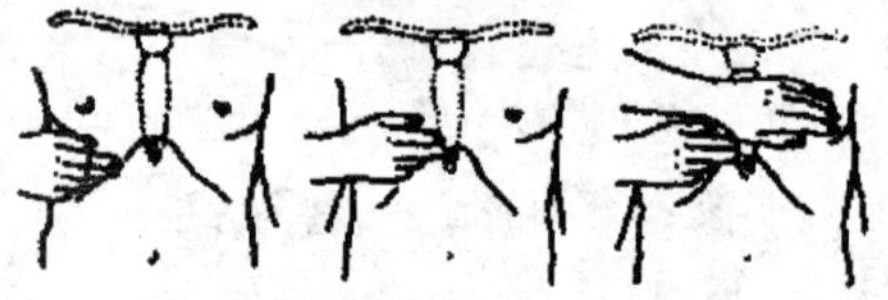

(b)心脏按压时手位的确定

图 4-6 胸外心脏按压时手的位置

②按压手势。按压在胸骨上的手不动，将定位的手抬起，用掌根重叠放在另一只手的掌背上，手指交叉扣抓住下面的手掌，翘起离开胸壁。下面手的手指伸直，这样只使掌根紧压在胸骨上。

③按压姿势。抢救者双臂伸直，肘关节固定不能弯曲，双肩部位于病人胸部正上方，垂直下压胸骨，如图 4-7 所示。按压时，肘部弯曲或两手掌交叉放置均是错误的，如图 4-8 和图 4-9 所示。

图 4-7 抢救者双臂绷直

图 4-8 肘部弯曲

图 4-9 两手掌交叉放置

④按压用力及方式。按压应平稳有规律地进行。应注意以下几点：

——成人应使胸骨下陷 4～5 cm，用力太大易造成肋骨骨折，用力太小则达不到有效作用；

——垂直下压，不能左右摇摆；

——不能冲击式猛压；

——下压时间应与向上放松时间相等(即 1∶1)；

——下压至最低点时有一明显停顿；

——放松时手掌根部不要离开胸骨按压区皮肤，但应尽量放松，如图 4-10 所示。

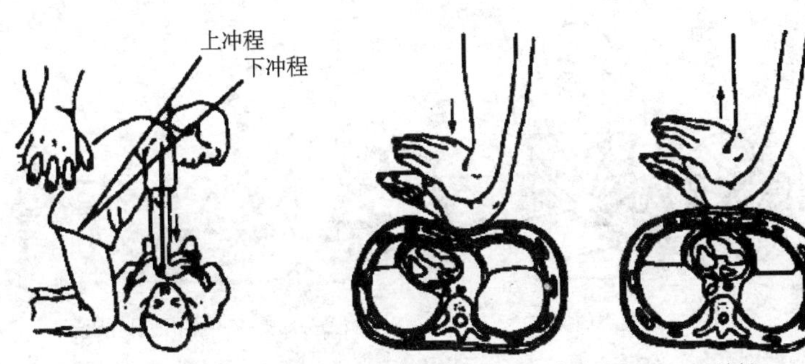

(a)抢救者体位及手掌根按压方式 (b)下压(手指翘起，不应压在胸壁上) (c)放松

图 4-10 胸外心脏按压

⑤按压频率。成人为 80～100 次/min，频率过快，心脏舒张时

间过短，得不到较好的充盈；过慢，不能满足脑细胞需氧量，因为最有效的心脏按压也只有心脏自主搏动搏血量的1/3左右。

⑥按压效果判断。两人以上抢救时，一人按压心脏，如果有效，另外一人应能触到较大动脉（如颈动脉或股动脉）的搏动。

（3）胸外心脏按压与人工呼吸的配合

如病人只有心跳而停止呼吸，只需做人工呼吸。如病人心跳和呼吸都已停止，则胸外心脏按压与人工呼吸的比例关系有以下几种。

①单人进行心肺复苏时，胸外心脏按压次数与人工呼吸次数的比例是15∶2，即连续进行15次胸外心脏按压，再进行2次人工吹气，交替进行，如图4-11所示。

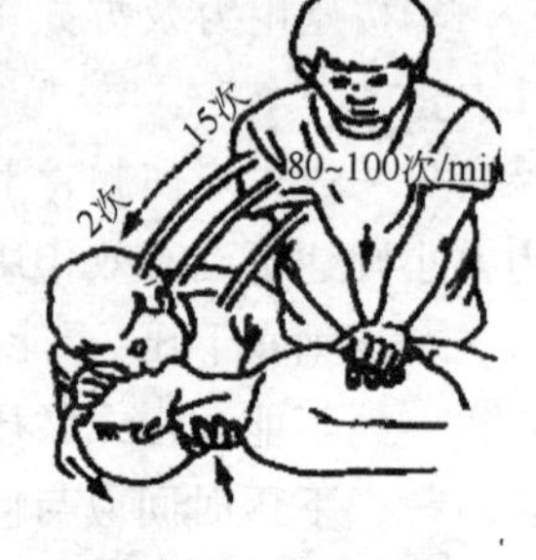

图4-11　单人心肺复苏的操作

②双人进行心肺复苏时，胸外心脏按压次数与人工呼吸次数之比为5∶1，即1人连续进行5次胸外心脏按压，另一人口对口或口对鼻吹气1次，如图4-12所示。

③多人进行心肺复苏时，人工呼吸和胸外心脏按压可轮换进行，但轮换时间不得超过5 s。

(a)双人心肺复苏的操作

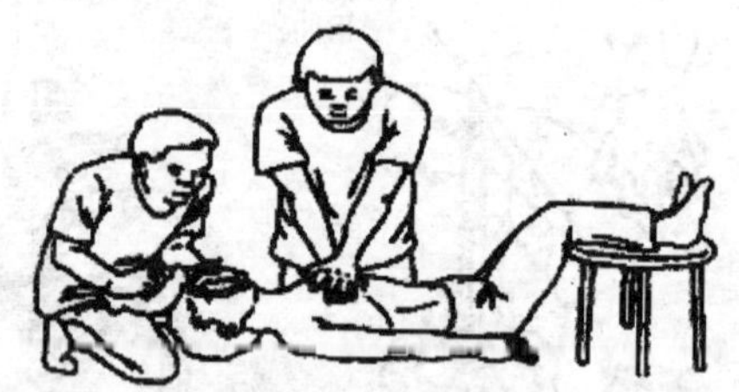

(b)病人头低脚高，采用简易呼吸器

图4-12　双人心肺复苏的操作

（二）止血

出血是各种外伤的常见症状，当失血量达到人体血液总量的

20%以上时,就会出现明显的休克症状;若失血量达到40%,就可能有生命危险。因此,采取积极有效的止血措施,对于防止失血性休克的发生,减少严重创伤的死亡率有着十分重要的意义。

1. 出血的种类

(1)按出血的部位可分为外出血和内出血。

①外出血:血液经伤口流出体外。

②内出血:各种内脏或深部组织出血,血液流向脏器、体腔或组织内,也可经消化道、尿道、呼吸道等排出体外,而外表看不到出血。如血胸、血腹等。

(2)按破裂的血管类型可分为动脉出血、静脉出血和毛细管出血。

①动脉出血:血色鲜红,出血速度快,可呈喷射状。若近心端的较大动脉破裂出血,可在短时间内造成大量出血而危及生命。

②静脉出血:血色暗红,出血呈缓慢流出。若破裂血管较大也可造成大量出血。

③毛细血管出血:血色较鲜红,血液自创面渗出或出血呈点状,出血量较少,一般可自愈。

2. 出血的临床表现

外出血局部表现较明显,内出血则容易被忽视。内出血一般有外伤史,有时可出现一些特有症状和体征,如腹腔脏器出血会有腹痛、腹部移动性浊音等全身表现。出血的症状与出血量和出血速度有关。出血较多一般可出现头晕、乏力、烦躁、面色苍白等。较短时间内大量出血可造成出血性休克,表现为神志萎靡、皮肤苍白、肢体冰冷、脉搏细弱、尿量减少、血压进行性下降等,严重者可导致死亡。

3. 止血方法

(1)指压止血法。适用于血管位置较浅的头、面、颈部及四肢的外出血。用手指、手掌或拳头把出血管的近心端用力压向骨骼,以暂时阻断血流。

①额部出血。用拇指对准下颌关节压迫颞浅动脉，如图 4-13 所示。

②面部出血。用拇指在下颌角前压迫面动脉，如图 4-14 所示。

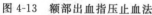

图 4-13　额部出血指压止血法

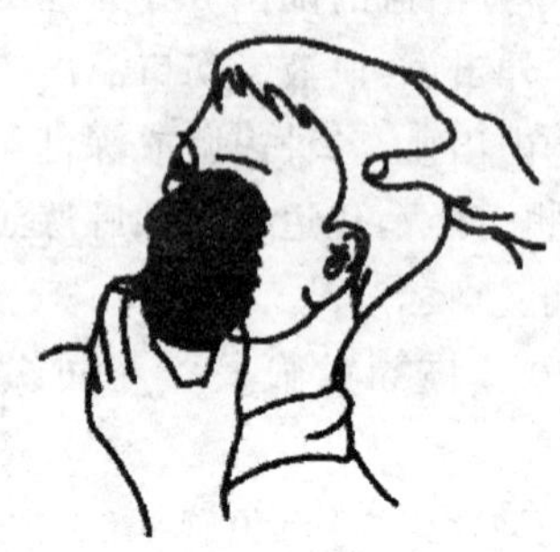

图 4-14　面部出血指压止血法

③肩部、腋部、上臂出血。在锁骨上窝中部、胸锁乳突肌外缘把锁骨下动脉压向第一肋骨，如图 4-15 所示。

图 4-15　锁骨下动脉指压法

④前臂出血。在上臂中段内侧，用拇指向肱骨压迫肱动脉，如图 4-16 所示。

⑤手部出血。两手的拇、食指分别压迫伤侧手腕两侧的桡、尺动脉，如图 4-17 所示。

⑥大腿出血。双手拇指在伤侧腹股沟中点稍下方用力压迫股动脉，如图 4-18 所示。

⑦足部出血。用双手拇指在踝关节下方压迫足背动脉，如图 4-19 所示。

(2)包压包扎止血法。适用于渗血或较小的静脉出血。用无菌敷料覆盖于伤口，再用绷带或布巾适当缠紧，加压包扎，松紧度以能止血为准。紧急情况下，也可用干净的毛巾、布类进行包扎。

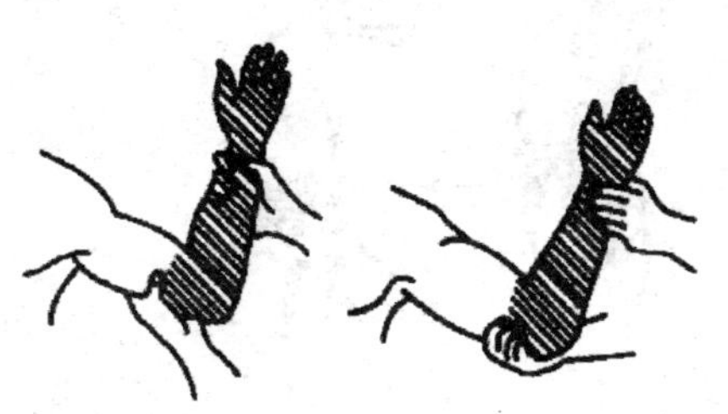

图 4-16　前臂出血指压止血法

图 4-17　手部出血指压止血法

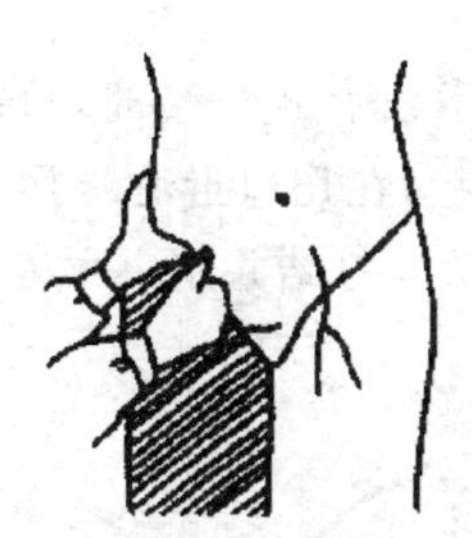

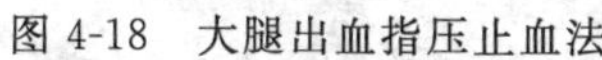

图 4-18　大腿出血指压止血法

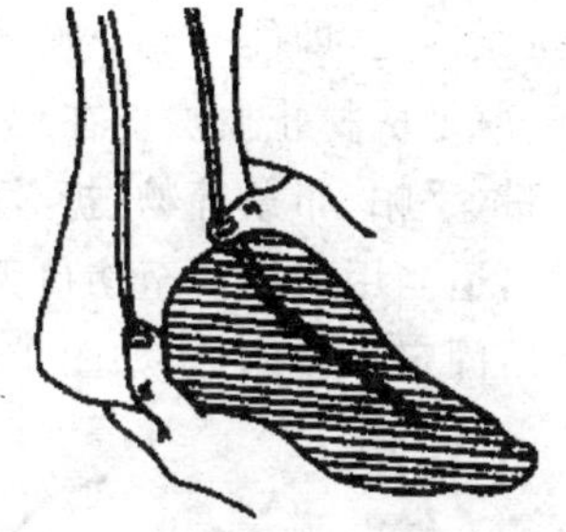

图 4-19　足部出血指压止血法

(3)填塞止血法。适用于伤口较深的出血。用无菌纱布条、棉垫等填入伤口内,再用绷带、三角巾等包扎。

(4)止血带止血法。适用于四肢大出血。常用的止血带有橡皮管、布带等。

①缚扎止血带的方法

——乳胶管止血带止血法。先在上止血带的部位用布垫、毛巾或伤员的衣服平整垫好,然后用左手拇指、食指及中指夹持乳胶管止血带的一端,另一手拉紧乳胶管(适当拉长),环绕肢体缠扎 2 圈,止血带的末端放入左手食指与中指之间夹住,并拉出固定,如图 4-20 所示。此法作用可靠,使用方便,但易过紧或松脱。

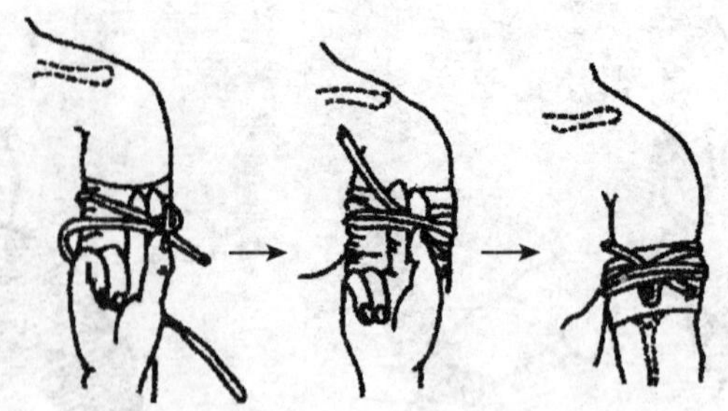

图 4-20 乳胶管止血带止血法

——布制止血带止血法。用帆布止血带平整缠绕肢体，一端套入夹中拉紧固定，即能起到止血效果。

——就地取材止血法。在现场条件下没有止血带时，可就地取材，如绷带、手帕、布条等物，折叠成条带状，在伤口近心端用衬垫垫好并缠绕，适当用力勒紧至伤口无出血，然后打结并用小木棒插入其中，绞紧后固定于肢体上，如图 4-21 所示。

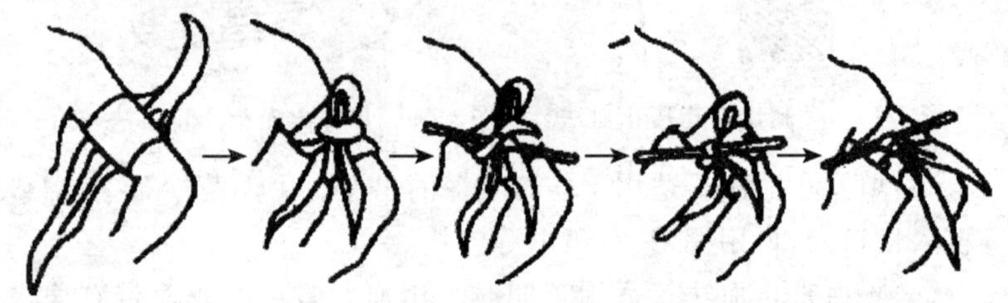

图 4-21 就地取材止血法

②运用止血带止血法时的注意事项

——绑扎位置要合适。绑扎部位应在伤口的近心端，并且尽量靠近伤口，尽可能减少组织缺血的范围。但应注意上臂不应缚扎在中下处，以免损伤桡神经。前臂和小腿不适宜用止血带，因有两根长骨使血流阻断不全。

——止血带不宜直接缚扎在皮肤上。缚扎时应先垫好衬垫或衣服以保护皮肤。切勿用绳索、电线等代替止血带缚扎。

——止血带的压力要适当。过松只能阻断静脉而难以阻断动脉，达不到止血的目的；过紧则会勒伤皮肤和神经。松紧度应以刚好能止血为准。

——应注明上止血带的时间。在醒目位置(如上衣领扣等处)加以显著标志(如红色布条)，注明伤情及缚扎止血带的时间和部位，并优先转送。

——使用止血带的时间要尽量缩短。一般不超过 1 h，若必须延长使用时间，则应每隔 1 h 放松 1～2 min，然后再在稍高平面上缚扎止血带，以防肢体因长时间缺血而发生坏死。最长使用止血带时间不超过 4 h。

(5)结扎止血法。直接结扎出血血管断端以阻断血流的方法。适用于能清楚看到出血血管断端的小血管出血。

(三)包扎

伤口包扎的目的是保护伤口，减少污染和再损伤，加压止血，预防或减轻肿胀，固定等。

1. 物品准备

如卷轴绷带、三角巾、多头带等。紧急情况下，干净的毛巾、衣服、被单等均可使用。

2. 包扎方法

(1)卷轴绷带包扎法

①环形包扎法。绷带做环形重叠缠绕，每一圈重叠盖住前一圈，第一圈可以稍倾斜缠绕，第二、第三圈做环形缠绕，并把第一圈斜出圈外的绷带角折到圈里，然后再重叠缠绕压住，这样就不容易脱落，如图 4-22 所示。此法常用于颈、腕等部位及各种包扎的起始和终了。

②螺旋包扎法。先做几圈环形包扎，再将绷带做螺旋形上升缠绕，每一圈重叠压住前一圈 1/3～1/2，如图 4-23 所示。常用于手腕、上臂等处。

③螺旋反折包扎法。先做环形缠绕固定绷带起始部位，然后呈螺旋形缠绕上升，但每一圈螺旋包扎都必须反折。反折时以左手拇指按住反折处，右手将绷带反折向下缠绕肢体、拉紧，并盖住前一圈的1/3～1/2。此法适用于小腿或前臂等粗细不等的部位，如图 4-24 所示。

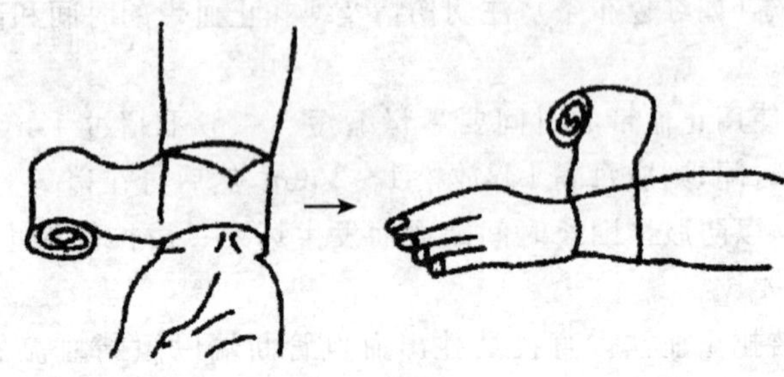

图 4-22　环形包扎法

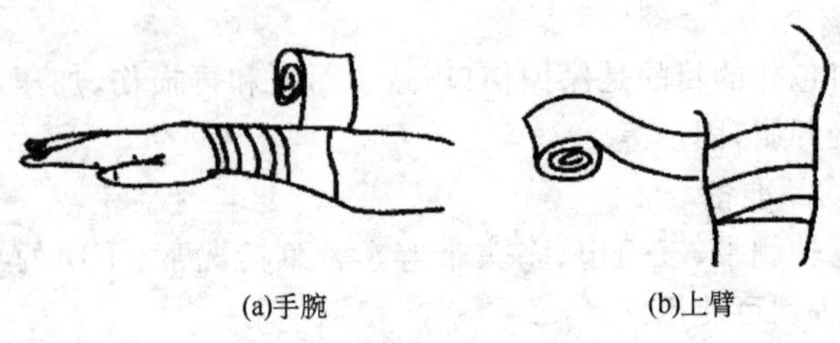

(a)手腕　(b)上臂

图 4-23　螺旋包扎法

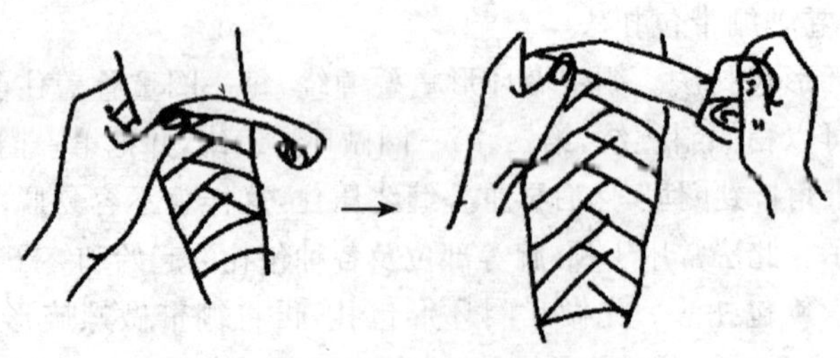

图 4-24　螺旋反折包扎法

④“8”字形包扎法。包扎时一圈向上，一圈向下，每一圈在前面与上一圈相交，并重叠上一圈的 1/3～1/2，重复做“8”字形旋转缠绕，如图 4-25 所示。此法适用于大关节如肘、膝、肩、髋等处。

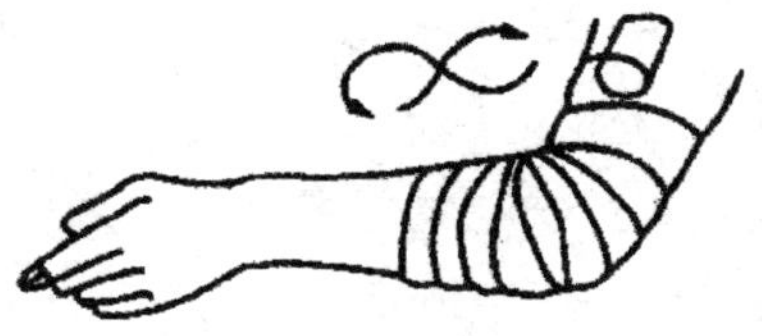

图 4-25 “8”字形包扎法

⑤回反包扎法。先做环绕两圈固定，再自中央开始反折向后，再回反向前，之后左右来回反折，直到完全包扎后再环绕两圈包扎固定，如图 4-26 所示。

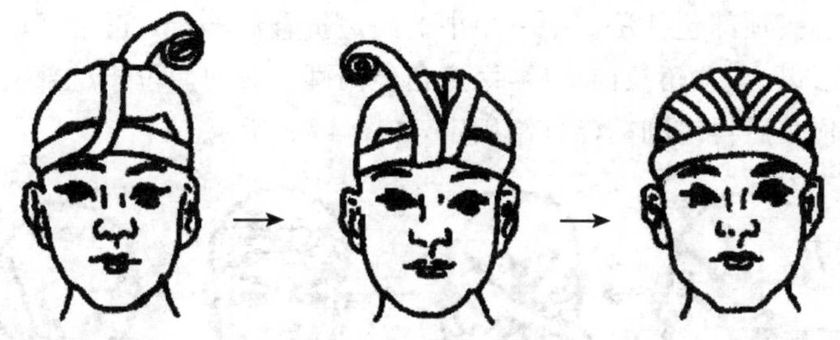

图 4-26 回反包扎法

⑥蛇形包扎法。与螺旋包扎法相似，只是每圈间留有间隙，互不重叠，如图 4-27 所示。此法适用于临时简单固定或包扎需从一处延伸到另一处时。

图 4-27 蛇形包扎法

(2)三角巾包扎法

三角巾制作方便，包扎操作简便易学，容易掌握，适用范围广。缺点是不便于加压，也不够牢固。

用一块边长 90 cm 的正方形白布对角剪开，就可制成两条三角巾，它的底边长约 130 cm，顶角到底边中点的长度约 65 cm，如图 4-28 所示。常用的三角巾包扎法有以下几种。

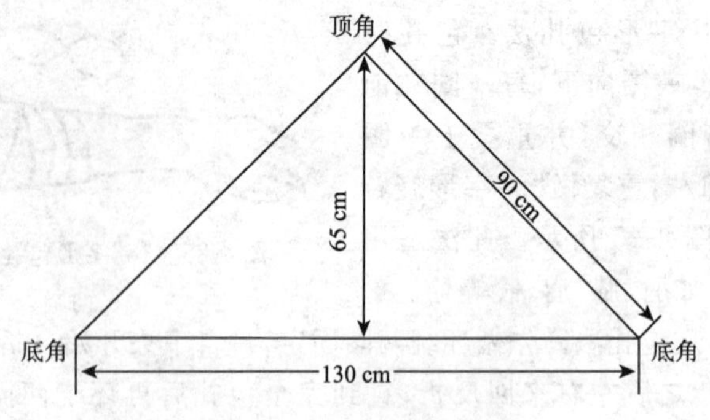

图 4-28　三角巾的制作

①头顶部包扎法。把三角巾的底边折叠约 3 cm，正中部放在前额齐眉以上，顶角拉向头后，两底角经两耳上方向后位于枕部交叉并压住顶角后再绕到前额打结固定，如图 4-29 所示。

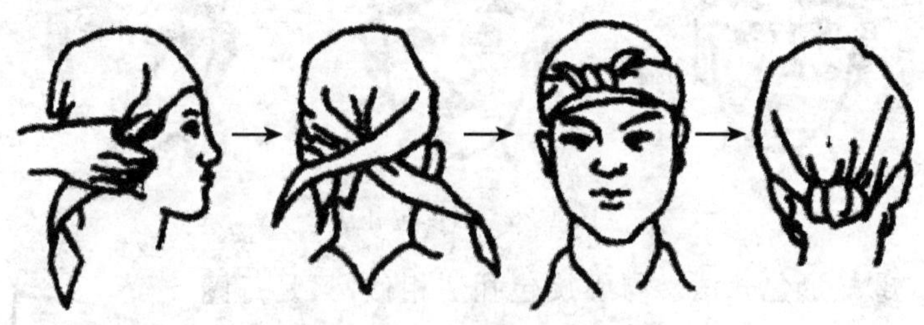

图 4-29　头顶部包扎法

②风帽式包扎法。在三角巾顶角和底边中央各打一结，把顶角结放于额前，底边结放在后脑勺下方，包住头部，两底角向面部拉紧，向外反折包绕下额，然后拉到枕后打结固定，如图 4-30 所示。

③面具包扎法。在三角巾顶角打一结套住下额，拉底边向上、向后，罩住头面部，然后把两底角上提拉紧并交叉压住底边，再绕到前额打结。包好后在眼、鼻、口等处分别小心地剪洞开窗，如图 4-31 所示。

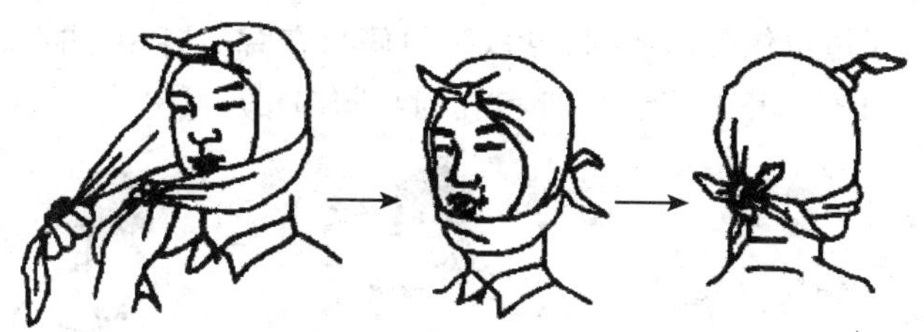

图 4-30　风帽式包扎法

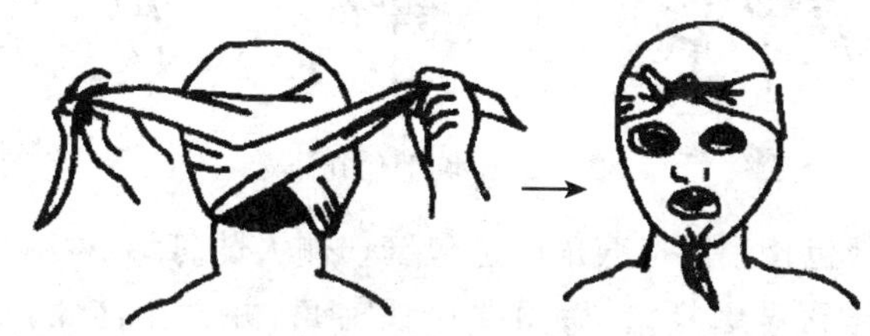

图 4-31　面具式包扎法

④肩部包扎法。把三角巾折叠成燕尾形，燕尾夹角向上放在伤侧肩上正中。向后的燕尾角压住向前的燕尾角，并稍大于向前的一角。燕尾底边两角包绕上臂上 1/3 处在腋前或腋后打结，然后拉紧两燕尾角，分别包绕胸背，在对侧腋下处打结，如图 4-32 所示。

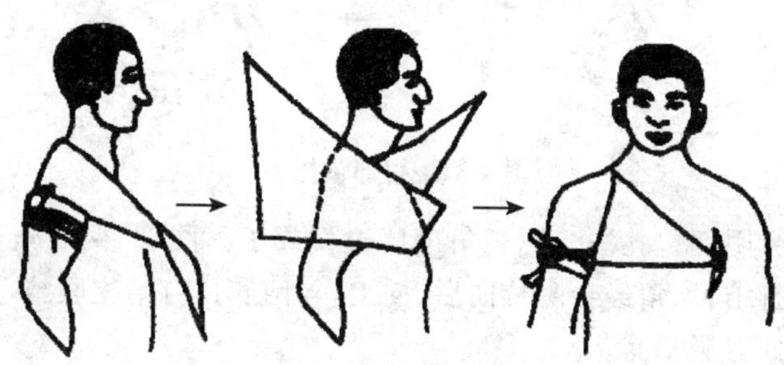

图 4-32　肩部包扎法

⑤胸部包扎法。将三角巾底边横放在胸部，顶角绕过伤侧肩部

到背后，底边包住胸部绕到背后，拉两底角在背后打结，再与顶角相连打结，如图 4-33 所示。背部包扎则与胸部相反。

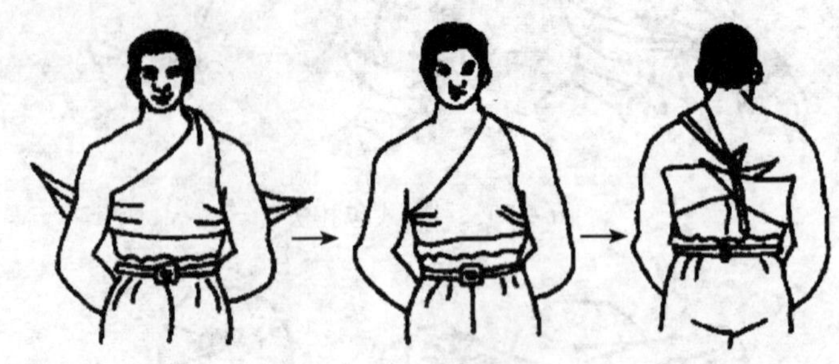

图 4-33　胸部包扎法

⑥臀部包扎法。把燕角底边包绕伤侧大腿打结，两燕尾角分别绕过腰腹部到对侧打结，后角要压住前角，并大于前角，如图 4-34 所示。

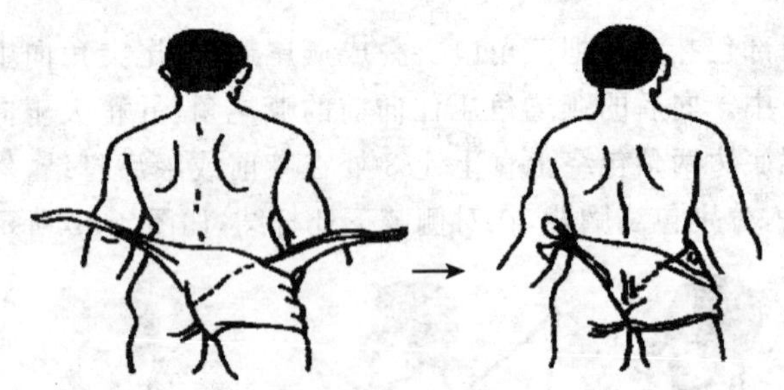

图 4-34　臀部包扎法

⑦会阴部包扎法。把三角巾底边横放于下腹部，两底角分别绕到背后打结，顶角经会阴拉向后、向上，与两底角打结相联结，并在外生殖器处剪洞暴露。

⑧四肢带式包扎法。将三角巾折叠成宽度适宜的条带状，带的中部斜放于受伤部位，把带两端分别压住上、下两边，包绕肢体一周后打结，如图 4-35 所示。

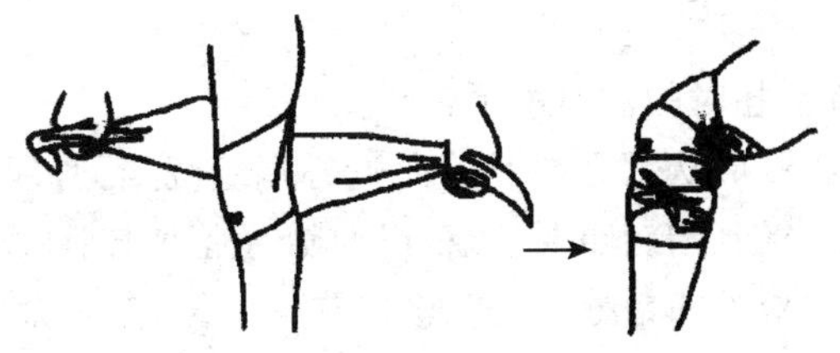

图 4-35　四肢带式包扎法

⑨手(足)包扎法。手(足)心向下放在三角巾上,手(足)指(趾)朝向三角巾顶角,顶角折回放在手(足)上,两底角拉向手(足)背,左右交叉压住顶角绕手腕(脚踝)一周后打结,如图 4-36 所示。

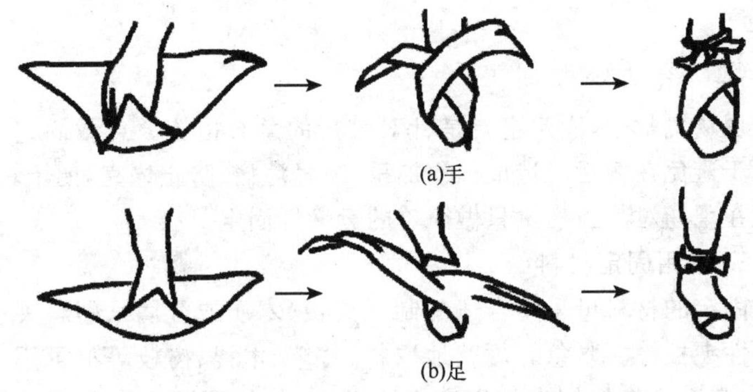

(a)手

(b)足

图 4-36　手(足)包扎法

(3)多头带包扎法。它包括胸带、腹带、丁字带等,多用于面积过大或不易包扎的部位。

(4)就地取材包扎法。在现场急救的紧急情况下,也可就地取材,利用干净的毛巾、衣服、被单等物品进行包扎。

3. 包扎时的注意事项

(1)进行包扎时,特别是对于伤情严重者,应密切观察伤者生命体征的变化。

(2)让伤者取舒适的坐位或卧位,扶托患肢,并尽量使肢体保持功能位置。

(3)绷带包扎时的注意事项:

①包扎四肢应从远心端开始向近心端缠绕(石膏绷带应自近心端始)。四肢末端(指、趾)要暴露,以便随时观察末梢血液循环情况。

②皮肤皱褶处如指缝、腋窝、腹股沟等部位,应先涂滑石粉,再以棉垫间隔;骨隆处用衬垫保护。选择宽度适宜的绷带卷,潮湿或污染的绷带不可使用。

③起点和终了要环绕固定两圈,防止绷带滑脱、松散。

④包扎时用力要均匀,松紧适度。

⑤掌握好"三点一走行",即绷带的起点、止点、着力点和走行方向顺序。

(四)骨折临时固定

现场急救中,固定主要是针对骨折的急救措施。急救固定的目的在于避免在搬运时造成损伤加重,减轻疼痛、防止休克,便于转运。一般在现场对骨折伤员只做简单的运输性固定。

1. 常用固定材料

固定的材料可采用合适的制式夹板(木质或金属)、塑料夹板或充气性夹板等。紧急时可就地取材,竹竿、木棍、树枝等都可用来做夹板,甚至可将伤侧上肢固定在胸壁上,伤侧下肢固定在健侧肢体上。此外,还需要准备绷带、纱布或毛巾、布条等物品。

2. 常用临时固定法

(1)颈椎损伤固定法。让伤者仰卧,头枕部垫一薄软枕,使头颈呈中立位。再在颈部两侧放置沙袋或软枕、衣服卷等固定颈部。搬运时,要有专人扶住伤者头部,并沿纵轴稍加牵引,以防颈部扭动。

(2)锁骨骨折固定法。一侧锁骨骨折用三角巾将伤侧手臂兜起悬吊在胸前,限制上肢活动即可。双侧锁骨骨折可用毛巾或敷料垫在两腋前上方,将折叠成带状的三角巾两端分别缠绕两肩呈"8"字形,拉紧在背后打结,尽量使双肩后张,如图 4-37 所示。也可在背后放一块T字形夹板，然后用绷带在两肩及腰部扎牢固定。

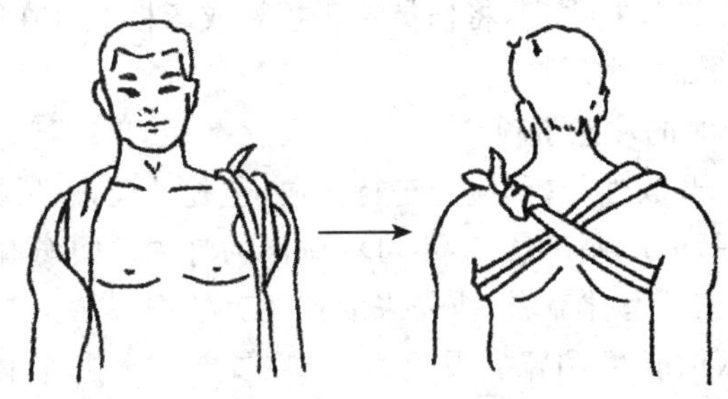

图 4-37　双侧锁骨骨折固定法

(3)上肢骨折固定法。上臂骨折或前臂骨折可用一块夹板进行临时固定。夹板要超过骨折部位上下两端的关节，用绷带或布带固定夹板与伤肢，最后用一条三角巾将肘关节悬吊在胸前，如图 4-38 所示。

图 4-38　上肢骨折固定法

(4)下肢骨折固定法。大腿骨折时，取一块长约自足跟至超过腰部的夹板置于伤腿外侧，另一块长约自足跟至大腿根部的夹板置于伤腿内侧，然而后用三角巾或绷带分段包扎固定，如图 4-39 所示。小腿骨折时，取两块长约自足跟至大腿的夹板分别置于伤腿内外侧，再用三角巾或绷带分段包扎固定。

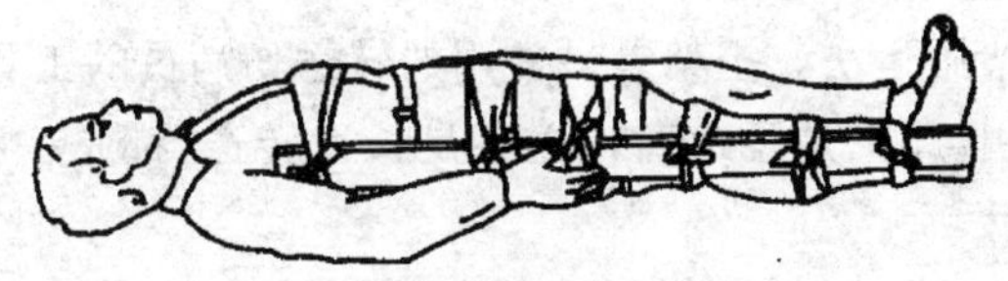

图 4-39　大腿骨折固定法

(5)脊柱骨折固定法。使伤员平直仰卧在硬板床或门板上，腰椎骨折要在腰部垫以软枕，必要时用绷带将伤员固定于硬板上再搬运。

(6)骨盆部骨折固定位。用三角巾或大被单折叠后环绕固定骨盆,也可用腹带包扎固定,将伤员置于担架或床板上后在膝下或小腿部垫枕,使两膝成半屈位。

3. 固定时的注意事项

(1)对于开放性骨折,应先进行止血、包扎处理,然后再固定骨折部位。若骨折断端刺出伤口,不可将刺出的骨端送回伤口内,以免造成伤口内感染。有休克者,应先采取抗休克处理。

(2)夹板的长度和宽度要适宜,长度要超过骨折肢体两端的关节。固定后伤肢应处于功能位:上肢屈肘 90°,下肢成伸直位。

(3)原位固定,即固定前尽量不移动伤员和伤肢,以免增加痛苦和加重损伤。

(4)夹板不可与皮肤直接接触,其间应垫棉花或敷料等软质物品,尤其是要注意垫好骨隆突处,以防受压。

(5)骨折固定应松紧适度,以免影响肢体血液循环。固定时,肢体指(趾)端一定要外露,以便随时观察末梢血液循环情况。

(五)伤员搬运

伤员和危重患者在现场经过初步处理后,还需及时送到医疗技术条件较完善的医院做进一步的检查和治疗。转送工作做得及时、准确,可使伤病员及早获得正规治疗,减少伤病员痛苦;否则会使病情加重,甚至贻误治疗时机,造成残疾或死亡。

1. 常用搬运法

(1)担架搬运法。担架是最常用的转送伤病员的工具,其结构简单、轻便耐用,无论是短距离转送还是长途转送,都是一种极为常用的转送工具。

①担架种类。包括帆布担架、绳索担架、被服担架、板式担架、铲式担架、四轮担架等。

②担架搬运方法。将担架平放在伤病员伤侧,救护人员 3~4 人合成一组,平托起伤病员的头、肩、腰和下肢等处,将伤病员轻移到担

架上。搬运担架时，伤病员头部向后，以便于后面抬担架的人随时观察伤病员的病情变化。抬担架的人脚步行动要一致、平稳，向高处抬时（如上台阶、爬坡等），前面的人要放低，后面的人要抬高，使伤病员保持水平状态；向低处走时则相反，如图 4-40 所示。

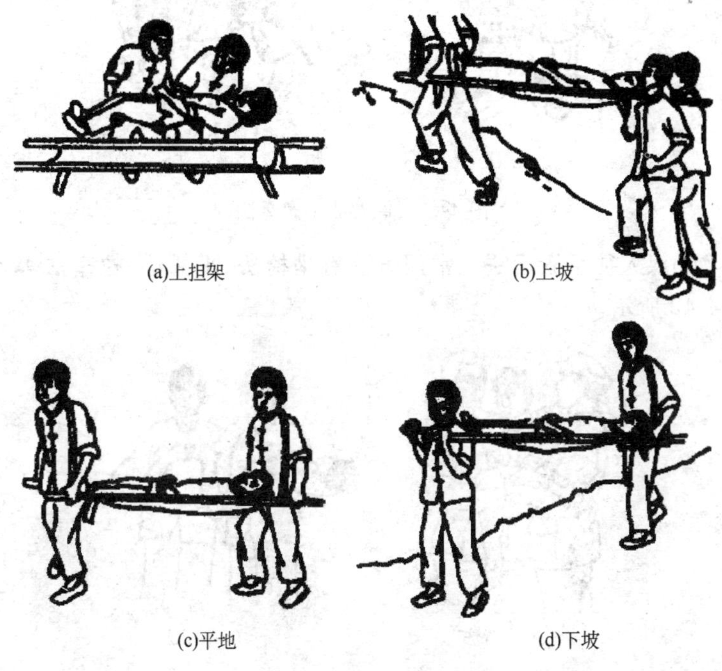

(a)上担架 (b)上坡 (c)平地 (d)下坡

图 4-40 担架搬运方法

(2)徒手搬运法。当现场找不到搬运工具，而转送路程又较近，病情较轻时，可以采用徒手搬运法。常用的徒手搬运法有单人搬运法、双人搬运法等。

①单人徒手搬运法。常用方法有背负法、扶持法、抱持法等，如图 4-41 所示。

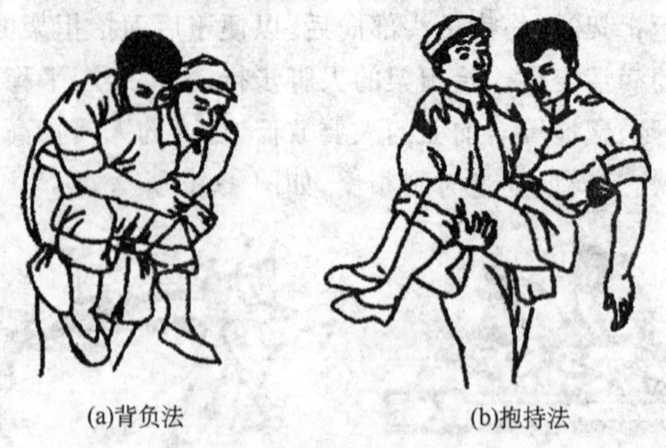

(a)背负法 (b)抱持法

图 4-41 单人徒手搬运法

②双人徒手搬运法。常用方法有坐椅法、平托法、拉车法等，如图 4-42 所示。

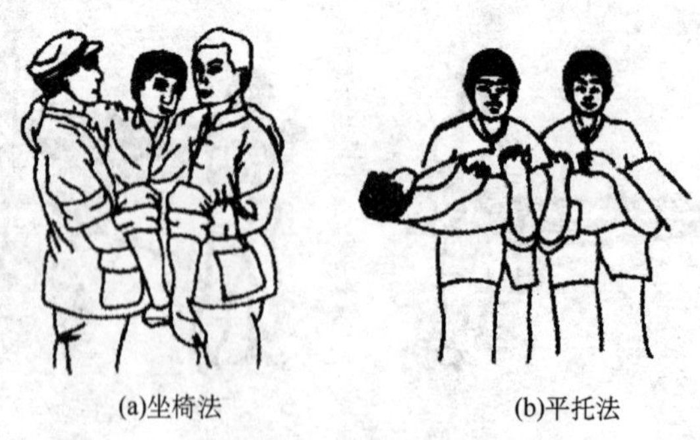

(a)坐椅法 (b)平托法

图 4-42 双手徒手搬运法

2. 搬运时的注意事项

(1)转送前要先进行初步急救处理，待病情稳定后再搬运。

(2)搬运过程中，动作要敏捷、轻巧、平稳，尽量避免振动，减少伤病员痛苦。

(3)转送过程中，要密切注意伤员病情变化，一旦情况恶化，立即停下急救。

(4)搬运脊柱损伤伤员时应用硬板担架转送，并保持伤处绝对稳定。

(5)转送途中的输液伤者，要注意妥善固定，防止滑脱，保持输液通畅，并注意调节输液速度。

(6)注意加强对伤病员的保护，如保暖、遮阳、避风、挡雨等。

第五章 烟花爆竹的职业危害与防护

在烟花爆竹生产劳动过程中，往往存在各种影响劳动者身体健康的不利因素，导致各种职业病的发生。因此，烟花爆竹生产经营企业在安全管理中应加强有关职业卫生防护工作，了解各种危害因素的发生与发展规律，掌握相关的控制措施，确保烟花爆竹生产企业有一个健康、卫生的工作环境。

第一节 职业危害因素及职业病

在生产劳动过程中，劳动者的机能状态和健康可能受到劳动条件的不良影响。劳动条件包括生产过程、劳动过程和生产环境等。生产过程是指生产设备、使用材料和生产工艺；劳动过程是指生产过程的劳动组织、操作体位和方式，以及体力和脑力劳动的比例等；生产环境可以是大自然的环境，也可以是按生产过程的需要而建立起来的人工环境。生产过程随着生产设备、使用材料、生产工艺变化而改变，而随着生产过程的改变，例如从原始的手工制作发展为机械化、自动化的现代生产过程，劳动过程和生产环境也相应发生了巨大的改变。生产过程、劳动过程和生产环境中存在着可能危害人体健康的因素，这些因素称为生产性有害因素，又称为职业危害因素。当职业危害因素达到一定程度，并在一定条件下使劳动者发生职业损伤，就称为职业危害。

一、职业卫生

职业卫生是指为了预防、控制和消除职业危害，保护和增进劳动者健康，提高工作生活质量，依法采取的一切卫生技术和管理措施。职业卫生是职业安全卫生的重要组成部分，也是预防医学中一项专门学科。它的研究对象是从事生产劳动的人群，主要任务是确认生产环境中潜在的职业危害因素，阐述这些危害因素如何对人起作用及其作用的条件，提出解决的办法和措施，预防和控制职业性损伤的发生，保护劳动者的身体健康，从而提高劳动者的作业能力和生产效率。

人在生产劳动中是否会发生职业危害，取决于人、职业危害因素和作用条件三个要素，三个要素联系在一起，才能产生各种职业危害。所以，切断三要素的联系，杜绝由于三要素联系而导致的人身伤害，是职业危害防护的原则。

职业卫生工作是企业生产经营的必然需求，它与生产唇齿相依，是安全生产责任制的重要内容。我国一直非常重视职业卫生工作，特别是进入 21 世纪以来，国家对职业卫生工作提出了更高更严的要求。要建立安全、环境和健康（HSE）“三位一体化”的管理体系，提高对职业卫生工作的认识。要充分认识到搞好职业卫生工作是保护劳动者健康权益、维护广大劳动者根本利益的需要，是不断加强法制化管理的需要。《安全生产法》、《职业病防治法》等法律、法规的有力实施，将会有效地堵住职业危害的源头，提高用人单位和劳动者职业卫生的法律意识。

二、职业危害因素的来源

职业危害因素存在于劳动过程、生产过程和生产环境中。具体来源有如下几个方面。

1. 劳动过程中的职业危害因素

（1）劳动组织和制度不合理。如劳动时间过长，劳动作息制度不合理等。

(2)劳动强度过大或劳动组织安排不当。如安排的作业与劳动者生理状态不适应等。

(3)人体个别器官或系统过度紧张。如视力紧张等。

(4)不良的人机因素。如不良的劳动体位,工人和机器的不协调间距,不符合生理要求的工具等。

2. 生产过程中的职业危害因素

(1)化学因素。可分为有毒物质,如铅、汞、苯、一氧化碳等;生产性粉尘,如沙尘、石棉尘、煤尘及其他有机性粉尘等。

(2)物理因素。异常的气候条件和工作环境,如高温、高湿、低温、高压、低压等;电离辐射,如 α 射线、β 射线、γ 射线;非电离辐射,如紫外线、红外线、高频电磁场、微波、激光、噪声、振动等。

(3)生物因素。如炭疽杆菌、布氏杆菌、霉菌等。

3. 生产环境的职业危害因素

(1)生产场所设计不符合卫生标准。如厂区总平面布置不合理,建筑物容积和建筑结构构件与生产性质不相适应等。

(2)缺乏必要的安全卫生技术设施。如缺乏适当的机械通风,人工照明不足等。

(3)缺乏安全防护设施。如缺乏防尘、防毒、防暑降温、防寒保暖等设施或设施不完善,防护器具、个人防护用品等不足或有缺陷等。

上述各种职业危害因素,在生产劳动中有时单独存在,有时几种危害因素同时存在,从而构成了不同企业部门、不同生产车间职业危害因素不同的特点。

三、职业危害因素的作用条件

职业危害因素能否引起职业性损伤,取决于作用的条件。

1. 接触机会

即使作业环境恶劣,职业危害严重,但如果劳动者不到此环境中去工作，即无接触机会，也不会产生职业性损伤。

2. 作用强度

主要取决于接触量。接触量又与作业环境中有害物质的浓度（强度）和接触时间有关，浓度（强度）越高（强）、接触时间越长，危害就越大。

3. 毒物的化学结构和物理特性

（1）化学结构。毒物的化学结构决定毒物在体内可能参与和干扰的生理生化过程，因而对决定毒物的毒性大小和毒性作用特点有很大影响。如有机化合物中的氢原子被卤族元素取代后，其毒性增强，取代得越多，毒性也就越大；无机化合物随着分子量的增加，其毒性也增强。

（2）物理特性。毒物的溶解度、分散度、挥发性等物理特性与毒物的毒性有密切的关系。如氧化铅分散度大，又易溶于血清，故较其他铅化合物毒性大；乙二醇、氟乙酸胺毒性大但不易挥发，不容易经呼吸道及皮肤吸入，但经消化道进入机体，可迅速引起中毒。

4. 个体差异

某一人群处在同一环境，从事同一种生产劳动，但每个人受到职业性损伤的程度差别较大，这主要与人的个体差异有关。

（1）遗传因素。如患有某些遗传性疾病或过敏的人，则容易受有毒物质的影响。

（2）年龄和性别。青少年、老年和妇女对某些职业危害因素较为敏感，其中尤其要重视妇女从事有职业危害因素的生产劳动对胎儿、哺乳儿的影响。

（3）营养状况。营养缺乏的人，容易受有毒物质的影响。

（4）其他疾病。身体有其他疾病或某些精神因素疾病的人，也会受到有毒物质的影响。

（5）文化水平和习惯因素。有一定文化和科学知识者，能自觉预防职业性损伤；而生活上的某些嗜好，如饮酒、吸烟、服用药物会增加职业危害因素的作用。

因此，在人群中鉴别易感者，采取适当措施，是预防职业危害的一个重要环节。

四、职业性损伤(职业病)及其特点

职业危害因素达到一定程度，并在一定条件下使劳动者健康发生的损伤，称为职业性损伤。

(一)职业性损伤的类型

大体可分为以下3大类。

1. 外伤

外伤主要是由于生产设备缺乏安全防护措施或防护工艺落后，劳动组织不合理，安全制度不健全，工人缺乏生产和防护知识，或受酒精、药物、心理因素等作用产生的损伤。外伤的轻重程度不等，重者可致死亡或致残。

2. 职业病损伤

当人体受到职业危害因素作用的强度与时间超过一定限度，身体不能代偿所造成特定的功能和器质性病理改变而出现相应的临床表现，在一定程度上影响到劳动能力的，称为职业病损伤。

3. 职业性多发病

职业性多发病是指由于生产环境中存在诸多因素所致的病损；或虽然原为非职业性疾病，但由于接触职业危害因素而使之加剧或发病率增高。

(二)职业性损伤(职业病)的特点

职业性损伤(职业病)不同于一般疾病，有其明显的特点。主要表现在以下几方面。

(1)有明确的病因。如各种尘肺是由于吸入不同种类的生产性粉尘所引起，职业中毒是由于生产性毒物进入体内而致病等。

(2)发病与劳动条件有关。在劳动条件中,起决定作用的是生产工艺过程,因为不同的生产工艺过程要求不同的劳动组织和操作过程,进而直接影响劳动环境的状况。而职业病的发病主要取决于劳动环境中生产性有害因素的种类、强度和作用时间,当然与个体因素也有一定关系。

(3)发病常常是群体性的。在同样的生产环境中工作,经过一定时间后,会同时或相继出现一批相同的职业病患者。

(4)有一定的临床特征。许多职业病在病程发展过程中的各个阶段都有其相应的临床特征。如早期矽肺患者其X线胸片有结节性网状阴影,慢性苯中毒早期表现为白细胞减少等。

(5)病种很多。职业病的另一特点是病种很多,几乎遍布于所有临床学科,但病例数往往不多(尘肺除外)。

(6)疗效不够满意。目前对多数慢性职业病尚无特效药物,而是以对症治疗、控制发展和减轻症状为主。对少数可以治愈的职业病,也比治愈一般疾病所需时间要长。

(7)职业病是完全可以预防的。既然职业病是由生产性有害因素所引起,那么只要改善劳动条件以及采取有效的预防措施,使劳动者免于接触有害因素,职业病就完全可以被消灭。

四、法定职业病

凡在生产过程中由职业危害因素引起的疾病,即职业性损伤,广义上均可称为职业病。但在立法意义上,职业病却具有一定的范围,通常是指政府主管部门明文规定的法定职业病。根据我国政府的规定,职业病诊断授权给职业病防治专业单位,由专家集体诊断。

凡法定职业病患者,在治疗和休养期间,以及医疗后确定为残疾或治疗无效而死亡时,均按工伤保险条例的有关规定给予劳保待遇。

根据法定职业病范围及其处理办法的规定,目前,我国法定职业病共有10大类115种。其中,职业中毒56种,尘肺13种,物理因素职业病 5 种，职业性传染病 3 种，职业性皮肤病 8 种，职业性眼病 3 种，职业性耳鼻喉疾病 3 种，职业性肿瘤 8 种，职业性放射性疾病 11 种，其他职业病 5 种。

第二节　工业毒物的危害与防护措施

在烟花爆竹生产企业的生产过程中，主要的职业危害因素有工业毒物，生产性粉尘，以及噪声、振动、辐射、高温等物理性危害因素。如果管理不善，往往会造成职业中毒、尘肺、噪声病、振动病、中暑等职业病。因此，我们有必要了解各种职业危害因素的发生、发展规律。

一、工业毒物与职业中毒

所谓毒物，是指进入机体后，与体液和细胞结构发生化学或生物物理变化，扰乱或破坏机体的正常生理功能，从而引起机体可逆性的或不可逆性的病理状态，甚至危及生命的物质。在工业生产中产生或使用的毒性物质，称为工业毒物。在生产劳动过程中，由于接触工业毒物引起的中毒，称为职业中毒。

1. 工业毒物的来源

工业毒物的来源是多方面的，从生产过程中的原材料到产品，从中间产品到副产品，从使用物质中的夹杂物到废水、废气、废渣，以及作为辅料的催化剂、载热体、增塑剂、引发剂等，都可能形成工业毒物的来源。烟花爆竹工业生产中大多会接触到毒物，就是因为许多化工原料、中间体和化工产品本身就是毒物。

2. 工业毒物的分类

工业毒物的分类方法有很多种。下面介绍按化学性质和用途相结合的方法分类，共有 8 大类。

(1)金属、类金属及其化合物。这是工业毒物中最多的一类，迄今人们已知的 109 种元素在地球上稳定存在的有 95 种，其中有 80

种是金属和类金属。

(2)卤族及其无机化合物。如氟、氯、溴、碘及其无机化合物等。

(3)强酸和强碱性物质。如 H_2SO_4、HNO_3、HCl、HF、NaOH、KOH、NH_4OH、Na_2CO_3 等。

(4)氧、氮、碳的无机化合物。如 O_3、NO_x、NCl_3、CO 等。

(5)窒息性惰性气体。如 He、Ne、Ar、Kr、Xe、Rn。

(6)有机毒物。按化学结构分为脂肪烃类、芳香烃类、脂肪环烃类、卤代烃类、氨基及硝基化合物、醇类、醛类、酚类、醚类、酮类、酰类、酸类、杂环类、羰基化合物等。

(7)农药类。如有机磷、有机氯、有机汞、有机锡、有机氮、有机氟、有机硫等。

(8)染料及中间体、合成树脂、橡胶、纤维等。

3. 工业毒物的毒性

(1)毒性。毒性是用来表示毒物的剂量与引起毒作用之间关系的一个概念。在毒性研究中,经常提到剂量—效应关系和剂量—反应关系两个概念。剂量—效应关系就是指毒物在一个生物体内所致效应与毒物剂量之间的关系。如职业性接触铅时,观察剂量—效应关系,可测定厂房空气中铅浓度与各个工人尿中δ—氨基乙酰内酸(ALA)不同含量的关系,这种观察有利于找出毒物对敏感个体的危害。剂量—反应关系是测定一组生物体中的毒物剂量与产生一定标准效应的个体数之间的关系。如职业性接触铅时,观察剂量—反应关系,是测定厂房空气中铅浓度与一组工人尿中含 ALA 超过 5 mg/L的个体数之间的关系。这些是制定毒物卫生标准的依据。

(2)毒性评价方法。研究一种化学物质的毒性时,最通用的是剂量—反应关系,以实验动物的死亡作为反应终点,测定毒物引起动物死亡的剂量或浓度。经口或经皮肤进行实验时,剂量常以 mg/kg 表示,即换算成 1 kg 动物体重需要毒物是多少毫克。最近国外已有用 mg/m^2 表示的趋势,即动物体表面积 1 m^2 需要毒物是多少毫克。

吸入的浓度常以 mg/m^3 表示，即 1 m^3 空气中含有多少毫克毒物。

(3)毒性分级。各国对毒性分级尚无统一意见。毒物的急性毒性常按 LD_{50}（吸入 2 h 的结果）进行分级。通常将毒物分为剧毒、高毒、中等毒、低毒、微毒五级。

4. 工业毒物进入人体的途径

工业毒物通过一定途径进入人体，而且在体内达到一定剂量后，方能产生作用。毒物在体内作用点的浓度愈高，毒性作用愈大，这与接触的量、吸收率、体内分布、代谢转化及排出速度有关。

(1)工业毒物进入人体的途径

在生产条件下，工业毒物主要经呼吸道和皮肤进入人体而被吸收，经消化道进入人体而被吸收的较少。

①呼吸道。工业毒物经呼吸道吸收，是最常见、最主要、最危险的途径。气态毒物可由呼吸道直接进入人体肺泡，而烟、尘、雾的粒径小于 5 μm，特别是小于 3 μm 时，亦可直接被人体吸入肺泡。

②皮肤。工业毒物可以通过完整皮肤(表皮屏障)、毛囊及皮脂腺、汗腺等被皮肤吸收。通过表皮屏障是皮肤吸收的主要方式。具有高度脂溶性和水溶性的毒物易通过表皮屏障被人体吸收，如有机铅化合物，苯的硝基、氨基化合物，有机磷化合物，苯和苯的同系物，醇类，以及卤代烃类等。通过毛囊和皮脂腺而被直接吸收的毒物是电解质和金属，如汞及其盐类、砷的氢化物及砷盐等。通过汗腺吸收的非常少见。

③胃肠道。在工业生产中，毒物经胃肠道吸收引起中毒的机会很少。一般是用被毒物污染的手去拿食物吃，或将食物、餐具放在车间内被污染，或误服等会造成这种情况；或者是由呼吸道进入的毒物有部分黏附在鼻咽部或混在其分泌物中，借吞咽动作而进入胃肠道。经胃肠道吸收的毒物，经肝脏解毒后，分布到全身。

(2)工业毒物的代谢

毒物被人体吸收后，人体通过神经、体液的调节将毒性减弱，或将其蓄积于体内，或将其排出体外，以维持人体与外界环境的平衡。

多数毒物经代谢后，其毒性降低，这就是解毒作用。少数毒物代谢过程中毒性反而增大，但经进一步代谢后，仍可失去或降低毒性。代谢过程主要是在肝脏中进行，在其他组织中只有部分的代谢作用。

(3)工业毒物的排出

进入体内的毒物，在转化前和转化后，均可由呼吸道、肾脏及肠道途径排出。

5. 工业毒物在体内的蓄积与中毒类型

在毒物分布较集中的器官和组织中，即使停止接触，仍有该毒物存在。如果继续接触，则该毒物在此器官或组织中的量会继续增加，这就是毒物的蓄积作用。

当蓄积超过一定量时，会表现出慢性中毒的症状。所谓慢性中毒是指毒物小剂量长期进入人体所引起的中毒。此类毒物绝大多数具有蓄积性。在较短时间内(3～6 个月)，有较大剂量毒物进入人体内所产生的中毒称为亚急性中毒；毒物一次或短时间内大量进入人体所产生的中毒称为急性中毒。慢性中毒患者，当饮酒、外伤、过度疲劳时，毒物可从蓄积的组织或器官中释放出来，大量进入血液循环，可引起慢性中毒的急性发作。

二、生产性粉尘与尘肺

生产性粉尘是指在生产过程中产生的粉尘。根据粉尘的化学成分不同可分为金属尘、石棉尘、滑石尘、炭黑尘、石墨尘、水泥尘、硅尘(含游离二氧化硅)、各种有机尘等几十种，其中硅尘对人体健康危害最严重。

1. 生产性粉尘的来源

(1)固体物质的机械粉碎，如烟剂粉碎、黑火药的粉碎等；

(2)物质的不完全燃烧或爆炸，如爆竹的爆炸、火药燃烧不完全时产生的烟尘、粉尘等；

(3)物质的研磨、钻孔、碾碎、切削、锯断等过程产生的粉尘；

(4)成品本身呈粉状，如炭黑、发火剂等。

2. 生产性粉尘的危害

生产性粉尘的种类和性质不同，对人体的危害也不同。一般引起的危害与疾病有以下几种。

(1)尘肺。长期吸入某些较高浓度的生产性粉尘所引起的最常见的职业病。

(2)中毒。由于吸入铅、砷、锰等毒性粉尘，在呼吸道溶解被吸收进入血液循环引起中毒。

(3)上呼吸道慢性炎症。有些粉尘如棉尘、毛尘、麻尘等，在吸入呼吸道时附着于鼻腔、气管、支气管的黏膜上，长期局部的刺激作用和继发感染而引发慢性炎症。

(4)皮肤疾患。粉尘落在皮肤上可堵塞皮脂腺、汗腺而引起皮肤干燥、继发感染，发生粉刺、毛囊炎、脓皮病。沥青粉尘可引起光感性皮炎。

(5)眼疾患。烟草粉尘、金属粉尘等可引起角膜损伤，沥青粉尘可引起光感性结膜炎。

(6)变态反应。某些粉尘，如大麻、棉花、对苯二胺等粉尘能引起变态反应性疾病，如支气管哮喘、哮喘性支气管炎、湿疹及偏头痛等。

(7)致癌作用。接触放射性粉尘的工人易发生肺癌，石棉尘可引起胸膜间皮瘤，铬酸盐、雄黄矿尘等可引起肺癌。

(8)其他作用。如铍及其化合物进入呼吸道，除引起急慢性炎症外，还可引起肺的纤维增殖而导致肉芽肿及肺硬化；锰矿尘可引起肺炎等。

根据生产性粉尘中游离二氧化硅含量、工人接触粉尘作业时间内肺总通气量以及生产性粉尘浓度超标倍数三项指标，可划分生产性粉尘作业危害程度等级。

3. 尘肺

一个成年人每天大约需要 19 m^3 空气，以便从中取得所需的氧气。如果工人在含尘浓度高的场所作业，吸入肺部的粉尘量就多，当尘粒达到一定数量时，就会引起肺组织发生纤维化病变，使肺组织逐渐硬化，失去正常的呼吸功能，称为尘肺病，简称尘肺。所以尘肺是指工人在生产劳动中，由于长期吸入高浓度的粉尘而引起的肺组织纤维化为主的全身性疾病。主要临床表现为呼吸困难，常见的并发症有肺结核、肺部感染及肺心病。

三、物理性损伤

在正常条件下，物理因素（如噪声、振动、辐射、高温等）对机体的作用，若强度低、剂量小，或作用时间短，则对人体无害，且有些是人体各器官系统生理功能活动所必需的外界条件。但是，如果强度、剂量超过一定限度或接触时间过长，则会对人体产生不良影响，甚至引起病损。在一般情况下多为功能性改变，脱离接触后可恢复，但严重时也能引起永久性的不可恢复的损害。

第三节　烟花爆竹的职业危害防护

职业危害的防护，有两方面涵义，一方面是采取措施减少或控制生产过程中职业危害的产生和蔓延；另一方面劳动者个人应合理使用防护用品，以防止职业危害的发生。职业危害的防护应坚持预防为主、防治结合的原则。

一、控制职业危害的措施

1. 提高对职业危害的认识

要提高广大劳动者，特别是各级领导对搞好职业危害治理工作的必要性和重要性的认识，要认真宣传、加强管理，严格执行党和国家一系列有关职业卫生的法律、法规、制度和办法。尤其是加强职业危害知识、技术、技能的学习和培训教育，是搞好职业危害治理、控制和减少职业病发生的关键性措施。

2. 防毒措施

(1)以无毒或毒性小的原材料代替有毒或毒性较大的原材料。为了预防职业危害,设法以无毒或毒性小的原材料代替有毒或毒性较大的原材料,这是从根本上解决毒物对人体危害的方法之一。

(2)改革工艺。改革工艺既是重要的防毒技术措施之一,也是从根本上解决毒害对人体危害的方法之一。改革工艺即在改造旧工艺时,应尽量选用那些在生产过程中不产生(或少产生)有毒物质的工艺。

(3)生产设备的管道化、机械化、密闭化,实行仪表控制和隔离操作。如把生产由间断式改为连续化生产,把有毒物质控制在密闭设备之中,使其不能从生产过程中散发出来造成危害,劳动条件因而得到了明显改善。

生产实行隔离操作和仪表控制,把操作工人与生产设备隔离开来,可使工人免受散逸出的毒物的危害。目前化工厂内常用的隔离方法有两种:一种是将全部或个别毒害严重的生产设备放置在隔离室内,采用排风方法,使室内呈负压状态;另一种是将工人操作地点放在隔离室内,采用送新鲜空气方法,使室内呈正压状态。

(4)湿式作业。湿式作业能起到良好的防尘效果,采用湿式作业,使物料含水量保持在3%～10%,即可避免粉尘飞扬。湿式作业是一种经济、易行、有效的防尘措施,在条件允许下的生产工艺都应采取湿式作业。

(5)隔绝热源,良好通风,合理照明。隔绝热源是防止高温、热辐射对劳动者机体产生不良影响的重要措施。

在生产过程中,密闭设备也会有毒物逸出,或因生产条件限制,使设备无法密闭时,毒物会散发在环境中,采用通风可以将毒物排出。通风还可以除尘,通风除尘是控制尘源的一种方法,而且是目前应用较广、效果较好的一项防尘措施。所以,通风是改善劳动条件、预防职业危害的有力措施。特别是在上述各项措施难以解决的时候,采用通风措施可以使劳动场所空气中有毒物质含量保持在国家规定的最高允许浓度以下。

3. 防止噪声、振动危害的措施

防止噪声危害主要从两方面采取措施:一方面从声源上降低噪声,即尽可能将发声体改造成不发声体,如用无声液压代替高噪声的锤打等;另一方面在噪声传播途径上加以控制,主要采用隔声、吸声、消声、减振、阻尼等各种措施,如把鼓风机、空压机、球磨机放在隔声罩内,或将操作者与噪声隔离,安装消声器也是一个办法,如在压力下排放气体的管道上安装消音器等。

防止振动危害,也是从振动源和振动的传播两方面采取措施,尽量采取减振方法和减少振动的传播,使振动减少到对人体无害的程度。

4. 辐射的防护措施

控制辐射源的质量,围封隔离放射源,运用时间、距离和屏蔽三要素来进行屏蔽防护、距离防护和时间防护。安装仿真天线以吸收微波辐射能来进行微波的防护。

二、职业危害的个人防护

个人防护,也是防治职业危害的有效措施。职业危害的个人防护,包括个人劳动保健和个人防护用品的使用。

(一)个人劳动保健

个人劳动保健,是指对在有毒有害作业条件下进行生产的职工,从医学卫生方面通过加强个人防护和个人卫生,供给保健食品或发放保健津贴,进行定期健康检查、劳动能力鉴定和卫生学调查等措施,保护他们的身体健康。个人防护和个人卫生也是防毒的预防措施之一。

1. 个人防护和个人卫生

个人防护和个人卫生是指对从事有毒有害作业的职工,要根据劳动条件发给他们有效的适用的防护用品，教育他们重视个人卫生，如饭前要洗脸洗手，车间内禁止吃饭、饮水和吸烟，班后要淋浴，工作衣帽与便服隔开存放并定期清洗等。这对防止有害物质污染人体，防止有毒有害物质从口腔、消化道、皮肤，特别是皮肤伤口处侵入人体至关重要。

2. 劳动保健津贴

劳动保健津贴是对从事有毒有害岗位工作的职工的一种补贴。所谓“从事有毒有害岗位工作”，是指高温、粉尘、有害气体等岗位工作。

制定劳动保健津贴标准应遵循的原则，是按生产岗位和从事工作的性质来划分等级及每个等级的津贴数额的。划分等级时应考虑下列因素：

(1)工作地点和操作间温度的高低；

(2)从事井下、高温以及有害健康工作的经常性和固定性，即实际工作时间的长短；

(3)粉尘和有害气体的浓度，有害物质、放射线和其他有害作业对人体损害的程度(有条件的企业可以做定量测定，进行劳动条件分级)；

(4)劳动强度的大小。

(二)个人防护用品的分类

个人防护用品，又称劳动防护用品，指劳动者在生产过程中为免遭或减轻事故伤害和职业危害而个人随身穿(佩)戴的用品，简称护品。

个人防护用品的作用，是使用一定的屏蔽体或系带、浮体，采取隔离、封闭、吸收、分散、悬浮等手段，保护机体或全身免受外来的侵害。个人防护用品是发给劳动者个人随身使用的。

个人防护用品可按用途和保护部位分类。

1. 按照用途分类

个人防护用品按用途又可分为两类。

(1)以防止工伤事故为目的的安全护具。包括:防坠落用品,如安全带、安全网等;防冲击用品,如安全帽、安全背心、防冲击护目镜等;防电用品,如均压服、绝缘服、绝缘鞋等;防机械外伤用品,如防刺、割、绞碾、磨损的服装、鞋、手套等;防酸、碱用品,如耐酸碱手套、防酸面罩和口罩、耐酸碱服和靴等;耐油用品,如耐油胶布制品、耐油鞋和靴、塑料薄膜制品等;防水用品,如胶制工作服、雨衣、长筒和半筒靴、防水保险手套;防寒用品,如防寒服、防寒鞋和帽、防寒手套等。

(2)以预防职业病为目的的劳动卫生护具。包括:防尘用品,如防尘口罩、防尘服装;防毒用品,如防毒面具、防毒服等;防放射性用品,如防放射性服装、有机玻璃操作箱、有机玻璃面罩及眼镜、铅玻璃眼镜等;防辐射用品,如石棉制品、防辐射隔热面罩、各种隔热防火服装、电焊手套、有机防护眼镜等;防噪声用品,如耳塞、耳罩、耳帽、防声棉等。

2. 按照防护部位分类

根据人体劳动卫生学,可分为头部、眼部、面部、呼吸器官、手部、躯干、耳、足部使用的防护用品。也有一些防护用品有双重作用,如防尘安全帽等。

(三)发放个人防护用品注意事项

1. 制定发放个人防护用品标准应遵循的原则

发放个人防护用品,是保护劳动者安全健康的一种预防性辅助措施,它不能替代设备的安全防护和对尘毒物质的治理,更不是生活福利待遇。遵照"用人单位必须为劳动者提供符合国家规定的职业安全卫生条件和必要的劳动防护用品"的法律规定,企业应该根据安全生产及防止职业伤害的需要,按照不同工种、不同劳动条件发给职工个人劳动防护用品,用人单位也不得以货币或其他物品代替应当配备的劳动防护用品。

2. 合理制定劳动保健、防护用品发放标准

合理制定劳动保健、防护用品发放标准的总原则包括以下几点。

(1)根据企业的经济实力,应本着实事求是、公正、公平、公开的精神。

(2)等级不要繁杂,要根据生产装置的岗位进行划分。

(3)在调整保健津贴标准和个人防护用品标准时,只要岗位工作环境没有实质性改变,一般应保留原等级,不要调高或调低。

(4)制定新建装置的保健津贴和劳动防护用品标准时,应进行以下工作:

①调查岗位现状;

②找出相类似装置的保健津贴和劳动防护用品标准;

③按照上述条款内容,制定出新建装置的保健津贴和防护用品发放标准;

④在装置使用后半年再进行一次核定。

3. 个人防护用品必须符合国家标准

个人防护用品必须以国家标准劳动防护用品选用规则为依据进行选用。根据须防范可能接触的危险,将作业类别与护品使用限制做出配对,从而选用合适的护品。

对符合下述条件之一者,即予判废:不符合国家标准或专业标准;未达到上级劳动保护监察机构根据有关标准和规程所规定的功能指标。

企业内的安全技术机构每年定期或不定期对企业内的劳动防护用品进行抽查与检查,需要技术鉴定的送国家授权的劳动防护用品检验站检验。判废后的护品,禁止再作为劳动防护用品使用。

第六章　烟花爆竹企业典型事故分析

案例一　烟花爆竹原材料库房事故分析

一、事故名称

四川“2·3”特大爆炸事故。

二、事故概况

1997年2月3日下午4时20分左右，四川省××县个体经营者何××存放烟花爆竹原辅材料的库房发生特大爆炸事故，造成死亡26人，轻重伤32人，炸毁民房20多间，附近40多间民房及单位房屋玻璃窗户受损，直接经济损失230多万元。

三、事故原因分析

(1)改变经营范围。该县公安局安保科将开办的保安服务公司发包给个体经营者何××，并且改变经营范围，让个体户经营烟花爆竹原辅材料及易燃易爆品。

(2)违章作业、仓储不当。按规定，爆炸物品和易燃易爆物品须专库储存、分类存放，并要远离城市、交通要道及居民区。而何××将所经营的烟花爆竹原辅材料存放在县城内，使用的是居民住房和居住密集的地方，而且在公路旁。发生爆炸事故时，冲击波将公路上的行人、三轮车和一辆小车冲入河内，小车内乘坐的 9 人全部死亡、邻居一家住房 5 人当场被炸死。

(3)存放药物超量和混装混存。何××在存放原辅材料的仓库内存放了大量的氯酸钾、引线、军工硝、硫黄、银粉及其他原辅材料，严重超量并混装混存。

(4)思想麻痹，忽视安全。发包单位及经营者明知烟花爆竹原辅材料属易燃易爆物品，却对存放的场地、存放数量不加考虑，一切向"钱"看，注重个人利益而忽视安全。

(5)管理部门失控。发包单位本身就是管理社会治安和易燃易爆物品的，对国家有关规定有所了解，但在发包给个人经营时，对经营者是否具备条件、仓储是否恰当、存放原辅材料是否按规定办理却未作考虑，而忽视了安全，放松了安全管理；有关部门检查不严，对重大隐患未能及时防范。

四、违法分析

(1)作为经营者，非法储存爆炸物，导致重大事故发生，造成重大伤亡的严重后果，已经构成违反《刑法》第一百三十六条之规定："违反爆炸性、易燃性、放射性、毒害性、腐蚀性物品管理规定，在生产、储存、运输、使用中发生重大事故，造成严重后果的，处三年以下有期徒刑或者拘役；后果特别严重的，处三年以上七年以下有期徒刑。"

(2)作为公安局工作人员，非法发包，并未严格监管导致事故发生，已经构成违反《刑法》第三百九十七条之规定："国家机关工作人员滥用职权或者玩忽职守，致使公共财产、国家和人民利益遭受重大损失的，处以三年以下有期徒刑或者拘役；情节特别严重的，处三年以上七年以下有期徒刑。本法另有规定的，依照规定。"

五、经验教训

药物不能随便乱存乱放、混合存放，必须存放在符合条件的专业仓库。

六、预防措施

(1)加强宣传教育,加大群众监管的力度,及时举报,使非法生产与储存无处藏身。

(2)加大排查力度,对改变工房用途或危险等级的安全隐患及时发现、及时整改,预防事故的扩大。

(3)加强安全监管,确保监管部门和生产经营者尽职尽责,预防事故的发生。

案例二　烟花爆竹药剂混合生产事故分析

一、事故名称

江西“3·11”特大爆炸事故。

二、事故概况

2000 年 3 月 11 日上午 9 时 24 分,江西省××市××县××乡石岭花炮厂发生特大爆炸事故,死亡 33 人,其中在校中小学生 13 人,不在校的未成年人 2 人;伤 12 人,其中重伤 2 人。

三、事故原因分析

(1)违章操作。配药工李××在配药时急于赶任务,违反操作规程,摩擦起火引起火药爆炸。根据清理现场时发现的 5 个炸点、死者尸体和爆炸物的飞散方向及墙体倒向认定,首先是李××在操作时引起爆炸(药量约 10 kg),爆炸后产生的冲击波火焰将靠近厅堂的墙体击穿,引发正厅西侧存放的 300 余盘特装大地红半成品(药量约 11 kg)和东侧存放的 5000 个大爆竹(药量约 60 kg)等四处爆炸。李

××违章操作是这起事故的直接肇事原因。

(2)非法生产。石岭花炮厂未向任何管理机关报告,非法生产违反国家标准和国家明令禁止的产品。该厂以前是生产 34 mm×7.5 mm、35 mm×6.5 mm 的大地红爆竹。从 2000 年 3 月 4 日开始,该厂突击批量生产 120 mm×35 mm、150 mm×40 mm、200 mm×45 mm、250 mm×50 mm 等四种规格的大爆竹,其产品配方未经公安部门审查批准;用药量高达 12.64 g/个,为标准 0.05 g/个的 252.8 倍;氯酸钾含量高达 42.9%,为标准 20%的 2 倍多,大大增加了药料的冲击感度和摩擦感度。这些非法产品在发生事故时致使爆炸力猛烈集中,造成作坊倒塌,人员伤亡惨重,是这起事故的主要直接原因。

(3)违章指挥。业主非法赶制国家明令禁止的爆竹产品,不但未高度重视安全问题,反而违章指挥,强令冒险生产。组织从业人员在危险厂房内冒险生产,平时只有 20 多人干活的作坊,事发当天达到 86 人。在生产现场超量存储、混乱堆放原材料、半成品、成品,仅 34 mm×7.5 mm、35 mm×6.5 mm 规格和四种违禁规格爆竹成品、半成品就达 200 多件,以致一处爆炸而引发多处相继爆炸。这是扩大事故损失的重要直接原因。

(4)违规布局。1996 年业主合伙办厂时,已不具备基本的安全生产条件。经过 10 多年的变化,作坊所在地由原来的村旁发展成为石岭村村民居住区较中心的位置。作坊为新中国成立前土木结构居民式建筑,陈旧、狭窄、拥挤,不符合“危险品厂房结构造型和结构”的规定,安全窗、安全出口等根本无法达到安全疏散的要求。厂房连片,各有药工序、库房布局不合理,特别是配药等危险工序与人员密集型的插引线工序混杂一起,集中在 450 m^2 的场地内,严重违反国家规定“小区布置、小型分散、库房分离、操作隔开”的原则。这是造成这起事故的必然直接原因。

四、违法分析

(1)作为职工违章操作,作为业主违章指挥,并违法生产国家禁止产品,使用禁用药物,招收童工与学生,造成重大事故发生,已构成违反《刑法》第一百三十四条之规定:“工厂、矿山、林场、建筑企业或者其他企业、事业单位的职工,由于不服管理、违反规章制度,或者强令工人冒险作业,因而发生重大伤亡事故或者造成其他严重后果的,处三年以下有期徒刑或者拘役;情节特别恶劣的,处三年以上七年以下有期徒刑。”

(2)作为花炮企业的主管部门、相关公职人员,对该厂的违规布局和违章生产失于有效监管,导致事故发生,已构成违反《刑法》第三百九十七条之规定:“国家机关工作人员滥用职权或者玩忽职守,致使公共财产、国家和人民利益遭受重大损失的,处以三年以下有期徒刑或者拘役;情节特别严重的,处三年以上七年以下有期徒刑。本法另有规定的,依照规定。”

(3)业主招收未成人进行花炮生产,已违反《劳动法》。

五、经验教训

作为花炮企业,首先要有一个符合规划、布局合理的生产厂房条件,其次要有严格的安全管理,杜绝使用违禁药物,杜绝生产违禁产品,同时严禁招收童工。

六、预防措施

(1)加强培训,使职工懂得并自觉遵守劳动技术操作规程,安全操作。

(2)加强安全管理,严格落实烟花爆竹“少量、多次、勤运走”的七字方针,严控事故扩大。

(3)严守国家法律、法规、标准,严禁使用违禁材料,严禁生产违禁产品。

(4)加大投入,规范建设,确保安全条件到位。

(5)加强作业人员管理,严禁使用未成年人、老弱病残人员从事特种作业。

案例三　烟花爆竹药剂干燥事故分析

一、事故名称

湖南"6·18"爆炸事故。

二、事故概况

2006年6月18日,湖南省××市××镇花炮厂在亮珠晒坪晒有大量亮珠(约400 kg),当日气温达38℃,下午5时左右,天气突然变化,下起了太阳雨。企业老总立即组织四名C级职工到亮珠晒坪帮忙抢收亮珠,两个人负责收亮珠,两个人负责将收好的亮球装袋。在抢收亮珠过程中,由于忙乱用力过猛,且亮珠温度高,导致发生爆炸,并引起已装袋亮珠的殉爆,晒坪中四个工人被当场炸死,爆炸引起晒坪附近造粒的一名职工被炸成重伤,相邻五栋工房被损。这起事故共造成6人死亡,1人重伤,直接经济损失120万元。

这是一起药剂烘干环节严重违章操作导致的重大生产安全责任事故。

三、事故原因分析

(1)企业老总违章指挥职工违章抢收、冒险作业。为减少企业财产损失,企业老总在下雨时违章安排四人到亮珠晒坪抢收处于高温状态下的亮珠,导致严重超员作业。

(2)高温收药操作不当。职工在进行亮珠抢收时,四个人同时在晒坪内直接操作高温亮珠,将亮珠收集、装袋,且用力过猛,未采取其他安全措施来防止事故发生。

四、违法分析

该厂劳动安全设施不符合国家规定，该厂业主违章指挥职工抢收亮珠，导致发生重大事故，造成了严重后果，构成违反《刑法》第一百三十四条、第一百三十五条之规定。

第一百三十四条　工厂、矿山、林场、建筑企业或者其他企业、事业单位的职工，由于不服从管理、违反规章制度，或者强令工人违章冒险作业，因而发生重大伤亡事故或者造成其他严重后果的，处三年以下有期徒刑或者拘役；情节特别恶劣的，处三年以上七年以下有期徒刑。

第一百三十五条　工厂、矿山、林场、建筑企业或者其他企业、事业单位的劳动安全设施不符合国家规定，经有关部门或者单位职工提出后，对事故隐患仍不采取措施，因而发生重大伤亡事故或者造成其他严重后果的，对直接责任人员，处三年以下有期徒刑或者拘役；情节特别恶劣的，处三年以上七年以下有期徒刑。

五、经验教训

亮珠严禁在未凉透的情况下抢收，必须考虑科学的抢险措施。

六、预防措施

(1)严禁抢收，应该设立应急防护措施，避免多人抢收。

(2)科学安排生产，多雨或预报有雨天气，不宜用日光晒干燥方法，尽量使用焙房干燥。

案例四　烟花爆竹装药事故分析

一、事故名称

湖南“5·31”火药爆炸事故。

二、事故概况

2008 年 5 月 31 日，湖南省××市金刚出口花炮厂第 30 号装药间职工刘××在进行装药工序时，因操作不当，引起一起火药爆炸事故，造成当场死亡，直接经济损失 31 万元。

三、事故原因分析

(1)工人违章作业。职工刘××未遵守该厂《生产车间安全管理制度》第 7 条、第 8 条的相关规定，工作过程中违反操作规程，装药时用力过猛，导致药物爆炸。

(2)企业主体责任落实不到位。该厂擅自改变工房核定用途，长期超药量进行生产。对限药量 0.5 kg 的装药间，允许装药职工一次领取药物 4 kg 存放在工房内进行操作；将 29 号药饼中转间从 2007 年 4 月份开始私搭乱建工作台用于装药，并安排职工刘××在内进行装药工序，至事故发生时也没有将隐患整改到位。企业安排专职安全员黄××管理扯筒车间和插引车间，导致专职安全员无法开展有效的安全管理工作。

(3)安全管理制度和操作规程落实不到位。该厂虽然制定了安全管理制度和操作规程，但在日常管理中未严格遵照执行并认真落实，导致长期超量组织生产。

(4)安全教育培训不到位。该厂虽对职工进行了一些安全教育培训，但未结合职工本职岗位的特点开展教育培训，未能使职工熟练掌握本岗位劳动安全技能，导致职工违章违规操作而引发事故。

四、违法分析

该厂投入不足，使安全员不能专职负责安全，导致安全管理缺失、安全培训不到位等，安全条件不满足，导致发生一般生产安全事故，已构成违反《安全生产法》第八十条之规定：“生产经营单位的决策机构、主要负责人、个人经营的投资人不依照本法规定保证安全生产所必需的资金投入，致使生产经营单位不具备安全生产条件的，责令限期改正，提供必需的资金；逾期未改正的，责令生产经营单位停产停业整顿。有前款违法行为，导致发生生产安全事故，构成犯罪的，依照刑法有关规定追究刑事责任；尚不够刑事处罚的，对生产经营单位的主要负责人给予撤职处分，对个人经营的投资人处二万元以上二十万元以下的罚款。”

五、经验教训

用力过猛、摩擦导致事故发生，超药量作业导致事故扩大，因此，花炮生产必须遵守“轻拿轻放操作、少量多次勤运走”的方针，才能有效控制事故发生和扩大。

六、预防措施

(1)加强培训、教育，使职工熟悉掌握安全知识，按章操作。

(2)加强管理，严格按规章制度办事。

(3)切实落实企业主体责任，建好厂、管好厂，杜绝私搭乱建、擅自改变工房用途、超量作业行为。

案例五　烟花爆竹筑药事故分析

一、事故名称

湖南“4·16”爆炸事故。

二、事故概况

2004年4月16日上午11时20分，湖南省××市联邦出口烟花厂2名职工在第45栋工房筑内筒时，一名职工操作不慎引起爆炸，导致该职工当场死亡，而在同一栋工房作业的另一名职工受重伤后，经抢救无效死亡。

三、事故原因分析

(1)违反操作规程，安排两人在同一栋工房内进行 1.1^{-2} 级装(筑)药生产。

(2)药物严重超量，装 1.5 英寸(3.8 cm)内筒每次领用 5 大饼，每人每次滞留药量在 9 kg 以上。

四、违法分析

该厂主要负责人未尽督促、检查本单位的安全生产工作职责，未能及时消除生产安全事故隐患，导致事故发生，已违反《安全生产法》第八十一条之规定："生产经营单位的主要负责人未履行本法规定的安全生产管理职责的，责令限期改正；逾期未改正的，责令生产经营单位停产停业整顿。生产经营单位的主要负责人有前款违法行为，导致发生生产安全事故，构成犯罪的，依照刑法有关规定追究刑事责任；尚不够刑事处罚的，给予撤职处分或者处二万元以上二十万元以下的罚款。"

五、经验教训

1.1^{-2} 级工房依法依规限定安排工人作业，并严格按限量作业，否则超人超量作业，最易造成人员伤亡。

六、预防措施

(1)科学安排职工，严格落实 1.1^{-2} 级工序单人单栋规定。

(2)严格控制药量，严防超量作业。

案例六　烟花爆竹切引事故分析

一、事故名称

四川“6·29”特大火灾爆炸事故。

二、事故概况

1996年6月29日8时40分左右，四川省简阳市禾丰镇永兴火炮厂发生特大火灾爆炸事故，造成39人死亡，49人受伤，其中重伤9人，直接经济损失300万元左右。

三、事故原因分析

(1)副厂长杨××组的兑药切引工龙××违反国家标准《烟花爆竹劳动安全技术规程》(GB 11652—1989)第4.3.2条关于“所用钻切工具，要求刃口锋利，使用时应涂蜡擦油或交替使用”的规定，使用刚切过油蜡纸而又不锋利的菜刀在插引中流动切引，切燃引线，由引线燃烧引起附近火炮爆炸，从而致使全厂被炸毁。

(2)生产现场工序混乱，严重违反了《四川省烟花爆竹安全管理暂行规定》第九条关于“生产烟花爆竹的企业，必须按工艺流程分设车间、固定工序和人员”的规定。该厂在迁址建厂竣工验收时，公安局等监督、管理部门明确规定了丙灵七社保管室(即现爆炸厂房)“只能搞编引、堆放火炮筒、成品仓库”等非危险工序生产。但永兴火炮厂在两个月的停产整顿中，不但没有解决生产工序混乱的问题，反而由于私下分组和扩大生产规模，将切引和大量的插引等危险工序与一般工序混设在没有任何墙体间隔的同一工棚内，进一步加剧了工序混乱的程度。

(3)复工后生产现场工人急剧增加，严重超过核定人数。简阳市公安局三科在该厂迁址建成竣工验收时给该厂核定的工作人数不超过30人。公安局决定该厂停产整顿的首要原因就是“私自扩大生产规模”。而该厂私下分组擅自恢复生产后,人数不但没有减少,反而成倍增加。6月29日事故当天,生产现场工人达109人,另加外来办事人员和职工带来的小孩共计达112人。

(4)工人不经培训就安排上岗作业。《四川省烟花爆竹安全管理暂行规定》第十条规定:“烟花爆竹生产、管理人员必须熟悉产品性能、严格遵守操作规程,新录用人员必须进行技术培训和安全教育,经考核合格方准上岗作业。”但是该厂擅自恢复生产后对经各种渠道介绍来的新工人仅简单强调一下不准带烟火、穿硬底鞋入厂等一般安全常识就安排上岗生产。事故后调查得知,全厂112人中,属恢复生产前就在厂工作的仅23人(包括厂长在内),其余均为6月23日重新开工后来厂上班的。而该厂的管理人员中也仅陈××经过正规培训,其他人员,包括副厂长杨××和管理人员,以及兑药、切引等危险岗位作业人员均未经过正规培训。

(5)兑药比例严重错误,装药量严重超标,且使用违禁药品。劳动部、国家计委、轻工业部、农业部颁布的《烟花爆竹安全生产管理暂行办法》第二十四条规定:“发装药量大于0.05克的爆竹,不得使用氯酸钾作爆响剂;单发装药量小于0.05克的爆竹,如使用氯酸钾做爆响剂的,其配方比例一般控制在20%,最高不得超过28.6%。”但其使用的氯酸钾比例却高达55.6%,达规定最高值的194.4%;装药量高达每发0.14克,是规定最高值的2.8倍。更为严重的是,还违反了前述《办法》第二十四条中“禁止使用雄黄”的规定,在配方中加入了5.9%的雄黄。

四、违法分析

该厂违反爆炸性物品管理规定,在生产中发生特大事故,造成了特别严重的后果,已经构成违反《刑法》第一百三十六条之规定:“违反爆炸性、易燃性、放射性、毒害性、腐蚀性物品管理规定，在生产、储存、运输、使用中发生重大事故，造成严重后果的，处三年以下有期徒刑或者拘役；后果特别严重的，处三年以上七年以下有期徒刑。”

五、经验教训

切引是非常危险的操作工序，必须严格按操作规程进行作业。

六、预防措施

(1)切引使用工具与方法必须按《烟花爆竹作业安全技术规程》规定，使用刀口锋利刀具，一刀切引，严防拖擦，并及时打油或腊，减小摩擦。

(2)加强管理，严格按工序、工艺安排生产，严防串岗、混岗，杜绝将工种工序挤在一块，导致超人超量、改变工房等级。

(3)根据生产场地安排生产，严防超负荷运行。

(4)加强职工安全培训，尤其是新工人和特种工必须严格按国家规定培训到位。

(5)严格遵守药物规定，严禁使用违禁药物进行烟花爆竹生产。

案例七　烟花爆竹运输事故分析

一、事故名称

湖南“12·18”运输爆炸事故。

二、事故概况

2005 年 12 月 18 日上午 11 时，湖南省××市和口花炮厂火箭线需亮珠等材料，刘×与工人张×到亮珠仓库将约 200 kg 亮珠用农用三轮车装载运输，在经过该厂包装车间附近的路面时，因路面下陷形成的缺口，致使农用三轮车产生颠簸震动，车上亮珠因摩擦而起火燃烧爆炸，造成刘×当场死亡，张×重伤，包装车间墙体开裂，严重受损，农用三轮车炸毁的严重事故后果。

三、事故原因分析

造成这次严重事故的原因有以下几个方面：一是三轮车驾驶员刘×违章使用不符合药物运输安全要求的农用三轮车运输药物；二是药物运输所经过的路面不平整引起车辆震动颠簸；三是药物运送人员未经过培训；四是装载药物未相对固定在车体上；五是药物运输在包装工人上班时间经过工人集中的厂区(未造成其他工人伤亡)；六是无专用药物运输线路。

四、违法分析

该厂投入不足，使用不符合规定的车辆运输药物，且路线路面不符合安全要求，安全条件不够，导致发生一般生产安全事故，已违反《安全生产法》第八十条之规定。

五、经验教训

药物运输安全非常重要，人员、车辆、路线、路面、运输时间等都有相当严格的规定，必须严格遵守。

六、预防措施

(1)运输人员必须参加安全培训，取得相关资格。

(2)运输车辆必须符合安全规定，严禁使用三轮车等运输药物。

(3)运输路线必须科学安排，避免经过人群集中区。

(4)运输路面必须平整，严禁有沟坎等。

(5)药物要相对固定，严防跌落、侧移、滑动等现象。

案例八　烟花爆竹储存事故分析

一、事故名称

广东“2·14”仓库爆炸事故。

二、事故概况

2008年2月14日凌晨3时25分，位于广东省××市××区××街道××村的当前国内最大烟花爆竹仓库——佛山粤通仓储运输有限公司烟花爆竹仓库7号仓库发生爆炸，随后波及其他20多个仓库，相邻两个村庄的百余村民的窗户被震裂，数百名村民从睡梦中惊醒后被紧急撤离。剧烈的爆炸导致佛山各区乃至广州都有震感，并引发周边山林大火，相关部门共出动26辆消防车投入抢险救灾。事故共造成2人受伤，但并未造成人员死亡。

三、事故原因分析

经调查组5个多月的调查，最后认定事故发生的直接原因是粤通仓库A_2仓库内储存的烟花爆竹火药受潮，产生大量的热量，并聚集引起殉爆，而邻近的C_4、C_9以及其他仓库内的产品受到A_2仓库爆炸影响而爆炸燃烧。同时，事故也反映出企业安全生产主体责任不落实等问题。

四、违法分析

该厂主要负责人未尽督促、检查本单位的安全生产工作的责任，未及时消生产安全事故隐患，导致事故发生，已违反《安全生产法》第八十一条之规定：“生产经营单位的主要负责人未履行本法规定的安全生产管理职责的，责令限期改正；逾期未改正的，责令生产经营单位停产停业整顿。生产经营单位的主要负责人有前款违法行为，导致发生生产安全事故，构成犯罪的，依照刑法有关规定追究刑事责任；尚不够刑事处罚的，给予撤职处分或者处二万元以上二十万元以下的罚款。”

五、经验教训及预防措施

(1)仓库做好防雨、防漏、防潮等预防措施。

(2)落实主体责任，加强安全管理，预防事故发生。

案例九　烟花爆竹生产工人疲劳作业事故分析

一、事故名称

广西“11·15”特大烟花爆竹事故

二、事故概况

2003 年 11 月 15 日 20 时 50 分左右，广西壮族自治区××市合浦和丰出口烟花股份有限公司下属的合浦公馆出口烟花厂第九工区发生一起特大烟花爆竹爆炸事故，造成 13 人死亡，13 人受伤(其中重伤 12 人)，直接经济损失 160 余万元。

三、事故原因分析

通过现场勘查、调查取证和技术分析，对事故发生的直接原因认定如下：上响药工人连续超负荷工作，身体疲劳，在照明不足的情况下，作业过程出现了摩擦或撞击现象，引燃引爆了摩擦、撞击感度很高的响药，从而导致爆炸的发生。

四、违法分析

该厂违反爆炸性物品管理规定，在生产中发生重大事故，造成了严重的后果，已经构成了违反《刑法》第一百三十六条之规定："违反爆炸性、易燃性、放射性、毒害性、腐蚀性物品管理规定，在生产、储存、运输、使用中发生重大事故，造成严重后果的，处三年以下有期徒刑或者拘役；后果特别严重的，处三年以上七年以下有期徒刑。"

五、经验教训及预防措施

(1)合理安排工人作息，确保工人有一个良好的工作状态，严防疲劳作业、超负荷作业。

(2)保证作业空间的明亮、宽敞、舒适、干净，使工人有一个良好的工作环境。

案例十　烟花爆竹销毁废弃品事故分析

一、事故名称

新疆"3·26"烟花爆竹重大爆炸事故。

二、事故概况

2008年3月26日19时0分，新疆吐鲁番公安局组织对1998年起已停止生产的红旗花炮厂遗留的成品、半成品、药物、原材料分装四辆大卡车送至新疆S202省道(吐鲁番市区至七泉湖镇)以北3～4 km的戈壁滩沟壑内(距市区约30 km)，卸载准备集中销毁的烟花爆竹时，突然发生重大爆炸事故，造成参与销毁的工作人员中25人死亡，4人下落不明，9人受伤(其中警察7人，记者1人)，9辆车毁坏，1辆车受损。

三、事故原因分析

该事故的直接原因是:卸车时因碰撞或摩擦引起黑火药爆炸,继而引起已经卸放到沟壑里的烟花爆竹燃烧爆炸。同时,监管人员不懂安全业务知识,没有制订科学的销毁方案,没有将爆炸药物、成品、半成品及其原材料单独运输和销毁。

四、违法分析

该局相关主要工作人员未依法制订科学销毁方案,未科学指挥销毁,未尽职守,导致重大事故的发生,给人民生命财产造成重大损失,已构成违反《刑法》第三百九十七条之规定:"国家机关工作人员滥用职权或者玩忽职守,致使公共财产、国家和人民利益遭受重大损失的,处以三年以下有期徒刑或者拘役;情节特别严重的,处三年以上七年以下有期徒刑。本法另有规定的,依照规定。"

五、经验教训

烟花爆竹产品及药物销毁必须科学制订方案,分批次限量摊开远距离点火销毁。

烟花爆竹运输车辆必须是符合爆炸物品运输的车辆,由专业人员和装卸人员运输、装卸,其运输路线必须避开人群。对药物的销毁必须按国家标准,在符合安全条件的地点摊开,限每次销毁量销毁,同时点火人员必须远距离点火。

六、预防措施

(1)必须制订科学销毁方案,报经批准后实施。

(2)销毁物必须分开装卸,严防混装,尤其是药物要有专门车辆和人员负责运输、装卸。

(3)燃烧销毁时,严格按规定按量摊开分批次销毁,严禁集中销毁。

案例十一　烟花爆竹1.3级车间事故分析

一、事故名称

湖南“11·10”重大火药爆炸事故。

二、事故概况

2007年11月10日14时52分，湖南省××市达浒出口花炮总厂37号1.3级车间发生一起重大火药爆炸事故，造成11人死亡、2人受伤，直接经济损失257.1万元。

三、事故原因分析

(1)49发2寸“雪涛”产品所用的效果药是裸露的银色药柱，银色药柱由高氯酸钾、镁铝合金粉、树脂、硝酸钡、铝渣等组成，其摩擦、撞击感度高，极易引发燃烧和爆炸。

(2)魏××从半成品库、中转库药柱袋中盛取药柱时，因摩擦引爆了半成品银色药柱，导致事故发生。

(3)在37号1.3级车间内从事1.1级车间的作业工序，人员多，车间药物量大，瞬间引爆含药半成品后产生殉爆。此次事故参与爆炸的药量大于205 kg，并引燃了该车间内的半成品、散装成品及可燃物，导致事故扩大。

四、违法分析

该厂违反爆炸性物品管理规定，在生产中发生重大事故，造成了严重的后果，已经构成违反《刑法》第一百三十六条之规定：“违反爆炸性、易燃性、放射性、毒害性、腐蚀性物品管理规定，在生产、储存、运输、使用中发生重大事故，造成严重后果的，处三年以下有期徒刑或者拘役;后果特别严重的,处三年以上七年以下有期徒刑。”

五、经验教训

1.3 级车间严禁从事裸露药物工序作业。

六、预防措施

(1)严禁改变工房用途,裸露药物严禁进入 1.3 级车间生产。

(2)严格落实“少量、多次、勤运走”的方针,及时转运车间货物,严格限量生产。

(3)对待银色药柱等特殊产品,要加强安全措施,严防事故发生。

附录一 烟花爆竹 安全与质量（GB 10631—2013）

前言

本标准的全部技术内容为强制性。

本标准按照 GB/T 1.1—2009 给出的规则起草。

本标准代替 GB 10631—2004《烟花爆竹　安全与质量》。

本次修订依据《国务院办公厅转发安全监管总局等部门关于进一步加强烟花爆竹安全监督管理工作意见的通知》(国办发〔2010〕53号)文件精神及烟花爆竹安全监管部际联席会议要求，主要修订内容如下：

——完善了术语和定义；

——调整了分类与分级，将烟花爆竹产品分为个人燃放类和专业燃放类两大类，并分别对药种、药量、规格、结构、材质、燃放轨迹、燃放效果等技术要求做出了具体的规定；

——在个人燃放类中取消了小礼花类和内筒型组合烟花中危险性较大的品种，在严格限定单筒内径、单筒药量、开爆药量、总药量等安全技术指标的前提下，保留了小部分内筒型组合烟花；

——完善了包装要求和检验方法。

本标准由中国轻工业联合会、国家安全监管总局、公安部提出。

本标准由全国烟花爆竹标准化技术委员会(SAC/TC 149)归口。

本标准主要起草单位:国家轻工业烟花爆竹安全质量监督检测中心、熊猫烟花集团股份有限公司、江西李渡烟花集团有限公司、浏阳市中州烟花有限公司、湖南庆泰烟花制造有限公司、浏阳市大吉烟花爆竹制造有限公司、浏阳市集里出口礼花厂、浏阳市德顺鞭炮烟花制作有限公司、四川省广汉金雁花炮有限责任公司、浙江省桐庐县花炮厂、山东省莱芜市花王出口礼花厂、四川省职业安全健康协会烟花爆竹分会、郎溪县烟花爆竹行业协会、江苏省烟花爆竹产品质量监督检验中心。

本标准主要起草人:黄茶香、刘春文、刘捷光、朱玉平、刘东辉、徐莉、邱志雄、刘劲彪、谭爱喜、黎仲畦、张光辉、罗建社、江木根。

本标准所代替标准的历次版本发布情况为:

——GB 10631—1989、GB 10631—2004。

烟花爆竹　安全与质量

1　范围

本标准规定了烟花爆竹术语和定义、分类与分级、通用安全技术质量要求、检验方法、检验规则、运输和储存等内容。

本标准适用于烟花爆竹产品,不包括黑火药、烟火药和引火线。

2　规范性引用文件

下列文件对于本文件的应用是必不可少的。凡是注日期的引用文件,仅注日期的版本适用于本文件。凡是不注日期的引用文件,其最新版本(包括所有的修改单)适用于本文件。

GB 190　危险货物包装标志

GB/T 191　包装储运图示标志

GB/T 6284　化工产品中水分测定的通用方法　干燥减量法

GB/T 9724　化学试剂 pH 值测定通则

GB/T 10632　烟花爆竹　抽样检查规则

GB 11652　烟花爆竹作业安全技术规程

GB 12463　危险货物运输包装通用技术条件

GB/T 15814.1　烟花爆竹　烟火药成分定性测定

GB 19270　水路运输危险货物包装检验安全规范

GB 19359　铁路运输危险货物包装检验安全规范

GB 19433　空运危险货物包装检验安全规范

GB/T 21242　烟花爆竹　禁限用药剂定性检测方法

GB 24426　烟花爆竹　标志

GB 50161 烟花爆竹工程设计安全规范

QB/T 1941.5　烟花爆竹药剂　吸湿率的测定

SN/T 1730.3　出口烟花爆竹安全性能检验方法　第 3 部分：低温稳定性实验

3　术语和定义

下列术语和定义适用于本文件。

3.1　烟花爆竹　fireworks

以烟火药为主要原料制成，引燃后通过燃烧或爆炸，产生光、声、色、型、烟雾等效果，用于观赏、具有易燃易爆危险的物品。

3.2　效果药　pyrotechnic charge

用于产生光、声、色、型、烟雾等效果的烟火药。

3.3　开爆药(爆炸药、爆响药)　bursting charge

用于炸开效果件并引燃效果药的烟火药或用于炸开效果件(含爆竹筒体)的烟火药。

3.4　发射药　lifting charge

用于发射和推进作用的烟火药,有粒状、粉状两种。

3.5　雷弹　thunder

外壳封闭,内装药全部为爆炸药,以声响效果为主的效果件。

3.6　运输包装　transportation pack

用于运输的烟花爆竹包装单元。

3.7　零售包装　sales package

用于零售的烟花爆竹包装单元。

3.8　计数类产品　counting products

由一定数量的单一产品组成,通过烧成率进行评价的产品。

3.9　稳定杆　stability stick

用于稳定产品在空中运动方向或轨迹的部件。

3.10　引燃装置　ignition device

用于点火、传火、控制引燃时间以及保护引火线的装置,含引火线、点火头、擦火头、护引套(纸)、引线接驳器等。

3.11　护引套　fuse protector

用于防止引火线被意外点燃,保护引火线的部件。

3.12　引线接驳器　fuse connector

由插头和插座组成,用于烟花引线连接传火的部件。

3.13 底座 base

用于防止产品在燃放时倒筒的部件。

3.14 底塞 bottom plug

用于防止烟火药燃烧时火焰、气体等从底部喷出而筑填在底部的部件。

3.15 引燃时间 ignition time

从引火线点燃至主体被引燃的时间。

3.16 烧成 successful function

产品在燃放时达到设计效果的现象。

3.17 烧成率 functioning percentage

计数类产品燃放后,烧成个数占燃放总个数的百分比。

3.18 熄引 fuse extinguish

引火线被点燃后,未引燃主体的现象。

3.19 冲头 unpredictable top ejection

燃放时产生不应有的将产品喷射口冲掉或将爆竹的头部冲开的现象。

3.20 冲底 unpredictable plug ejection

燃放时产生不应有的将产品底塞或底座冲开的现象。

3.21 冲射 unpredictable ejection

燃放时产生不应有的快速发射状燃烧现象。

3.22 倒筒 tipover

燃放时产生不应有的倾倒现象。

3.23 烧筒 tube burnout

燃放时产生不应有的筒体燃烧现象。

3.24 炸筒 tube blowout

燃放时产生不应有的筒体炸裂现象。

3.25 散筒 multi-tube separation

燃放时产生不应有的筒体开裂、穿孔或筒体间分离现象。

3.26 低炸 low burst

燃放时在规定高度以下开爆的现象。

3.27 炙热物 debris

燃放时产生的高温块状物。

3.28 发射偏斜角 deflection angle of launch

升空产品发射时偏离水平面垂线的角度。

3.29 速燃 rapid burning

燃放时烟火药以大于设计燃速燃烧的现象。

3.30 爆燃 deflagration

燃放时烟火药以接近爆速猛烈燃烧的现象。

3.31 断火 fire off

燃放时主体中途熄灭或留有未被点燃烟火药的现象。

3.32 殉爆 detonation

某一产品或部件爆炸时，引发相邻产品或部件瞬间同时爆炸的现象。

4 分类与分级

4.1 产品类别

根据结构与组成、燃放运动轨迹及燃放效果,烟花爆竹产品分为以下 9 大类和若干小类(各类及小类与美国、欧盟标准分类对照表见附录 A),产品类别及定义见表 1。

表 1 产品类别及定义

<table>
<tr><th>序号</th><th>产品大类</th><th>产品大类定义</th><th>产品小类</th><th>产品小类定义</th></tr>
<tr><td rowspan="2">1</td><td rowspan="2">爆竹类</td><td rowspan="2">燃放时主体爆炸(主体筒体破碎或者爆裂)但不升空,产生爆炸声音、闪光等效果,以听觉效果为主的产品</td><td>黑药炮</td><td>以黑火药为开爆药的爆竹</td></tr>
<tr><td>白药炮</td><td>以高氯酸盐或其他氧化剂并含有金属粉成分为开爆药的爆竹</td></tr>
<tr><td rowspan="2">2</td><td rowspan="2">喷花类</td><td rowspan="2">燃放时以直向喷射火苗、火花、响声(响珠)为主的产品</td><td>地面(水上)喷花</td><td>固定放置在地面(或者水面)上燃放的喷花类产品</td></tr>
<tr><td>手持(插入)喷花</td><td>手持或插入某种装置上燃放的喷花类产品</td></tr>
<tr><td rowspan="2">3</td><td rowspan="2">旋转类</td><td rowspan="2">燃放时主体自身旋转但不升空的产品</td><td>有固定轴旋转烟花</td><td>产品设置有固定旋转轴的部件,燃放时以此部件为中心旋转,产生旋转效果的旋转类产品</td></tr>
<tr><td>无固定轴旋转烟花</td><td>产品无固定轴,燃放时无固定轴而旋转的旋转类产品</td></tr>
</table>

续表

序号	产品大类	产品大类定义	产品小类	产品小类定义
4	升空类	燃放时主体定向或旋转升空的产品	火箭	产品安装有定向装置，起到稳定方向作用的升空类产品
			双响	圆柱型筒体内分别装填发射药和爆响药，点燃发射竖直升空（产生第一爆响），在空中产生第二声爆响（可伴有其他效果）的升空类产品
			旋转升空烟花	燃放时自身旋转升空的产品
5	吐珠类	燃放时从同一筒体内有规律地发射出（药粒或药柱）彩珠、彩花、声响等效果的产品		
6	玩具类	形式多样、运动范围相对较小的低空产品，燃放时产生火花、烟雾、爆响等效果，有玩具造型、线香、摩擦、烟雾产品等	造型	产品外壳制成各种形状，燃放时或燃放后能模仿所造形象或动作；或产品外表无造型，但燃放时或燃放后能产生某种形象的产品
			线香	将烟火药涂敷在金属丝、木杆、竹竿、纸条上，或将烟火药包裹在能形成线状可燃的载体内，燃烧时产生声、光、色、形效果的产品
			烟雾	燃放时以产生烟雾效果为主的产品
			摩擦	用撞击、摩擦等方式直接引燃引爆主体的产品，有砂炮、击纸、擦地炮、圣诞烟花等

续表

序号	产品大类	产品大类定义	产品小类	产品小类定义
7	礼花类	燃放时，弹体、效果件从发射筒(单筒，含专用发射筒)发射到高空或水域后能爆发出各种光色、花型图案或其他效果的产品	小礼花	发射筒内径<76 mm，筒体内发射出单个或多个效果部件，在空中或水域产生各种花型、图案等效果。可分为裸药型、非裸药型；可发射单发、多发
			礼花弹	弹体或效果件从专用发射筒(发射筒内径≥76 mm)发射到空中或水域产生各种花型、图案等效果。可分为药粒型(花束)、圆柱型、球型
8	架子烟花类	以悬挂形式固定在架子装置上燃放的产品，燃放时以喷射(直向、侧向、双向)火苗、火花，编织形成字幕、图案、瀑布、人物、山水等画面。分为瀑布、字幕、图案等		
9	组合烟花类	由两个或两个以上小礼花、喷花、吐珠同类或不同类烟花组合而成的产品	同类组合烟花	限由小礼花、喷花、吐珠同类组合，小礼花组合包括药粒(花束)型、药柱型、圆柱型、球型以及助推型
			不同类组合烟花	仅限由喷花、吐珠、小礼花中两种组合

注：烟雾、摩擦仅限出口和专业燃放。

4.2 产品级别

按照药量及所能构成的危险性大小，烟花爆竹产品分为A、B、C、D四级。

4.2.1 A级：由专业燃放人员在特定的室外空旷地点燃放、危险性很大的产品。

4.2.2 B级：由专业燃放人员在特定的室外空旷地点燃放、危险性较大的产品。

4.2.3 C级：适于室外开放空间燃放、危险性较小的产品。

4.2.4 D级：适于近距离燃放、危险性很小的产品。

4.3 消费类别

按照对燃放人员要求的不同，烟花爆竹产品分为个人燃放类和专业燃放类。

4.3.1 个人燃放类：不需加工安装，普通消费者可以燃放的C级、D级产品。

4.3.2 专业燃放类：应由取得燃放专业资质人员燃放的A级、B级产品和需加工安装的C级、D级产品。

5 通用安全技术质量要求

5.1 标志

5.1.1 产品应有符合国家相关规定的标志。产品标志分为运输包装标志和零售包装标志。标志应附在运输包装或零售包装上不脱落。

5.1.2 运输包装标志的基本信息应包含：产品名称、消费类别、产品级别、产品类别、制造商名称及地址、安全生产许可证号、箱含量、箱含药量、毛重、体积、生产日期、保质期、执行标准代号以及“烟花爆竹”、“防火防潮”、“轻拿轻放”等安全用语或图案，安全图案应符合

GB 190、GB/T 191 要求。

5.1.3 零售包装标志的基本信息应包含:产品名称、消费类别、产品级别、产品类别、制造商名称及地址、含药量(总药量和单发药量)、警示语、燃放说明、生产日期、保质期。计数类产品应标明数量。

5.1.4 专业燃放类产品应使用红色字体注明“专业燃放类”的字样,个人燃放类产品应使用绿色字体注明“个人燃放类”的字样。摩擦产品应用红色字体注明“不应拆开”的字样。

5.1.5 专业燃放类产品还应标注加工、安装方法,发射高度、辐射半径、火焰熄灭高度、燃放轨迹等信息;设计为水上效果的产品应标注其燃放的水域范围。

5.1.6 标注内容正确且清晰可见,易于识别,难以消除并且与背景色对比鲜明。运输包装上的“消费类别”字体高度≥28 mm,其他≥6 mm,零售包装“警示语及内容”字体高度≥4 mm,其他≥2.2 mm。

5.1.7 燃放说明和警示语内容应符合 GB 24426 的规定。

5.2 包装

5.2.1 产品应有零售包装(含内包装)和运输包装;零售包装与运输包装等同时,必须同时符合零售包装和运输包装要求。

5.2.2 零售包装(含内包装)材料应采用防潮性好的塑料、纸张等,封闭包装,产品排列整齐、不松动。内包装材质不应与烟火药发生化学反应。

5.2.3 运输包装应符合 GB 12463 的要求。

5.2.4 运输包装容器体积符合品种规格的设计要求,每件毛重不超过 30 kg。

5.2.5 水路、铁路运输和空运产品的运输包装应分别符合 GB 19270、GB 19359、GB 19433 的技术要求。

5.2.6 专业燃放类产品包装(包括运输包装和零售包装)应使用单

一色彩(瓦楞纸原色,灰色、灰白色、草黄)的包装,不应使用其他彩色包装;个人燃放类产品包装可使用对比色度鲜明的彩色包装。

5.2.7　摩擦类产品包装应采取隔栅或填充物等方式。

5.3　外观

5.3.1　产品应保证完整、整洁,文字图案清晰。

5.3.2　产品表面无浮药、无霉变、无污染,外型无明显变形、无损坏、无漏药。

5.3.3　筒标纸粘贴吻合平整,无遮盖、无露头露脚、无包头包脚、无露白现象。

5.3.4　筒体应粘合牢固,不开裂、不散筒。

5.4　部件

5.4.1　底座、底塞和吊线

5.4.1.1　不需要加工安装的C级、D级,且放置在地面燃放主体不运动的烟花(喷花类、玩具类产品),筒高超过外径三倍的,应安装底座,底座的外径或边长应大于主体高度(含安装底座后增加的高度)三分之一。

5.4.1.2　底座应安装牢固,在燃放过程中,底座应不散开、不脱落。

5.4.1.3　底塞应安装牢固,跌落试验过程中,不开裂、不脱落。

5.4.1.4　吊线应在50 cm以上,安装牢固并保持一定的强度。

5.4.2　引燃装置

5.4.2.1　在所有正常、可预见的使用条件下使用引燃装置,应能正常地点燃并引燃效果药。

5.4.2.2　引火线、引线接驳器、电点火头应符合相应的质量标准要求。

5.4.2.3　点火引火线应为绿色安全引线,点火部位应有明显标识。

5.4.2.4　点火引火线应安装牢固,可承受200 g的作用力而不脱落或损坏。

5.4.2.5　快速引火线、电点火头和引线接驳器应慎重使用，并遵循下列要求：

a)产品不应预先连接电点火头(舞台用焰火采取固定防摩擦且有短路措施的除外)；

b)个人燃放类产品不应使用电点火头；

c)使用快速引火线和引线接驳器(仅限定在特殊的组合烟花)时，快速引火线与安全引火线及引线接驳器之间应安装牢固，可承受1 kg的作用力不脱落或损坏，快速引火线和引线接驳器均应有防火措施；

d)快速引火线仅作为连接引火线，颜色应为银色、红色或黄色。

5.4.2.6　点火引火线的引燃时间应保证燃放人员安全离开，且在规定时间内引燃主体。D级：2 s～5 s；C级：3 s～8 s；A级、B级：6 s～12 s。C级、D级产品设计无引燃时间的产品可不计引燃时间，专业燃放类产品采用电点火引燃的不规定引燃时间。

5.4.3　手持部位长度：C级不小于100 mm，D级不小于80 mm。A级、B级产品不应设计为手持燃放。

5.4.4　个人燃放产品不应含漂浮物和雷弹(单发开爆药小于2 g的除外)。

5.4.5　其他部件应符合有关标准要求，安装牢固，不脱落。

5.5　结构与材质

5.5.1　产品的结构和材质应符合安全要求，保证产品及产品燃放时安全可靠。

5.5.2　个人燃放类组合烟花筒体高度与底面最小水平尺寸或直径(产品底面中心点至边缘的最短距离的两倍)的比值应≤1.5，且应≤300 mm。

5.5.3　产品运动部件、爆炸部件及相关附件一般可采用纸质材料，不应采用金属等硬质材料，以保证在燃放时不产生尖锐碎片或大块坚硬物。如技术需要，固定物可采用木材、订书钉、钉子或捆绑用金属线，但固定物不应与烟火药物直接接触。

5.5.4 带炸效果件和单个爆竹产品内径大于 5 mm 的，如需使用固引剂，应能确保固引剂燃放后散开，固引剂碎片中不应含有直径大于 5 mm 的块状物。

5.6 药种、药量和安全性能

5.6.1 药种

5.6.1.1 产品不应使用氯酸盐（烟雾、摩擦、擦炮中的过火药、结鞭爆竹中纸引和擦火药头除外，所用氯酸盐仅限氯酸钾，结鞭爆竹中纸引仅限氯酸钾和炭粉配方），微量杂质检出限量为 0.1%。

5.6.1.2 产品不应使用双（多）基火药，不应直接使用退役单基火药。使用退役单基火药时，安定剂含量≥1.2%。

5.6.1.3 产品不应使用砷化合物、汞化合物、没食子酸、苦味酸、六氯代苯、镁粉、锆粉、磷（摩擦型除外）等，爆竹类、喷花类、旋转类、吐珠类、玩具类产品不应使用铅化合物，检出限量为 0.1%。

5.6.1.4 喷花类、旋转类、玩具类产品除可含每单个药量＜0.13 g 的响珠和炸子外，不应使用爆炸药和带炸效果件。

5.6.1.5 架子烟花产品仅限燃烧型药，不应使用爆炸药和带炸效果件。

5.6.2 药量

5.6.2.1 单个产品不应超过最大装药量（见表 2 和表 3，不包括引火线和填充物）。实际药量与标注药量的允许误差：药量≤2 g，误差±20%；2 g＜药量≤25 g，误差±15%；药量＞25 g，误差±10%。

5.6.2.2 个人燃放类产品最大允许药量见表 2。

5.6.2.3 专业燃放类产品最大允许药量见表 3。

表 2　个人燃放类产品最大允许药量

序号	产品大类	产品小类	最大允许药量	
			C 级	D 级
1	爆竹类	黑药炮	1 g/个	—
		白药炮	小炮 0.2 g/个,大炮 0.5 g/个	—
2	喷花类	地面(水上)喷花	200 g	10 g
		手持(插入)式喷花	75 g	10 g
3	旋转类	有固定轴旋转烟花	30 g	—
		无固定轴旋转烟花	15 g	1 g
4	升空类	火箭	10 g	—
		双响	9 g	
		旋转升空烟花	5 g/发	—
5	吐珠类	药粒型吐珠	20 g(2 g/珠)	—
6	玩具类	造型	15 g	3 g
		线香	25 g	5 g
7	组合烟花类	同类组合和不同类组合,其中: 小礼花单筒内径≤30 mm; 圆柱型喷花内径≤52 mm; 圆锥型喷花内径≤86 mm; 吐珠单筒内径≤20 mm	小礼花:25 g/筒; 喷花:200 g/筒; 吐珠:20 g/筒; 总药量:1 200 g (开包药:黑火药 10 g, 硝酸盐加金属粉 4 g, 高氯酸盐加金属粉 2 g)	50 g (仅限喷花组合)
注:表中符号“—”代表无此级别产品。				

表 3　专业燃放类产品最大允许药量

序号	产品大类	产品小类	最大允许药量			
			A 级	B 级	C 级	D 级
1	喷花类	地面(水上)喷花	1 000 g	500 g	—	—
2	旋转类	有固定轴旋转烟花	150 g/发	60 g/发	—	—
		无固定轴旋转烟花	—	30 g		

续表

<table>
<tr><th rowspan="2">序号</th><th rowspan="2">产品大类</th><th colspan="2" rowspan="2">产品小类</th><th colspan="5">最大允许药量</th></tr>
<tr><th colspan="2">A级</th><th>B级</th><th>C级</th><th>D级</th></tr>
<tr><td rowspan="2">3</td><td rowspan="2">升空类</td><td colspan="2">火箭</td><td colspan="2">180 g</td><td>30 g</td><td>—</td><td>—</td></tr>
<tr><td colspan="2">旋转升空烟花</td><td colspan="2">30 g/发</td><td>20 g/发</td><td>—</td><td>—</td></tr>
<tr><td>4</td><td>吐珠类</td><td colspan="2">吐珠</td><td colspan="2">400 g(20 g/珠)</td><td>80 g
(4 g/珠)</td><td>—</td><td>—</td></tr>
<tr><td rowspan="3">5</td><td rowspan="3">礼花类</td><td colspan="2">小礼花</td><td colspan="2">—</td><td>70 g/发</td><td>—</td><td>—</td></tr>
<tr><td rowspan="2">礼花弹</td><td>药粒型(花束)(外径≤125 mm)</td><td colspan="2">250 g</td><td rowspan="2">—</td><td rowspan="2">—</td><td rowspan="2">—</td></tr>
<tr><td>圆柱型和球型(外径≤305 mm,其中雷弹外径≤76 mm)</td><td colspan="2">爆炸药 50 g
总药量 8 000 g</td></tr>
<tr><td>6</td><td>架子烟花</td><td colspan="2">架子烟花</td><td colspan="2">—</td><td>瀑布 100 g/发;字幕和图案 30 g/发</td><td>瀑布 50 g/发;字幕和图案 20 g/发</td><td>—</td></tr>
<tr><td rowspan="2">7</td><td rowspan="2">组合烟花类</td><td colspan="2" rowspan="2">同类组合和不同类组合</td><td>药柱型、圆柱型内径≤76 mm,100 g/筒</td><td rowspan="2">总药量 8 000 g</td><td rowspan="2">内径≤51 mm
50 g/筒
总药量 3 000 g</td><td rowspan="2">—</td><td rowspan="2">—</td></tr>
<tr><td>球型内径≤102 mm,320 g/筒</td></tr>
</table>

注 1:表中符号“—”表示无此级别产品。

注 2:舞台上用各类产品均为专业类产品。

注 3:含烟雾效果件产品均为专业类产品。

5.6.3　安全性能

5.6.3.1　产品及烟火药的安全性能应定期进行检测。新产品批量生产前应对产品及烟火药进行检测。

5.6.3.2　产品安全性能检测包括跌落试验、热安定性、低温试验及烟火药安全性能检测。烟火药安全性能检测包括摩擦感度、撞击感度、火焰感度、静电感度、着火温度、爆发点、相容性、吸湿性、水分、pH 值。

5.6.3.3　产品及烟火药热安定性在 75℃±2℃、48 h 条件下应无肉眼可见分解现象,且燃放效果无改变。

5.6.3.4　产品低温试验在－35℃～－25℃、48 h 条件下应无肉眼可见冻裂现象,且燃放效果无改变。

5.6.3.5　产品的跌落试验不应出现燃烧、爆炸或漏药的现象。

5.6.3.6　产品各类烟火药摩擦感度、撞击感度、火焰感度、静电感度、着火温度、爆发点、热安定性、相容性应符合相关标准要求。

5.6.3.7　烟火药的吸湿率应≤2.0%,笛音药、粉状黑火药、含单基火药的烟火药应≤4.0%。

5.6.3.8　烟火药的水分应≤1.5%,笛音药、粉状黑火药、含单基火药的烟火药≤3.5%。

5.6.3.9　烟火药的 pH 值应为 5～9。

5.7　燃放性能

5.7.1　喷花类的喷射高度应符合以下规定:D 级≤1 m;C 级≤8 m;B 级≤15 m。

5.7.2　各类升空产品效果出现的最低高度见表 4。

表 4　各类升空产品效果出现的最低高度值

产品类别	典型产品	产品型号或级别	最低高度值/m
礼花类	小礼花	C 级	10
		B 级	35
	礼花弹	3 号	50
		4 号	60
		5 号	80
		6 号	100
		7 号	110
		8 号	130
		10 号	140
		12 号	160
组合烟花类		C 级	10
		B 级	35
		A 级	45(3 号)/60(4 号)
升空类	旋转升空		3
	其他		5
注:不包括花束和水上效果的产品。			

5.7.3　发射升空产品的发射偏斜角应≤22.5°,造型组合烟花和旋转升空烟花的发射偏斜角应≤45°(仅限专业燃放类)。

5.7.4　A 级产品的声级值应≤120 dB,B 级、C 级、D 级≤110 dB,爆竹产品≤120 dB。

5.7.5　个人燃放类产品燃放时产生的火焰、燃烧物、色火或带火残体不应落到距离燃放中心点 8 m 之外的地面。专业燃放类产品燃放时产生的火焰、燃烧物、色火或带火残体不应落到距离燃放中心点 B 级 20 m,A 级 40 m 之外的地面(特殊设计的专业燃放类产品除外)。

5.7.6　产品燃放时产生的炙热物与燃放中心点横向距离:C 级≤15 m、B 级≤25 m、A 级≤60 m。

5.7.7　产品燃放时产生的质量大于 5 g(纸质大于 15 g,设计效果中的漂浮物除外)的抛射物与燃放中心点横向距离:C 级≤20 m,B 级≤30 m,A 级≤80 m。

5.7.8　产品燃放不应出现倒筒、烧筒、散筒、低炸现象,且燃放后筒体不应继续燃烧超过 30 s;其他缺陷应符合 GB/T 10632 的要求。

5.7.9　计数类产品,计量误差应在±5%的范围内。

5.7.10　计数类产品烧成率应大于 90%。

5.7.11　旋转类产品的允许飞离地面高度应≤0.5 m,旋转直径范围应≤2 m。

5.7.12　线香型产品不应爆燃,燃放高度 1 m±0.1 m 时不应有火星落地。

5.7.13　烟雾效果不应出现明火。

5.7.14　玩具类造型产品行走距离应≤2 m。

6　检验方法

6.1　标志检验

目测方法进行检验。

6.2　包装检验

目测及按相关包装标准执行。

6.3　外观检验

目测方法进行检验。

6.4　部件检查

6.4.1　底座牢固性和稳定性检验

6.4.1.1　底座牢固性检验:拿起底座使主体向下,在下垂的主体上加挂 50 g 重物吊起 1 min,观察底座与主体是否分离;观察产品燃放过程，底座是否脱落或者散开。

6.4.1.2　底座稳定性检验：将样品直立放置在用硬木板制成的与水平面成30°的斜面上，样品不应斜倒，样品旋转任意角度后，也不应倾倒。

6.4.2　引燃装置检验

6.4.2.1　用目测方法观察点火引火线、快速引火线、电点火头、引线接驳器的外观及连接是否完好。

6.4.2.2　引火线牢固性检验：将样品主体提起，在下垂的引火线上吊起200 g重物1 min，观察引火线是否脱落；快速引火线与安全引火线及引线接驳器之间应吊起1 000 g的重物或自身质量的1倍(取最小值)1 min，观察引火线是否脱落。

6.4.2.3　引燃时间测定：用两块精度不低于0.1 s的计时秒表，测量从点燃引火线至引燃主体的时间。两块表读的数偏差<0.5 s，则检验结果有效。取其平均值，采用四舍五入法，精确到0.1 s。

6.4.2.4　快速引火线和接驳器防火测试：露在外面的快速引火线和接驳器旁燃时间应大于20 s。

6.4.3　底塞牢固性检验

将主体(安装底座的产品不摘除底座)水平状拿住，从400 mm高处，向厚度为30 mm以上的硬木板上自由落下，每个样品重复3次，观察底塞是否开裂或跌落。

6.4.4　吊线牢固性检验

在吊线上加50 g重物后吊起1 min，观察吊线是否脱落或断线。

6.5　结构与材质检验

目测产品结构和材质是否符合5.5.1、5.5.2、5.5.3、5.5.4的要求，必要时解剖检测其结构。

6.6　药种、药量、安全性能检测

6.6.1　药种采用 GB/T 21242、GB/T 15814.1 标准方法进行检测。

6.6.2　药量采用计量合格且符合相应精度的天平进行检测。药量≤2 g 的，取 10 个(发)样品分别称量记录，最大值为产品药量；2 g<药量≤25 g 的，取 5 个(发)样品分别称量记录，最大值为产品药量；药量>25 g 的，取 3 个(发)样品分别称量记录，最大值为产品药量。

6.6.3　安全性能检测

6.6.3.1　吸湿性测定按 QB/T 1941.5 规定执行。

6.6.3.2　水分测定按 GB/T 6284 规定执行(采取烘箱干燥或红外水分测定仪检测)。

6.6.3.3　pH 值测定按 GB/T 9724 规定执行。

6.6.3.4　热安定性测定：单个产品药量小于 100 g 的，将产品放置在 75℃±2℃的烘箱中 48 h 无燃烧、爆炸现象，取出放置 24 h 后燃放，观察是否保持原设计效果；单个产品药量≥100 g 的，称取 50 g 烟火药放置在 75℃±2℃的烘箱中 48 h 无燃烧、爆炸现象，取出放置 24 h 后点燃，观察是否保持原设计效果。

6.6.3.5　低温试验按 SN/T 1730.3 规定执行。

6.6.3.6　跌落试验：将成箱产品从 12 m 高处自由落在平整的水泥地面上，观察产品是否发生燃烧、爆炸和漏药现象。

6.6.3.7　摩擦感度、撞击感度、火焰感度、静电感度、着火温度、爆发点按相关标准检测。

6.7　燃放性能检验

6.7.1　进行燃放性能检验时遇有下列情况，应暂停或终止燃放：

a)风力超过 6 级或可能危及安全区内建筑物、电力通讯设施和公众安全；

b)突然下雨、起雾等，妨碍燃放正常进行；

c）发生膛炸、低炸、筒口炸等危及人身安全的意外情况；

d）现场燃放人员认为有必要暂停或终止燃放的情况。

6.7.2 发射高度的测定：可选用标杆、测距仪、经纬仪及其他仪器设备测定，允许误差：发射高度≤30 m时，±2 m；发射高度30 m～50 m时，±4 m；发射高度＞50 m时，±8 m。

6.7.3 发射偏斜角的测定：选择图1或图2装置，在观测点处将A点对准发射点，透过透明板观察发射偏斜角。

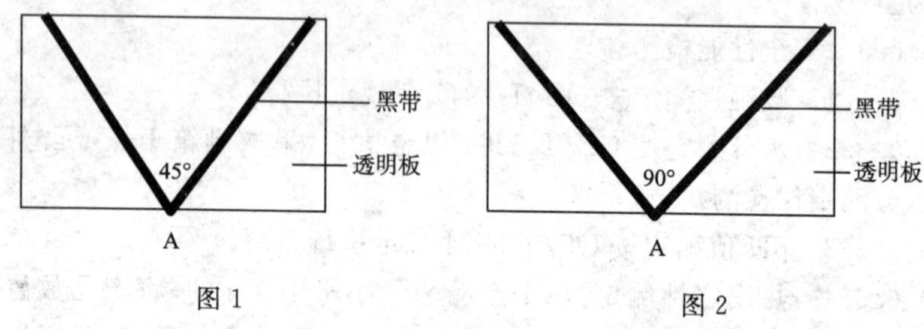

图1　　图2

6.7.4 声级值检验：随机抽取样品（爆竹10个、其他3个）进行声级测定，声级计水平放置安装在三角架上，吸音器中心线距地面1.5 m，根据不同级别的样品，确定声级计与样品燃放点的水平距离：A级为25 m，B级为15 m，C级为8 m，D级为2 m，燃放样品，记录声级数据，取最大值为样品的声级值。（环境条件：室外开阔平坦的硬性地面上，周围15 m内无声音反射的物件；环境噪声小于60 dB；风速＜5级，无雨、雾。）

6.7.5 烧成率检验：将一定数量的产品燃放后，统计出烧成数与未烧成数，计算出烧成率。

6.7.6 抛射物检测：目测是否有金属抛射物，观察色火或炙热物是否在规定范围以内。用米尺测量有可能超过指定限度质量残渣离燃放点的距离，并用感量0.1 g的天平称量其质量。

7　检验规则

7.1　组批

以相同原材料、相同工艺条件、同一生产线和班次生产的品种、规格相同的产品为一批。

7.2　型式检验

7.2.1　有下列情况之一应进行型式检验：

a)新产品投产之前；

b)停产半年以上再生产时；

c)原材料、工艺发生重大变化时；

d)监督检验部门提出要求时。

7.2.2　型式检验抽样方法按GB/T 10632规定执行。

7.2.3　型式检验项目：标志、包装、外观、部件、结构与材质、药种、药量、安全性能(烟火药涉及新材料的以及需检测的，应检测摩擦感度、撞击感度、静电感度、火焰感度和着火温度等项目)、燃放性能。

7.3　出厂检验和进货验收

7.3.1　出厂检验

7.3.1.1　出厂检验抽样方法按GB/T 10632规定执行。

7.3.1.2　出厂检验项目：标志、包装、外观、部件、药量、燃放性能。

7.3.1.3　每批产品应经生产厂家质检部门按本标准规定的方法检验合格，并出具合格证方可出厂。

7.3.2　进货验收

7.3.2.1　进货单位应委托专业检验机构或自行组织对产品的标志、包装、外观、部件、药量、燃放性能等进行检验验收。

7.3.2.2　产品无质量合格证明或有破损、受潮、霉变、变形的应拒收，并视情况作相应处理。

7.3.2.3　供需双方发生质量纠纷，应由法定专业检验机构进行质量仲裁。

8　运输和储存

8.1　运输

产品应符合国家对烟花爆竹运输的统一规定。

8.2　储存

8.2.1　产品储存应按 GB 11652 要求存放在专用危险品仓库。仓库和储存限量应符合 GB 50161 规定。

8.2.2　产品从制造完成之日起，在正常条件下运输、储存，保质期五年（含铁砂的产品保质期一年）。

附录 A
（资料性附录）
烟花爆竹分类与美国、欧盟标准分类对照表

表 A.1　烟花爆竹分类与美国、欧盟标准分类对照表

<table>
<tr><th>序号</th><th>大类</th><th>典型产品</th><th>对应的美国标准类别</th><th>对应的欧盟标准类别</th></tr>
<tr><td rowspan="2">1</td><td rowspan="2">爆竹类</td><td>黑药炮</td><td rowspan="2">爆竹类</td><td rowspan="2">爆竹类</td></tr>
<tr><td>白药炮</td></tr>
<tr><td rowspan="3">2</td><td rowspan="3">喷花类</td><td>地面（水上）喷花</td><td>地面花筒</td><td rowspan="3">花筒</td></tr>
<tr><td rowspan="2">手持（插入）喷花</td><td>手持式花筒</td></tr>
<tr><td>插座式花筒</td></tr>
<tr><td rowspan="2">3</td><td rowspan="2">旋转类</td><td>有固定轴旋转烟花</td><td rowspan="2">地面旋转类</td><td rowspan="2">转轮、地面旋转和地面移动类</td></tr>
<tr><td>无固定轴旋转烟花</td></tr>
</table>

续表

<table>
<tr><th>序号</th><th>大类</th><th>典型产品</th><th>对应的美国标准类别</th><th>对应的欧盟标准类别</th></tr>
<tr><td rowspan="3">4</td><td rowspan="3">升空类</td><td>火箭</td><td>火箭、飞弹</td><td>火箭、小火箭、空中转轮</td></tr>
<tr><td>双响</td><td>—</td><td>双响炮</td></tr>
<tr><td>旋转升空烟花</td><td>直升飞机</td><td>旋转升空类</td></tr>
<tr><td>5</td><td>吐珠类</td><td>吐珠</td><td>吐珠筒</td><td>罗马烛光</td></tr>
<tr><td rowspan="7">6</td><td rowspan="7">玩具类</td><td>造型</td><td>聚会、玩具和烟类</td><td>蛇、桌面烟花、玩具火柴</td></tr>
<tr><td>线香</td><td>手持电光花</td><td>手持电光花</td></tr>
<tr><td>烟雾</td><td>聚会、玩具和烟类</td><td>孟加拉火焰，孟加拉烟花棒</td></tr>
<tr><td rowspan="4">摩擦</td><td>聚会、玩具和烟类之砂炮</td><td>摔炮</td></tr>
<tr><td rowspan="2">聚会、玩具和烟类之拉炮</td><td>拉炮</td></tr>
<tr><td>火帽</td></tr>
<tr><td>聚会、玩具和烟类之快乐烟花</td><td>快乐烟花、圣诞烟花</td></tr>
<tr><td rowspan="2">7</td><td rowspan="2">礼花类</td><td>小礼花</td><td rowspan="2">彗尾、地面花束和礼花弹类</td><td>单筒地面礼花</td></tr>
<tr><td>礼花弹</td><td>礼花弹</td></tr>
<tr><td>8</td><td>架子烟花</td><td>—</td><td>—</td><td>—</td></tr>
<tr><td rowspan="2">9</td><td rowspan="2">组合烟花类</td><td>同类组合烟花</td><td rowspan="2">组合类</td><td>同类组合</td></tr>
<tr><td>不同类组合烟花</td><td>不同类组合</td></tr>
</table>

参考文献

[1] 国务院办公厅转发安全监管总局等部门关于进一步加强烟花爆竹安全监督管理工作意见的通知(国办发〔2010〕53 号)

[2] 烟花爆竹安全监管部际联席会议第二次全体会议纪要(2012 年 10 月)

附录二 烟花爆竹作业安全技术规程（GB 11652—2012）

前言

本标准全部技术内容为强制性。

本标准替代 GB 11652—1989。

本标准按照 GB/T 1.1—2009《标准化工作导则 第一部分：标准的结构和编写》规定的原则编写。

本标准共分 13 章和 1 个附录。与 GB 11652—1989 相比，对适用范围、烟火药制造、产品制作等方面内容进行了较大幅度的修订，主要差异如下：

——将原标准名称中的"劳动"修改为"作业"，定名为《烟花爆竹作业安全技术规程》。

——将标准适用范围从仅限于烟花爆竹生产企业扩大到烟花爆竹生产和经营企业。

——更科学地界定了几个重要术语的定义，增加了效果件的定义。

——增加了药物混合时药量的控制和黑火药制造的规定，完善了烟火药的干燥散热和收取包装等安全技术要求。

——考虑了不同生产工序药物定量有规律衔接和现实生产情况，确定了各生产工序的药物定量，对礼花弹装球和烟花组装的定量作了较大修改。

——增加了爆竹插引与封口安全技术要求。

——完善了烘房的安全技术要求。

——将“设备与维修”修改为“设备及设备安装、使用、维修”,并根据现实与发展的需要,作了较大的调整和增补。

——完善了危险工序作业人员安全培训要求内容。

——增加了一般性规定、引火线制作、危险性废弃物处置三章。

此外,本标准把主要产品的生产工艺流程图作为资料性附录(附录 A),以便对照查阅。

本标准由国家安全生产监督管理总局提出。

本标准由全国安全生产标准化技术委员会(SAC/TC 288)归口。

本标准起草单位:国家轻工业烟花爆竹安全质量监督检测中心、江西李渡烟花集团有限公司、熊猫烟花集团股份有限公司、浏阳东信烟花集团有限公司、浏阳庆泰烟花有限公司、湖南景泰烟花有限公司、浏阳集里出口礼花厂、河北蠡县德茂花炮厂、浙江桐庐县花炮厂、山东夏津县鲁阳花炮有限公司。

本标准主要起草人:黄茶香、宋汉文、刘宁、黎仲畦、罗建社、刘春文、蔺传球、李金明、孙仕定、刘捷光、肖湘杰、赵伟平、范志宇、杜元金、危成焰、刘刚、姜锡松、卢荣秋、赵政。

本标准所代替版本的历次发布情况为:

—— GB 11652—1989《烟花爆竹劳动安全技术规程》。

烟花爆竹作业安全技术规程

1 范围

本标准规定了烟花爆竹生产和经营企业在烟花爆竹生产、研制、储存、装卸、企业内运输、燃放试验及危险性废弃物处置过程中的作业安全技术要求。

本标准适用于烟花爆竹生产和经营企业。

2　规范性引用文件

下列文件对于本文件的应用是必不可少的。凡是注日期的引用文件，仅所注日期的版本适用于本文件。凡是不注日期的引用文件，其最新版本(包括所有的修改单)适用于本文件。

GB 2626 自吸过滤式防尘口罩

GB 4064 电气设备安全设计导则

GB 5083 生产设备安全卫生设计总则

GB/T 8196 机械安全 防护装置 固定式和活动式防护装置设计与制造一般要求

GB 10631 烟花爆竹 安全与质量

GB 12801 生产过程安全卫生要求总则

GB/T 13869 用电安全导则

GB 24284 大型焰火燃放安全技术规程

GB 50161 烟花爆竹工程设计安全规范

AQ 4111 烟花爆竹作业场所机械电器安全规范

3　术语和定义

下列术语和定义适用于本文件。

3.1　烟火药　gunpowder

主要由氧化剂与还原剂等组成的，燃烧、爆炸时能产生光、声、色、烟雾、气体等效果的混合物。

3.2　黑火药　black gunpowder

用硝酸钾、炭粉和硫磺或用硝酸钾和炭粉为原材料制成的一种烟火药。

3.3 效果件 effect parts

通过工艺制作形成的烟火药或含有烟火药的单个形体(包括药粒、药柱、药块、药包、药球、效果内筒、效果引线等),分为裸药效果件和非裸药效果件。

3.4 非裸药效果件 non-exposure gunpowder effect parts

用壳体将烟火药紧密包装后的效果件。

3.5 工房 workshop

烟花爆竹生产作业的厂房。

3.6 定机 equipment quota

在危险性场所允许的最多机械设备台(套)数。

3.7 定员 personnel quota

在危险性场所允许的最多人数。

3.8 定量 gunpowder weight quota

在危险性场所允许存放(或滞留)的最大药物质量(含半成品、成品中的药物质量)。

3.9 危险性废弃物 hazardous waste

在烟花爆竹生产经营过程中,废弃的烟花爆竹产品及含药半成品、烟火药、引火线、危险化学品。

3.10 蘸药(点药) dipping of wet gunpowder

将湿药黏附在效果件、部件点火端上的过程。

3.11　组装　assembly work

将非裸药效果件、部件组合在一起的过程。

3.12　装、筑(压)药　filling gunpowder

将烟火药、黑火药或裸药效果件装(填、筑、压)入壳体或模具的过程。

4　一般性规定

4.1　应建立健全安全生产管理规章制度和岗位操作规程,并有效实施。

4.2　应在许可的专用场所内,按许可的产品类别、级别范围进行安全生产和储存。

4.3　应按设计用途使用工(库)房,并按规定设置安全标志或标识,不应擅自改变生产作业流程、工(库)房用途和危险等级。

4.4　操作者不应擅自改变药物配方和操作规程;确需改变时,应按相应程序和规定经审查批准后方可操作。

4.5　应遵守本标准定员、定量和定机的规定,不应超定员、定机、定量生产和储存。

4.6　手工直接接触烟火药的工序应使用铜、铝、木、竹等材质的工具,不应使用铁器、瓷器和不导静电的塑料、化纤材料等工具盛装、掏挖、装筑(压)烟火药;盛装烟火药时药面应不超过容器边缘。

4.7　操作工作台应稳定牢固;直接接触烟火药工序的工作台宜靠近窗口,应设置橡胶、纸质、木质工作台面,且应高于窗口,不应使用塑料、化纤等不导静电材质的工作台面。

4.8　烟火药中不应混入与烟火药配方无关的泥沙等杂物、杂质,如意外混入不应使用。

4.9　直接接触烟火药的工序应按规定设置防静电装置,并采取增加湿度等措施,以减少静电积累。

4.10 烟火药、黑火药、引火线、效果件、含药半成品及成品生产、制作、装卸、搬运过程中应轻拿、轻放、轻操作,不应有拖拉、碰撞、抛摔、用力过猛等行为。

4.11 生产作业场所应保证疏散通道畅通,不应闩门、闩窗生产。

4.12 应在工作台上操作,不应把地面当作工作台。

4.13 不应在规定地点外晾晒烟花爆竹成品、半成品及烟火药、黑火药、引火线。

4.14 不应在规定的燃放试验场外燃放试验产品,不应在规定的销毁场外销毁危险性废弃物。

4.15 未安装阻火器的机动车辆不应进入有药生产、储存区域。

4.16 不应擅自增设建(构)筑物、安装电气(器)设备。

4.17 不应在生产、储存区吸烟、生火取暖;不应携带火柴、打火机等火源火种进入生产、储存区;不应在有可燃性气体,药物、可燃物粉尘环境的工(库)房使用无线通信设备。

4.18 有药工序使用新设备和新工艺前,应按有关规定对其安全性能、安全技术要求进行论证。

4.19 储存乙醇、丙酮等易燃液体的库房应保持通风良好。

4.20 工(库)房面积应满足 GB 50161 人均使用面积要求。

4.21 按照 GB 50161 规定,采用抗爆间室、隔离操作的联建 1.1 级工房,其定员、定机可为单人单机单间。

5 烟火药制造及裸药效果件制作

5.1 基本要求

5.1.1 烟火药制造、裸药效果件制作的各工序应分别在单独工房内进行。

5.1.2 除造粒和制开包(球)药外,电动机械制造(作)烟火药及裸药效果件,在机械运转时人与机械间应有防护设施隔离。

5.2 原材料准备

5.2.1 烟火药的原材料应符合有关原材料质量标准要求，具有产品合格证；进厂应经过检验合格后方可使用。

5.2.2 原材料(药种)的使用应符合 GB 10631 规定。

5.2.3 在开启原材料的包装时，应检查包装是否完整；包装打开后，应检查包装内物质与有关标识是否相符；发现包装内物质与标识不符及物质受潮、变质等现象应停止使用。

5.3 原材料粉碎筛选

5.3.1 原材料筛选粉碎，每栋工房定员 2 人。

5.3.2 粉碎前应对设备和工具进行全面检查，并认真清除粉尘；粉碎前后应筛选除去杂质。

5.3.3 粉碎氧化剂、还原剂应分别在单独专用工房内进行，每栋工房定员 2 人；严禁将氧化剂和还原剂混合粉碎筛选；粉碎筛选过一种原材料后的机械、工具、工房应经清扫(洗)、擦拭干净才能粉碎筛选另一种原材料；高感度的材料应专机粉碎；不应用粉碎氧化剂的设备粉碎还原剂，或用粉碎还原剂的设备粉碎氧化剂。

5.3.4 原材料粉碎时应保持通风并防止粉尘浓度过高。

5.3.5 用湿法粉碎时，不应有原材料外溢。

5.3.6 粉碎的原材料包装后，应标明品种、规格、数量和日期。

5.4 原材料称量

5.4.1 原材料称量，每栋工房定员 1 人，定量 200 千克。

5.4.2 称量应符合下列要求：

5.4.2.1 称量前应检查各种原材料的标志标签、色质以及计量器具的准确性。

5.4.2.2 称量应准确，其每份总量应与每次药物混合工序定量相一致。

5.4.2.3 称量氧化剂、还原剂，应分别使用取料工具和计量器具，称好的氧化剂应与还原剂及其他原材料应分别盛装,装入容器后应立即标识。

5.4.2.4　不应在称原材料工房进行药物混合。

5.5　药物混合

5.5.1　烟火药各成分混合宜采用转鼓等机械设备,每栋工房定机1台,定员1人;手工混药,每栋工房定员1人。

5.5.2　黑火药制造宜采用球磨、振动筛混合,三元黑火药制造应先将炭和硫进行二元混合。

5.5.3　含氯酸盐等高感度药物的混合,应有专用工房,并使用专用工具。

5.5.4　机械混药应符合下列要求:

5.5.4.1　药物混合前对设备进行全面检查,并检查粉尘清理情况。

5.5.4.2　应远距离操作,人员未离开机房,不应开机。

5.5.4.3　人工进出料时,应停机断电、散热后进行。

5.5.5　药物混合每栋工房定量应符合表1规定。

表1　药物混合定量表

<table>
<tr><th rowspan="2">序号</th><th rowspan="2">烟火药类别</th><th rowspan="2">烟火药种别</th><th colspan="2">定量(千克)</th></tr>
<tr><th>手工</th><th>机械</th></tr>
<tr><td rowspan="2">1</td><td rowspan="2">硝酸盐
烟火药</td><td>黑火药</td><td>8</td><td>200</td></tr>
<tr><td>含金属粉烟火药</td><td>5</td><td>20(干法)
100(湿法)</td></tr>
<tr><td rowspan="2">2</td><td rowspan="2">高氯酸盐
烟火药</td><td>含铝渣、钛粉、笛音剂的烟火药、爆炸药</td><td>3</td><td>10</td></tr>
<tr><td>光色药、引燃药</td><td>5</td><td>10</td></tr>
<tr><td rowspan="3">3</td><td rowspan="3">氯酸盐
烟火药</td><td>烟雾药、过火药</td><td>8</td><td>20</td></tr>
<tr><td>引火线药</td><td>3</td><td>10(干法)
100(湿法)</td></tr>
<tr><td>摩擦药</td><td>0.5(湿法)</td><td></td></tr>
<tr><td>4</td><td>其他烟火药</td><td>响珠烟火药等</td><td>5</td><td>10</td></tr>
<tr><td colspan="5">注:表中未注明湿法的均为干法混合。</td></tr>
</table>

5.5.6 多种烟火药混合，每次限量取该若干种烟火药表1限量的平均值。

5.5.7 不应使用石磨、石臼混合药物；不应使用球磨机混合氯酸盐烟火药等高感度药物。

5.5.8 摩擦药的混合，应将氧化剂、还原剂分别用水润湿后方可混合，混合后的烟火药应保持湿度；不应使用干法和机械法混合摩擦药。

5.5.9 每次药物混合后，宜采用竹、木、纸等不易产生静电的材质容器盛装，及时送入下道工序或药物中转库存放，并立即标识。

5.5.10 混合药（除黑火药外）应及时用于制作产品或效果件，湿药应即混即用，保持湿度，防止发热；干药在中转库的停滞时间小于等于24小时。

5.5.11 采用湿法配制含铝、铝镁合金等活性金属粉末的烟火药时，应及时做好通风散热处理。

5.5.12 混药结束后应及时清理粉尘和现场。

5.5.13 不应在混药工房进行装药。

5.6 烟火药调湿

5.6.1 每栋工房定员1人，每栋工房的定量：使用水溶剂调湿硝酸盐烟火药100千克，含氯酸盐或使用易燃有机溶剂（如二硫化碳、酒精、丙酮、油漆）作粘合剂的药物（如擦火头药、擦地炮药）3千克，其他药物15千克。

5.6.2 调湿时如发现温度异常，应迅速摊开散热；搅拌工具应避免与容器摩擦撞击。

5.6.3 调制湿药使用的溶剂和粘合剂pH值应为5～8。

5.7 裸药效果件制作

5.7.1 药粒、开包炸药制作

5.7.1.1 电动机械造粒或制药，每栋工房定机1台，定员1人，定量

(干法 5 千克,湿法 20 千克);手工造粒或制药,每栋工房定员 1 人,定量 5 千克。

5.7.1.2 造粒或制药前应用相应溶剂湿润药罐内壁,造粒或制药后应用相应溶剂清洗药罐内壁。

5.7.1.3 机械运转过程中,药物温度急剧上升时应及时停机处理。

5.7.1.4 药粒的筛选分级应在药粒未干之前进行,每栋工房定员 1 人,定量(干法 5 千克,湿法 20 千克)。

5.7.2 药柱(块、片)制作

5.7.2.1 制作药柱应采用湿药筑压,定量按表 1 限量的 1/2 计算。

5.7.2.2 机械压药,每栋工房定机 1 台,定员 2 人,人机隔离操作;手工模具压药,每栋工房定员 1 人。

5.7.2.3 褙药柱、药柱蘸(装)药,每栋工房定员 2 人,定量 5 千克。

5.7.2.4 制药块(片)应采用湿药切割,每栋工房定员 1 人,定量 2 千克。

5.7.3 制成的湿效果件应摊开放置,摊开厚度小于等于 1.5 厘米(效果件直径大于 0.75 厘米时,其摊开厚度小于等于效果件直径的 2 倍)。

5.8 粒状黑火药制作

5.8.1 潮药装模、人工碎(药)片、包装,每栋工房定员 1 人;机械压(药)片、机械碎(药)片、造粒分筛、抛光、精筛,每栋工房定机 1 台,定员 1 人。

5.8.2 各工序工房定量分别为:潮药装模 120 千克、压(药)片 120 千克、散热 800 千克、人工碎(药)片 15 千克、机械碎(药)片 80 千克、造粒分筛 80 千克、抛光 250 千克、精筛 80 千克、包装 80 千克。

5.8.3 添加药和出药操作时,应在停机 10 分钟后进行;装模时宜包片,压药应同时均匀加热,温度小于等于 110 摄氏度;压药片时应预加压,并缓慢升压,最大压力小于等于 20 兆帕。

5.8.4 定量大的工序到定量小的工序之间应设置中转库。

5.9 其他烟火药(雷酸银)制造

5.9.1 雷酸银制作应在单独专用工房内进行，每栋工房定员1人，每次制作时使用的硝酸银量小于等于15克，制作好的雷酸银应保持湿度并迅速混砂。

5.9.2 雷酸银混砂

5.9.2.1 将湿雷酸银倒入计量的砂堆上，用竹或木片拌匀，不应使用金属棒或用手直接拌混。

5.9.2.2 每次混砂砂量小于等于10千克。

5.9.2.3 雷酸银砂混好后，应保持湿度，拌混工具应放入硫代硫酸钠等还原性水中浸泡并清洗干净。

5.10 药物干燥散热、收取包装

5.10.1 药物干燥应采用日光、热水(溶液)、低压热蒸汽、热风干燥或自然晾干，不应用明火直接烘烤药物。

5.10.2 被干燥的药物应摊开放置药盘中，药层厚度小于等于1.5厘米(效果件直径大于0.75厘米时，其摊开厚度小于等于效果件直径的2倍)；药盘直径或边长应小于等于60厘米。

5.10.3 日光干燥应符合下列要求：

5.10.3.1 日光干燥应在专用晒场进行，定量应小于等于1000千克，晒坪应硬化、平整、光洁。

5.10.3.2 晒场应设晒架，晒架应稳固，高度宜在25厘米～35厘米之间，晒架间应留搬运、疏散通道，通道应与主干道垂直，通道宽度大于等于80厘米。

5.10.3.3 严禁将药物直晒在地面上，气温高于37摄氏度时不宜进行日光直晒。

5.10.3.4 晒场应由专人管理，同时进入场内不应超过2人，非管理和操作人员不应进入晒场；不应在晒场进行浆药、筛药、包装等操作。

5.10.3.5 应时刻关注晒场气象情况，在大风、下雨前应将晒场内药物收入散热间或及时采取防雨淋措施;下雨时不应抢收药物,被淋湿的药物应摊开放置,不应堆放,不应放置在封闭室内。

5.10.4 烘房干燥应符合下列要求:

5.10.4.1 水暖干燥时,每栋烘房定量应小于等于1000千克,烘房温度应小于等于60摄氏度;热风干燥时,每栋烘房定量应小于等于500千克,烘房温度应小于等于50摄氏度,同时应有防止药物产生扬尘的措施,风速应小于等于0.5米每秒。

5.10.4.2 烘房应设置温度感应报警装置,保持均匀供热,烘房升温速度应小于等于30摄氏度每小时。

5.10.4.3 烘房应有排湿装置并及时排湿。

5.10.4.4 烘房内药物应用药盘盛装,分层平稳地放置在烘架上。

5.10.4.5 烘房内药物堆码应符合表2规定。

表2 烘房内药物堆码要求

单位:厘米

名称	烘架高度	距离地面高度	层间隔	与热源距离
药物	≤120	≥25	≥15	≥30

5.10.4.6 烘架间应留搬运、疏散通道,宽度大于等于100厘米。

5.10.4.7 烘房应由专人管理,加温干燥药物时任何人不应进入;烘干前后烘房内药物进出操作,每栋定员2人。

5.10.4.8 烘房应保持清洁,散热器上不应留有任何药物。

5.10.5 药物在干燥散热时,不应翻动和收取,应冷却至室温时收取,如另设散热间,其定员、定量、药架设置应与烘房一致并配套;散热间内不应进行收取和计量包装操作,不应堆放成箱药物;湿药和未经摊凉、散热的药物不应堆放和入库。

5.10.6 不应在干燥散热场所检测药物。

5.10.7 干燥后的药物,水分含量应符合烟火药含水量相应标准的规定。

5.10.8　药物计量包装应在专用工房进行，每栋工房定员 1 人，定量 30 千克。

5.10.9　药物进出晒场、烘房、散热、收取和计量包装间，应单件搬运。

6　引火线(含效果引线)制作

6.1　引火线应机械制作，并在专用工房操作；机械动力装置应与制引机隔离。

6.2　干法生产，每栋定机 4 台，单机单间；水溶剂湿法生产，每栋定机 16 台，每间定机 4 台；其他溶剂湿法生产，每栋定机 2 台，单机单间。

6.3　机械运转时，人机应分离；接引、添药、取引锭时，应停机。

6.4　工房地面应保持湿润，墙体和地面应定时清洗。

6.5　引火线制作定员、定量应符合表 3 规定。

表 3　引火线制作定员定量表

引火线种类		定员(人每栋)		定量(千克/每台)	
		干法	湿法	干法	湿法
硝酸盐引火线	纸引火线	1	4	3	6
	安全引火线(含效果引火线)	1	4	6	12
	快速引火线	——	2 (有机溶剂)	3	6
高氯酸盐引火线	纸引火线	1	4	3	6
	安全引火线(含效果引火线)	1	4	6	12
	快速引火线	——	2 (有机溶剂)	3	6
氯酸盐引火线	纸引火线	1	4	1	2

6.6 纸引火线上浆、绕引每栋工房定员2人，定量15千克，单人单间，引锭与人应分离，隔墙应密封。

6.7 安全引火线上漆每栋工房定员2人，定量25千克，应用调速电动机控制发引端引卷转速，出引卷转速小于等于40转每分钟。

6.8 引火线干燥应在专用晒场或烘房进行；干燥后，应在散热后方可收取，晒场内通道应与主干道垂直，宽度大于等于100厘米。

6.9 采用烘房干燥的技术要求，按有药半成品干燥的规定执行。

6.10 割引、捆引、切引：

6.10.1 切、割引宜采用机械，当采用机械操作时，每栋工房定员1人，硝酸盐引线定量1千克，其他引线定量0.6千克。

6.10.2 操作人员应戴披肩帽、手套、防护面罩进行操作。

6.10.3 割、捆、切引应分别单独进行，不应在晒场、散热间进行；手工操作每栋工房定员1人，定量应符合表4规定。

表4 切、割、捆引定量表

操作名称		药量(千克)
		手工
割引	硝酸盐引火线	6
	高氯酸盐引火线	3
	氯酸盐引火线、效果引火线	1.5
捆引	硝酸盐引火线	6
	高氯酸盐引火线	3
	氯酸盐引火线、效果引火线	1.5
切引	硝酸盐引火线	2
	高氯酸盐引火线	1
	氯酸盐引火线、效果引火线	0.5

6.10.4 切、割引的刀刃要锋利，应及时涂油、蜡；严禁在切引间磨(刮)刀具。

6.10.5 切、割引时用力应均匀，严禁来回拉扯。

6.10.6　引头、引尾应及时放至水中，及时销毁。

6.10.7　包装每栋工房定员1人，定量30千克。

7　产品制作

7.1　基本要求

7.1.1　各工序应分别在单独专用工房进行；烟火药、黑火药、引火线、效果件及有药半成品应设专人管理，各工序应按定量领取并登记。

7.1.2　使用的烟火药为多种时，定量按表1限量的平均值确定；产品制作如定量小于等于单发(枚)产品药量时，定量为单发(枚)的含药量。

7.1.3　使用含氯酸盐、黄磷、赤磷、雷酸银、笛音剂等高感度烟火药的工房，不应改做其他产品制作工房。

7.1.4　每次限量药物、半成品用完后，应及时将半成品送入中转库或指定地点。

7.1.5　剩余的烟火药，应退还保管人，不应留置工房或临时存药洞过夜。

7.1.6　装、压纸片、安装点火引定员、定量、定机应按其前一道工序执行。

7.2　装、筑(压)药(裸药效果件)

7.2.1　装药前应筛除效果件中的药尘(灰)，除药尘(灰)应在单独工房操作，定员、定量按下道工序执行。

7.2.2　1.1级工房每栋工房定员1人；当隔离操作时，每栋工房定员2人，单人单间。

7.2.3　装药每栋工房定量按表1确定。

7.2.3.1　砂炮手工包(装)药砂每栋工房定员24人，每人定量0.5千克；砂炮机械包(装)药砂每栋工房定机4台，每台机2人，每机定量5千克。

7.2.3.2 筑(压)药定量按表1限量的1/2确定;笛音药筑(压)药每栋工房定量:手工0.5千克,机械2千克。

7.2.4 礼花弹装球时,只能轻轻按压,合球不应猛烈碰合,合球后,不应进行强烈敲击。

7.2.5 当筒体变形、筒体内壁不洁净或效果件变形时,按废弃物处理,不应将药物(效果件)强行装入。

7.2.6 摩擦药(含赤磷、雷酸银)应保持湿润。

7.2.7 筑(压)药的过程中,当模具与药物难以分离时,不应强行分离,采用酒精清洗。

7.2.8 含有较大颗粒的铝、钛、铁粉的烟火药,不应筑压。

7.2.9 礼花弹安装外导火索和发射药盒时,不应有药粉外泄。

7.3 蘸(点)药

7.3.1 效果内筒蘸药每栋工房定员2人,单人单间,效果内筒应单层摆放,每人定量15千克。

7.3.2 擦炮蘸药每栋工房定员4人,单人单间,含药半成品应单层摆放,每人定量5千克。

7.3.3 摩擦类产品手工蘸药每栋工房定员4人,每人定量25克;机械蘸药每栋工房定机2台,单人单间,每人定量50克。

7.3.4 线香类蘸药(提板)每栋工房定员8人,每人定量(湿药)25千克。

7.3.5 电点火头手工蘸药每栋工房定员8人,每人定量25克;机械蘸药每栋工房定员4人,定机4台,每人定量0.1千克。

7.3.6 蘸(点)药时,不应将湿药黏附在内筒外壁、摩擦类产品的非效果处。

7.3.7 用于蘸(点)药的各类药物干涸后不应对其刮、铲、撞击,应用相应的溶剂,充分溶解后清洗。

7.4 钻孔

7.4.1 有药半成品机械钻孔每栋工房定机 1 台、定员 1 人；当隔离操作时，每栋工房定机 2 台、单人单间。

7.4.2 有药半成品手工钻孔每栋工房定员 1 人；当隔离操作时，每栋工房定员 4 人、单人单间。

7.4.3 每栋工房定量按表 1 规定执行。

7.4.4 钻孔工具刃口应锋利，使用时应涂蜡擦油并交替使用，工具不符合要求时不应强行操作。

7.4.5 裸药效果件或单个药量大于 20 克的半成品，不应钻孔；单个含药量大于 5 克或不含黑火药、光色药的半成品不应手工钻孔。

7.4.6 有药半成品的机械钻孔，转速小于等于 90 转每分钟。

7.5 插引、安(串)引

7.5.1 手工插引，每间定员 4 人，每栋工房定员 16 人；当单间只有 1 个疏散出口时，每间定员 2 人；每人定量 0.5 千克。

7.5.2 机械插引每栋工房定员 4 人，单人单间，每人定量 3 千克。

7.5.3 无药部件插、串、安引每栋工房定员，24 人，每人定量 0.5 千克。

7.5.4 切割刀片应锋利，引锭与插引机应隔离，含药半成品应用有盖的箱子盛装。

7.6 封口(底)

7.6.1 每栋工房定员 2 人。

7.6.2 爆音药半成品封口(底)每人定量 3 千克，其余每人定量 5 千克。

7.6.3 爆竹直接挤压封口 ，不应猛力敲打。

7.6.4 含爆炸药、笛音药的半成品，不应采用筑(压)方法封口。

7.6.5 半成品的封口应密实，防止药物外泄、受潮。

7.7 结鞭

7.7.1 手工(人力机械)结鞭,每人定量 3 千克。每栋工房定员 24 人,每间定员 4 人;当单间只有 1 个疏散出口时,每间定员 2 人;
7.7.2 动力机械结鞭,每栋工房定机 6 台,单机单间,每机定量 6 千克,每间定员 2 人,带包装的机械结鞭每间定员 3 人。
7.7.3 结鞭时,应除去半成品上黏附的药尘。
7.7.4 结鞭爆竹分割工具应锋利,宜用单刃刀片。

7.8 礼花弹、小礼花类糊球

7.8.1 手工糊球每间工房定员 4 人,每栋工房定员 16 人,每人定量 15 千克;含全爆炸药的每人定量 10 千克。
7.8.2 机械糊球每栋工房定机 8 台,每间定机 2 台,每机 2 人,每机定量 30 千克;含全爆炸药的每机定量 20 千克。
7.8.3 盛装工具应有围框,围框高度应超过弹(球)体直径(高度)的 1/2,5 号以上(含 5 号)弹(球)体应单层放置。
7.8.4 敷弹(球)后应及时进行干燥。

7.9 组装

7.9.1 升空类、吐珠类、小礼花类、组合烟花类 ϕ 大于等于 3.8 厘米或单发药量大于等于 25 克的效果内筒(或球)等非裸药效果件的组装、礼花弹组装(含安引、装发射药包、串球),每栋工房定员 1 人,定量 10 千克(含全爆炸药的定量 4 千克);当工房采用抗爆间室结构时,每栋定员 2 人,单人单间,每间定量 10 千克(含全爆炸药的定量 4 千克)。
7.9.2 升空类、吐珠类、小礼花类、组合烟花类 ϕ 小于 3.8 厘米或单发药量小于 25 克的效果内筒(或球)等非裸药效果件的组装每栋定员 12 人,每间定员 2 人,每人定量 12 千克(含全爆炸药的定量 7 千克)。操作时,效果内筒(或球)应单层摆放,不应堆积存放。

7.9.3　喷花类、架子烟花类、造型玩具类、旋转类、烟雾类、旋转升空类等产品组装每栋工房定员 24 人，每人定量 15 千克。

7.9.4　礼花弹安装定时引线时，应使用竹、铜钎轻轻刺破中心管的纱纸。

7.9.5　组装前，应除去半成品、效果件、无药部件上粘附的药尘。

7.10　包装（褙皮、封装、装箱）

每栋工房定员 24 人；每人定量按表 1 规定的 3.5 倍执行。

7.11　成品、有药半成品的干燥

7.11.1　应在专用场所（晒场、烘房）进行。

7.11.2　每栋工房定员、定量、热能选择、干燥方式等要求按 5.10 规定执行。

7.11.3　晒礼花弹的抬架，应有围框，围框高度应超过礼花弹直径的 1/2，弹体（球）宜单层放置。

7.11.4　产品干燥不应与药物干燥在同一晒场（烘房）进行，摩擦类产品不应与其他类产品在同一晒场（烘房）干燥。

7.11.5　蒸汽干燥的烘房温度小于等于 75 摄氏度，升温速度小于等于 30 摄氏度每小时，不宜采用肋形散热器。

7.11.6　热风干燥成品，有药半成品室温小于等于 60 摄氏度，风速小于等于 1 米每秒；循环风干燥应有除尘设备，除尘设备要定期清扫。

7.11.7　烘房中堆码高度等按表 5 规定执行。

表 5　烘房内产品堆码要求

单位：厘米

名称	架码高度	距离地面高度	与热源距离
成品、半成品	小于等于 150	大于等于 25	大于等于 20

7.11.8 烘房应设置温度报警装置,烘房看管人员应严格控制温度的升降,发现异常情况应及时处理并报告安全管理负责人。

7.11.9 干燥后的成品、有药半成品应通风散热。在干燥散热时,不应翻动和收取,应冷却至室温时收取。

7.12 燃放试验

7.12.1 燃放试验应在规定场所进行,燃放试验场地与生产区及非生产区的距离应符合 GB 50161 规定。

7.12.2 燃放试验时,应设专人警戒;现场操作人员不应超过 2 人,其余人员应在安全区域观看;操作时应戴头盔,点火时身体应偏离产品燃放轨迹,并及时撤离至安全区域内。

7.12.3 燃放试验时,产品及导向筒应牢固固定,严防倒筒、散筒。

7.12.4 待燃放产品应妥善存放,并采取防火隔离措施。

7.12.5 燃放试验时应注意风向风速,对熄引的试验物应妥善处理。

7.12.6 燃放试验后的残留物应进行清扫和妥善处理。

8 设备及设备安装、使用、维修

8.1 设备

8.1.1 各种机电设备应符合 GB 4064 要求,各种机械电器应符合 AQ 4111 要求,各种设备防护装置应符合 GB/T 8196 要求。

8.1.2 带电设备应按 GB 5083 的要求设置,有防止意外启动的连锁安全装置和防止传动部件摩擦发热的措施。

8.1.3 电气装置在使用前应确认其符合相应的环境要求和使用等级要求。

8.1.4 非标准和自制的生产设备应打磨平整光洁后方可投入使用。

8.1.5 危险性工房所用设备的动力部分,可使用三相防爆电机,使用单相电机时应使用防爆型电容运转电机,使用其他电机时应符合防爆要求。

8.1.6 凡接触药物的机械传动部分，不应采用金属搭扣皮带和不宜采用平板皮带或万能皮带，应采用三角皮带轮或齿轮减速箱。

8.1.7 带电的机械设备应有可靠的接地设施，接地电阻小于等于4欧姆。

8.1.8 进行二元或三元黑火药混合的球磨机与药物接触的部分不应使用铁制部件，可用黄铜、杂木、楠竹和皮革及导电橡胶等材料制成。进行烟火药混合的设备应达到不产生火花和静电积累的要求，不应使用易产生火花（铁质）和静电积累（塑料）材质。

8.1.9 特种设备应由有资质的生产厂家生产，经法定检验机构检验合格方可投入使用，并应定期检验合格。

8.1.10 不应在危险场所架设临时性的电气设施，确需架设电气设施时应符合 GB 50161 规定。

8.2 安装

8.2.1 设备安装应按 GB 50161 规定和设备安装要求进行，且满足劳动者的劳动保护要求。

8.2.2 设备安装位置应符合 GB 12801 和 AQ 4111 的要求，保证疏散通道畅通，不影响操作人员的安全出入；与墙体等物体之间有相应的距离，便于检修和维护。

8.2.3 设备安装后的人均使用面积应符合 GB 50161 规定。

8.3 使用

8.3.1 设备使用应根据设备的要求制定安全操作规程，并有效实施。

8.3.2 应定期对机械设备进行维护和保养。

8.3.3 发生故障应立即断电停机。

8.4 维修

8.4.1 机械设备应有专人负责日常维修保养,定期进行检查、维修和保养,非设备专管人员不应擅自装拆移动。

8.4.2 在有药工房进行设备检修时,应将工房内的药物、有药半成品、成品搬走,清洗设备及操作台、地面、墙壁的药尘,修理结束应清理修理现场。

8.4.3 带电设备的维修应按 GB/T 13869 的要求进行,应由具有电工作业资格的专人负责维修保养,非电工作业人员不应从事任何电工作业。进行设备维修需临时使用明火或从事易产生火花作业时,应制定安全措施,由企业有关负责人审查签发动火作业证,经现场管理人员检查符合要求后方可动火作业,动火作业过程中应有专人进行现场监护。

8.4.4 经维修后的电气装置应重新确认其符合相应的环境要求和使用等级要求。

9 装卸、运输、储存

9.1 装卸

9.1.1 装卸前应打开仓库相应的安全出口,机动车应熄火平稳停靠在仓库门前 2.5 米以外。

9.1.2 装卸烟火药、黑火药、引火线、有药半成品时,进入库房定员 2 人;装卸烟花爆竹成品,进入库房定员 8 人;不应有无关人员靠近,电瓶车、板车、手推车不应进入烟火药(黑火药)、引火线、有药半成品仓库内。

9.1.3 应单件装卸;不应有碰撞、拖拉、抛摔、翻滚、摩擦、挤压等操作行为;不应使用铁锹等铁质工具。

9.2 运输

9.2.1 运输工具应使用符合安全要求的机动车、板车、手推车，不应使用自卸车、挂车、三轮车、摩托车、畜力车和独轮手推车等；工房之间的物品搬运可采用肩挑、手抬(提)等方式。

9.2.2 所运输的物品堆码应平稳、整齐，遮盖严密，物品堆码高度不应超过运输工具围板、挡板高度。

9.2.3 厂内运输应遵守以下规定：

9.2.3.1 机动车辆进入生产区和仓库区时，排气管应安装阻火器，速度小于等于15千米每小时。

9.2.3.2 使用手推车、板车在坡道上运输时，应有人协助并以低速行驶。

9.2.3.3 道路纵坡大于6度时不应使用板车、手推车运输。

9.2.3.4 手推车、板车以及抬架应安装挡板，外延轮盘应是橡胶制品，车(架)脚应为木质或包裹橡胶。

9.2.3.5 肩挑、手抬(提)的绳索、扁担、挑、抬(提)架应牢靠、稳固。

9.2.4 厂区、库区之间运输应遵守以下规定：

9.2.4.1 车辆应配备消防灭火器，并设置明显的爆炸危险品标志。

9.2.4.2 车辆速度应低于有关限速规定，应当保持车距，不应抢道，避免紧急制动。

9.2.5 危险品运输车辆不应混装性质不相容的物品，除驾驶员和押运员外，不应有其他人员搭乘。

9.3 储存

9.3.1 各类物品应按不同性质分别设库储存，性质不相容的物品不应混存。

9.3.2 危险品仓库的危险等级划分应按GB 50161规定执行。

9.3.3 不应改变危险等级或超过核定数量储存，应储存在危险等级高的仓库、中转库的物品不应储存在危险等级低的仓库、中转库,摩擦药、含摩擦药的半成品、成品应在单独专用库房储存。

9.3.4 仓库内木地板、垛架和木箱上使用的铁钉,钉头要低于木板外表面 3 毫米以上,钉孔要用油灰填实;未做防潮处理的地面,应铺设防潮材料或设置大于等于 20 厘米高的垛架。

9.3.5 库房温度控制范围应为－20～45℃,相对湿度控制范围为 50%～85%;库房内应有温、湿度计,每天对库房内温、湿度进行检测记录;应适时作好库房通风、防潮、降温处理,环境湿度较高的地区应设除(去)湿设备。

9.3.6 烟火药、效果件、引火线等应经彻底干燥、冷却经包装后方可收存入库;包装物或盛装容器应使用防潮、防静电的材质,包装应符合 GB 10631 等标准要求。

9.3.7 仓库内应保持卫生整洁,通道畅通,物品摆放整齐、平码堆放;堆垛与库墙之间宜留有大于等于 0.45 米的通风巷,堆垛与堆垛之间应留有大于等于 0.7 米的检查通道,通往安全出口的主通道宽度应大于等于 1.5 米,每个堆垛的边长应小于等于 10 米。

9.3.8 仓库内物品堆垛高度应符合表 6 规定。

表 6　仓库内物品堆码要求

单位:厘米

名称	烟火药(黑火药、效果件)	散装成品、半成品、引火线	成箱成品
高度	小于等于 100	小于等于 150	小于等于 250

9.3.9 仓库应设专门保管人员;保管人员应熟悉所储存物品的安全性能和消防器材的使用方法,加强对消防设施(器材)以及通风、防潮、防鼠等设施的维护,保障其功能有效、适用安全要求;应分库建立危险品登记台账,严格出入库登记手续,并定期进行货账核对。

9.3.10 严禁在库房区域内进行钉箱、分箱、成箱、串引、蘸(点)药、封口等生产作业;总仓库区域内物品应整箱(件)出入。

9.3.11 危险品分类储存条件和灭火物质应符合表 7 规定。

表 7 危险品分类储存条件和灭火物质要求

序号	类别	名称	储存条件	灭火物质
1	氧化剂	氯酸钾	专库储存，不应与还原剂、易燃易爆物及酸类物质混存。	水、沙土、泡沫
		高氯酸钾 高氯酸铵 硝酸钾 硝酸钡 硝酸锶	可同间分离储存，不应与还原剂、易燃易爆物及酸类物质混存。	水、沙土、泡沫
		氧化铜 四氧化三铅 三氧化二铋 四氧化三铁	可同间分离储存，不应与铝粉 铝镁合金粉 钛粉 铁粉及酸类物质混存。	水、沙土、泡沫
2	还原剂	铝粉 铝镁合金粉 钛粉 铁粉	可同间分离储存，通风防潮，不应与氧化剂、酸类物质混存。	沙土、干粉
		炭粉	专库储存，保持阴凉干燥，新制木炭在炭化后 7 天内不应入库储存。	水
		硫 硫化锑 碳素粉 虫胶 酚醛树脂 淀粉	可同间分离储存，不应与氧化剂混存。	水、干粉
		赤磷	专间储存，室温低于 40 摄氏度。	水
		白磷	专间储存，存放于水中，室温低于 40 摄氏度。	水
3	特殊效应物质	苯甲酸钾 苯二甲酸钾 成烟物	可同间分离储存，不应与氧化剂混存。	水
4	着色剂	碱式碳酸铜 碳酸锶 草酸钠 氟硅酸钠 氟铝酸钠	可同间分离储存。	水、沙土、泡沫

续表

序号	类别	名称	储存条件	灭火物质
5	含氯物质	聚氯乙烯　六氯乙烯　氯化石蜡	可同间分离储存。	水、干粉
6	酸类	硝酸	专间储存,干燥通风,不应与易燃易爆物及硫、磷等混存。	沙土、泡沫
7	可燃性液体	酒精　丙酮　防潮剂	专间储存,不应与氧化剂混存。	泡沫
8	烟火药	裸药效果件　黑火药　开球炸药　其他烟火药	按 GB 50161 中的分级分类规定储存在相应的仓库。	水、沙土、泡沫
9	引火线	快速引火线　慢速引火线		
10	烟花爆竹	半成品		
11		成品		
12	单基药	硝化棉、单基发射药	专库储存,通风散热,室温低于 40 摄氏度。	水、沙土、泡沫

10　生产经营条件和环境

10.1　生产条件和环境

10.1.1　生产企业应有符合 GB 50161 规定,满足其生产的品种及生产规模的建(构)筑物,防爆、防雷、防静电、消防等安全设施设备;

10.1.2　防爆、防雷、防静电、消防设施设备应经检测(或验收)合格,消防器材方便取用。

10.1.3　危险性作业场所、库区应设有明显的安全警示标志。

10.1.4　烟火药采用新材料或改变组成成分时,应经检测符合国家或行业有关安全标准方可使用。

10.1.5 工房应配置适合操作人员的设备设施，配备保护工作人员健康安全的防护用具。

10.1.6 粉尘较大的工序应设更衣室。

10.1.7 在有药工序的作业过程中，出现如下情况时应停止生产：

10.1.7.1 电源线路发生漏电、短路和机器运转不正常。

10.1.7.2 天气恶劣，如雷电、暴风雨天气。

10.1.7.3 发现药物温度异常升高或产生异味。

10.1.7.4 直接接触烟火药的操作工序室温超过 34 摄氏度或低于 0 摄氏度时；其他危险工序室温超过 36 摄氏度或低于 0 摄氏度时。

10.1.7.5 工作人员身体状况不佳或情绪异常。

10.1.8 应建立事故应急组织机构，编制应急预案，配备必要的应急救援队伍、设施设备、物资，并每年至少演练一次。

10.1.9 工房和仓库应经常清扫(洗)、整理，应保持整洁、干净。

10.1.10 在清扫(洗)有药工房时应符合下列要求：

10.1.10.1 清扫(洗)前，应将药物、半成品等搬走。

10.1.10.2 药物粉尘小的工房可采用湿法清扫，粉尘大的工房应用水冲洗，不应使用铁器清理。

10.1.10.3 搬动物件时，应轻抬轻放，不应拖拉、摔打。

10.1.11 含有有毒、易燃、易爆等物质的废水处理，应符合下列要求：

10.1.11.1 排水系统应有相应的沉淀池，并及时清理。

10.1.11.2 排水系统应保持光洁，保证废水排放顺畅。

10.1.12 含有易燃易爆废渣和垃圾等固体物质不应埋入地层或排入水体，应到指定地点销毁。

10.1.13 厂区宜种植阔叶绿化植物，不应影响疏散通道；危险品生产区、库区不应种植庄稼、蔬菜。

10.1.14 应有控制人员和车辆进入危险品生产区、库区的措施，有严格的出入登记制度,无关人员和车辆不应进入危险品生产区、库区。

10.1.15　不应将危险品存放在非规定场所或擅自带离规定的生产经营场所。

10.2　经营条件和环境

10.2.1　经营企业应具备与其经营规模相适应的经营场所,并设置明显安全警示标志。

10.2.2　批发企业应有符合 GB 50161 规定的仓库及防爆、防雷、防静电、消防等安全设施,并配备符合规定要求的仓库保管、守护员。

10.2.3　批发企业宜分设办公区、样品陈列区和商品存放(仓库)区,样品陈列区陈列的样品应是无药样品。

10.2.4　批发企业应建立事故应急组织机构,编制应急预案,配备必要的应急救援队伍、设施设备、物资,并每年至少演练一次。

10.2.5　零售点宜专店销售,应有明显安全警示标志,并配备足够的消防器材;店内不应吸烟、生火。

10.2.6　零售点不应与居住场所设置在同一建筑物内,并与加油站等易燃易爆生产、储存及人员密集场所保持足够的安全距离。

10.2.7　零售点应根据周围环境、距离确定总药量,但最大不宜超过300千克。

10.2.8　产品销售过程中应提示并指导消费者按燃放说明燃放。

11　劳动防护用品

11.1　应根据工作性质和作业条件配备符合国家标准要求的防护用品,并指导、监督使用。

11.2　从事原材料药物粉碎、混合、造粒、筛选、装药、筑药、压药、搬运等高危高粉尘工序操作人员的防护用品应符合下列要求:

11.2.1　佩戴自吸过滤式防尘口罩,应符合 GB 2626 标准要求。

11.2.2 应穿着紧口棉麻质长袖长裤工作服、披肩帽、布袜、不藏泥沙的软底鞋，尽量减少身体的裸露部分，衣着简单易脱；不应赤膊或穿着背心、短袖衣、短裤、硬底鞋、钉底鞋、拖鞋和产生静电积累、易燃的化纤衣服上岗作业。

11.3 用于配制药物的专用工作服，不应在从事其他作业时穿用；离开工作岗位前应更衣，不应穿戴有药尘的工作服进入其他工房。

12 人员要求

12.1 所有从事烟花爆竹有药工序生产、经营、管理人员应身体健康，且年龄满18周岁。

12.2 从事混药、造粒、筛选、装药、筑药、压药、切引、插引、封口、搬运的人员不应有身体残疾、精神障碍或年龄超过60周岁。

12.3 从事粉尘作业或与有毒有害物质接触的人员在上岗前应进行健康检查，上岗后定期进行健康检查；患职业禁忌症者，不应安排从事有禁忌的作业。

12.4 企业的主要负责人、分管负责人、安全管理人员、危险工序作业人员应依法培训考核合格，持证上岗。

12.5 从业人员均应经相应的安全知识教育培训后方可上岗，从事新工种、新工艺的人员应进行相应安全知识和操作技能的教育和培训。

12.6 不应擅自变换工作岗位、离岗、互相串岗和违反劳动纪律。

13 危险性废弃物处置

13.1 企业应及时收集并妥善处置危险性废弃物，不应随意丢弃、转让、赠送、销售危险性废弃物；危险性废弃物不应与合格产品混存。

13.2 生产产生的危险性废弃物当日妥善处置，避免大批量集中一次性销毁。

13.3　处置危险性废弃物应明确专人负责，制定专门的处置方案，采取有效安全措施，确保安全。

13.4　大批量处置危险性废弃物

13.4.1　销毁大批量危险性废弃物应分类、分批进行；处置前应制定处置作业方案，处置总含药量超过1000千克的作业方案应经相关专业专家组评估。

13.4.2　处置作业方案应包括下列内容：处置规模概况、处置时间地点、所处置的危险性废弃物的危险性、种类数量、处置方式方法、安全距离与安全警戒的范围、现场组织机构设置、现场人员分工岗位职责、危险性废弃物的运输和装卸安全措施、处置时的保卫措施和应急处置措施。

13.5　进行危险性废弃物的收集、装卸、运输、销毁等处置作业的人员应进行专业知识培训。

13.6　处置方法

13.6.1　含烟火药(黑火药)和可燃物宜采用焚烧销毁法，其他危险性废弃物应根据其性质采用化学中和法等相应的方法妥善处置；不应将危险性废弃物掩埋或倒入地面水体；不应将危险性废弃物混入其他普通废弃物中进行处置。

13.6.2　采用焚烧销毁法时，应符合下列安全要求：

13.6.2.1　处置场所应符合GB 50161有关安全距离规定，并在处置场所设立明显的安全警示标志；销毁时，应采取远距离点火方式；处置人员应戴头盔并撤离至安全区域；待处理危险性废弃物应远距离防火隔离保管。

13.6.2.2　根据处置场所的安全距离及环境确定每次销毁量；烟火药、具有爆炸危险的效果件应摊成厚度小于等于3厘米(单个效果件超过3厘米的应单层摊放)、宽度小于等于2米的带状、长度应根据现场环境确定。

13.6.2.3　废弃礼花弹宜单个进行解剖取出发射药、烟火药；解剖应在符合安全条件的场所进行。

13.6.2.4　升空类产品应在符合安全条件的场所取出稳定杆、发射药筒后进行烧毁。

13.6.2.5　其他烟花爆竹制品、含药半成品，应尽量摊开直接焚毁。

13.6.2.6　危险性废弃物为流质型的（沉淀池、浸泡池、废水沟等内含有危险性废弃物的残渣）应带水清理，将残渣倒成厚度小于等于5厘米，宽度小于等于2米的带状，待残渣水分稍渗干后，浇燃油或助燃物进行烧毁。

13.6.3　焚烧完毕应对现场进行清理，确认彻底销毁。

13.6.4　对装运危险性废弃物的车辆、容器在处置后应当立即冲洗干净。

13.7　采用其他方法处置时，应采取相应的安全技术措施。

附录A
（资料性附录）
生产工艺流程图

本附录给出了烟花爆竹产品制作流程图，本流程图作参考件。

a)可以根据区域环境、产品结构、产品技术要求的不同进行调整。

b)各工序的危险等级按GB 50161确定。

c)切纸、卷筒、筑底等统称为无药部件制作。

d)各个工序之间宜设置中转。

e)图中虚线表示的工序为需要设置时，宜放在该位置。

图 A.1 黑火药制造工艺流程图
(粉状黑火药、粒状发射药、升空动力药)

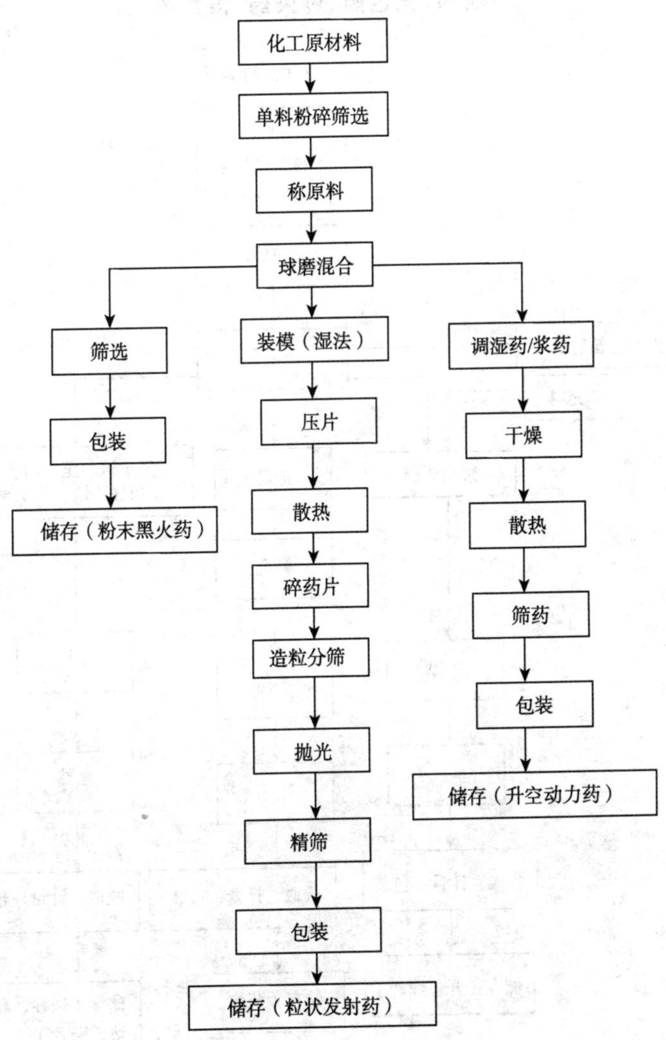

图 A.2　药物裸药效果件生产工艺流程图
（爆炸药、开包药、药粒、药柱[块、片]、
引线药、光色药、过火药、笛音药）

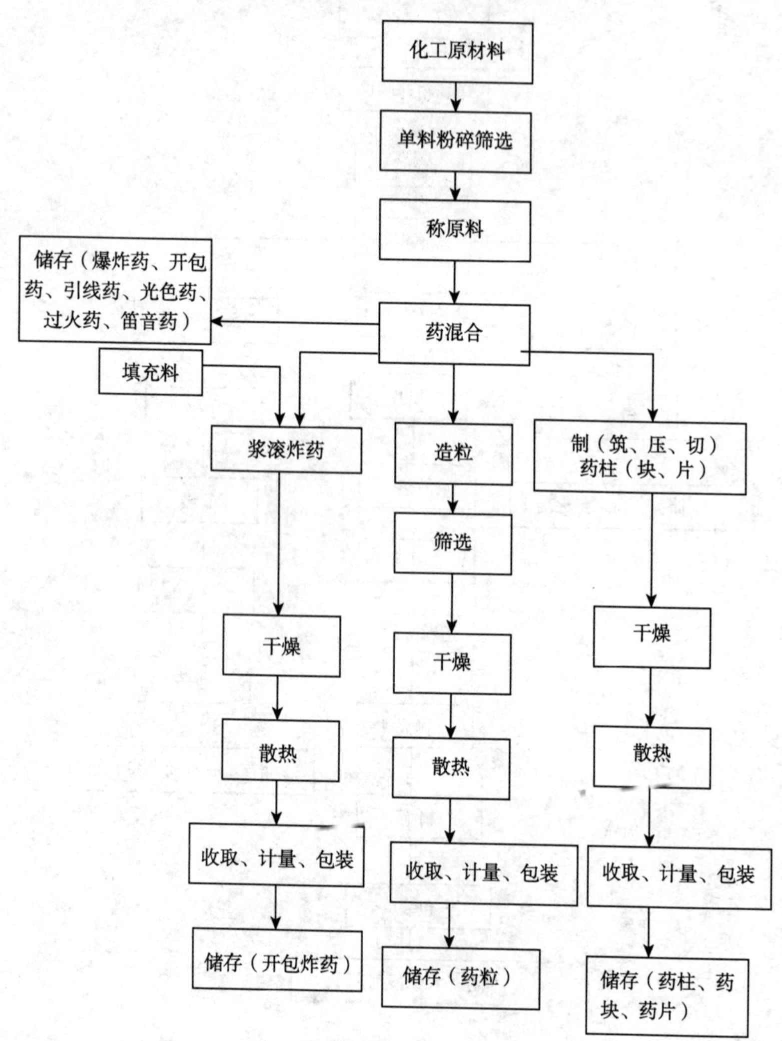

图 A.3　安全(皮纸)引线生产工艺流程图

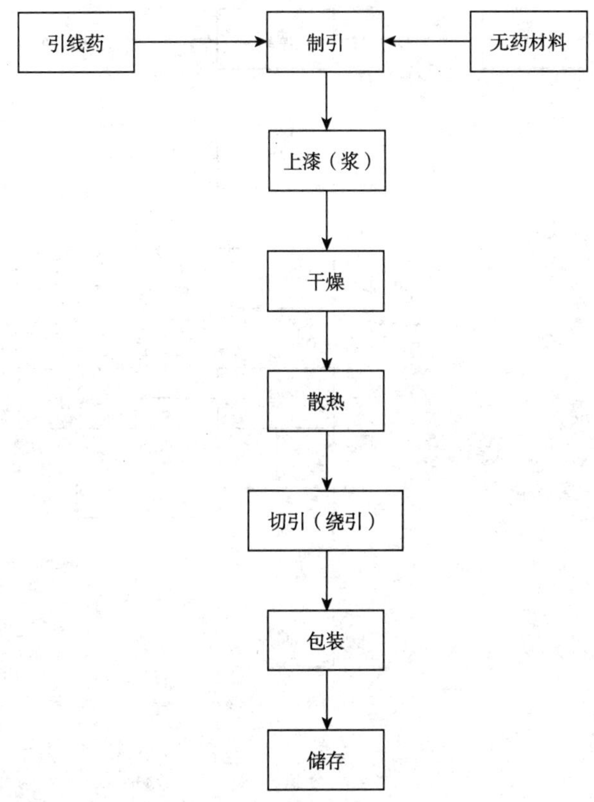

图 A.4　皮纸快引生产工艺流程图

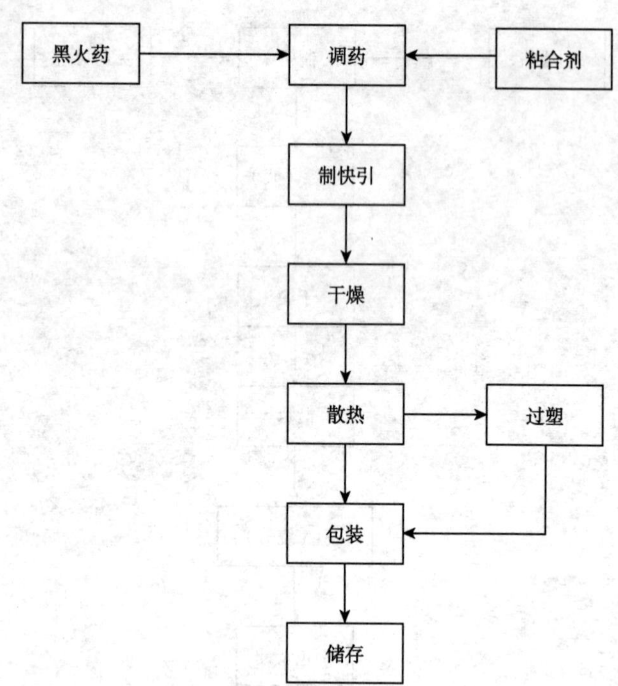

图 A.5　效果内筒生产工艺流程

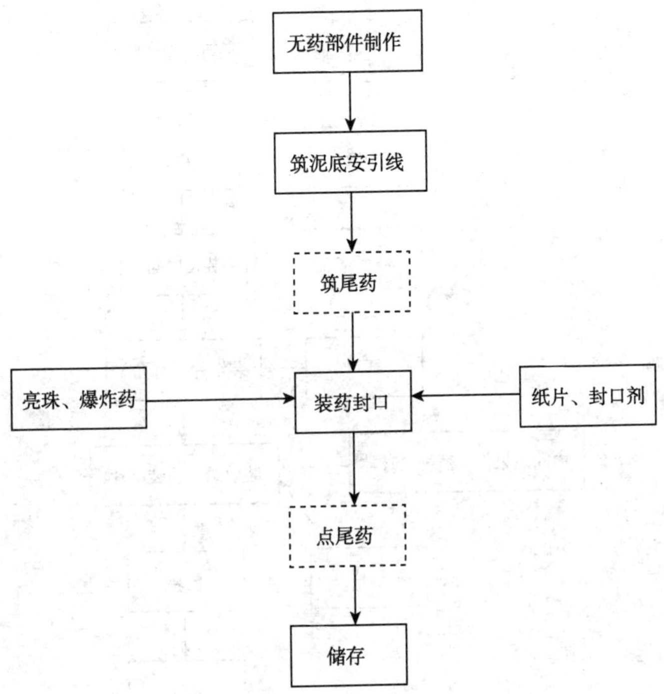

图 A.6 (单个)小礼花生产工艺流程图

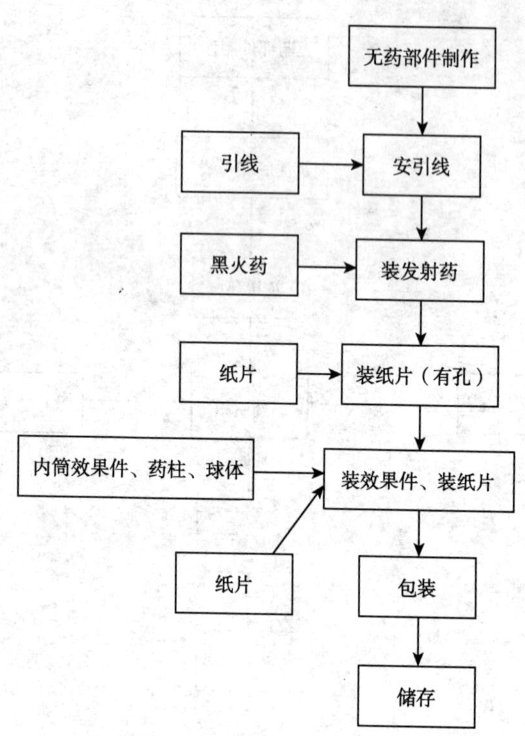

图 A.7　组合烟花生产流程图（内筒型）

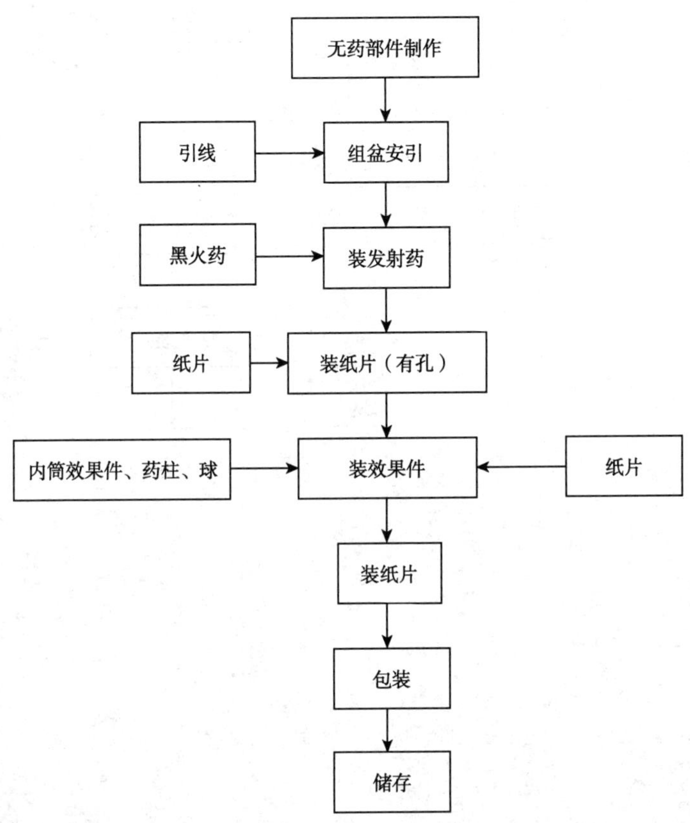

图 A.8 升空类(火箭 A、B 级)生产流程图

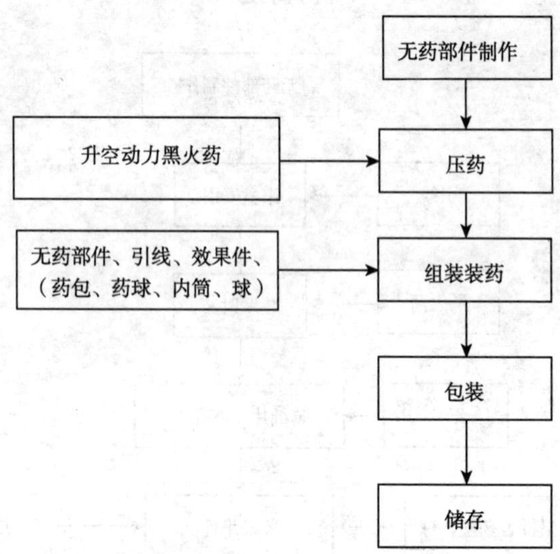

图 A.9　升空类(小型火箭之一)生产流程图

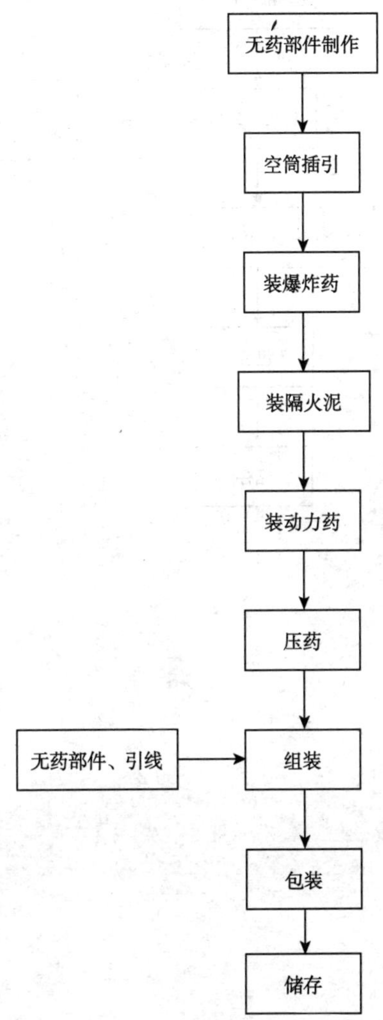

图 A. 10　喷花类生产流程图

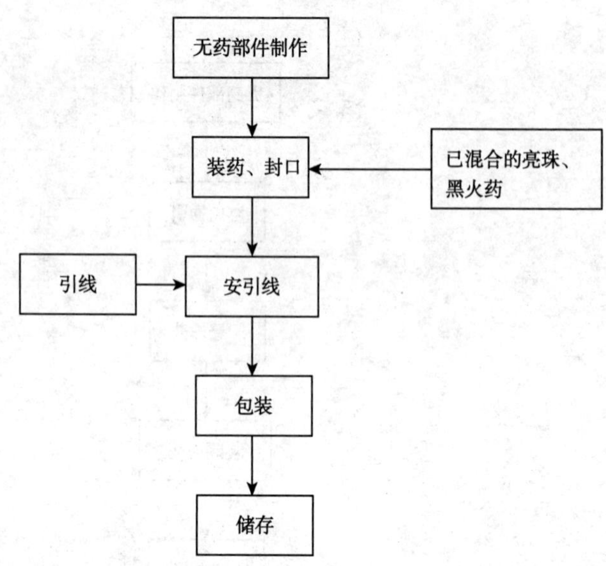

图 A.11 吐珠类生产流程图

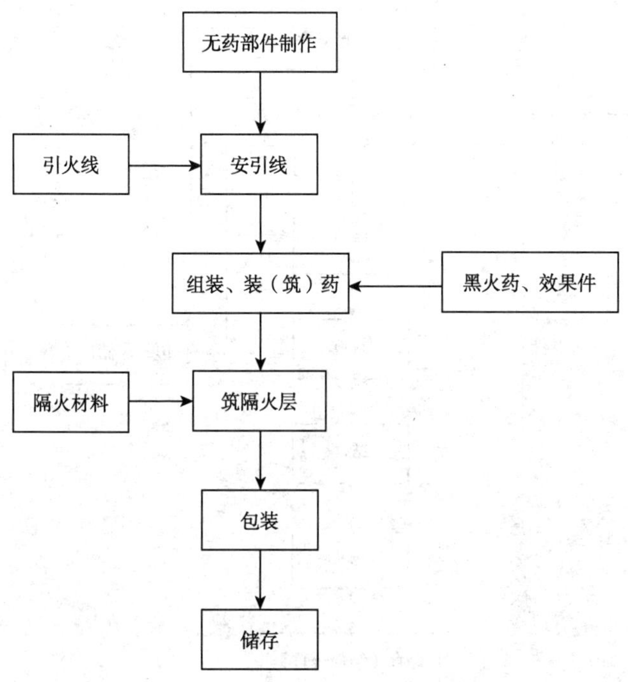

图 A. 12 结鞭类爆竹生产流程图

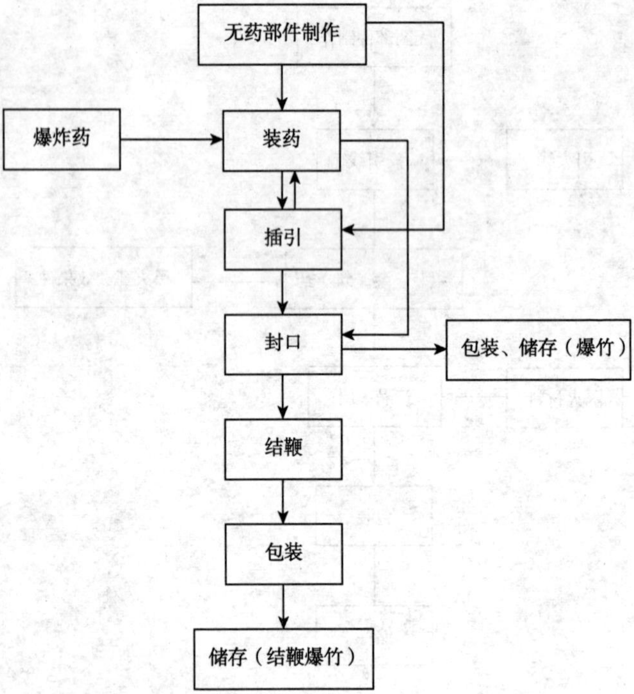

无药部件制作
爆炸药
装药
插引
封口
包装、储存（爆竹）
结鞭
包装
储存（结鞭爆竹）

图 A.13 礼花弹(球型)(包括球型小礼花)生产流程图

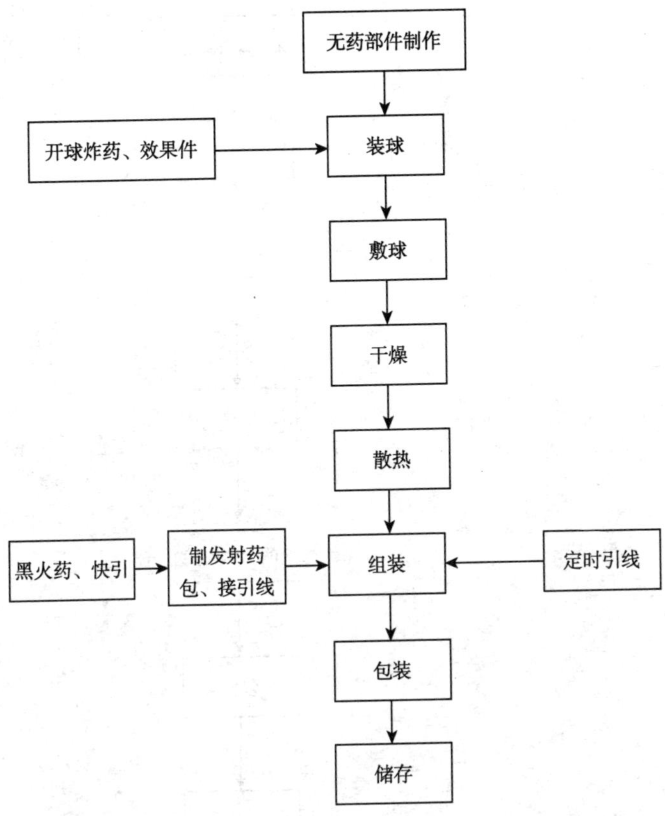

图 A. 14　线香类(涂敷型)生产流程图

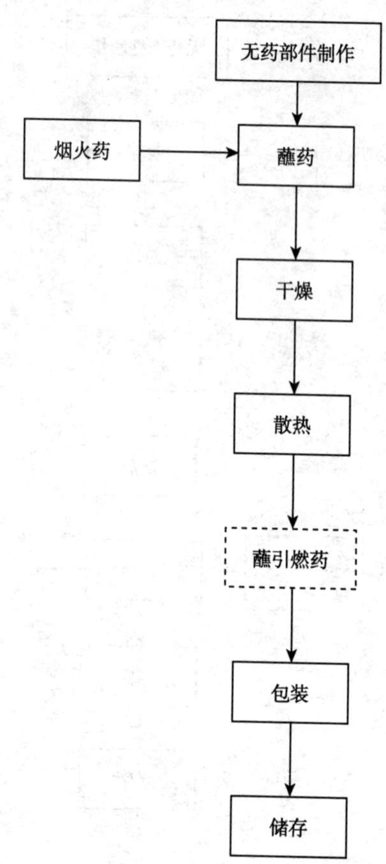

图 A.15 烟雾类生产工艺流程图

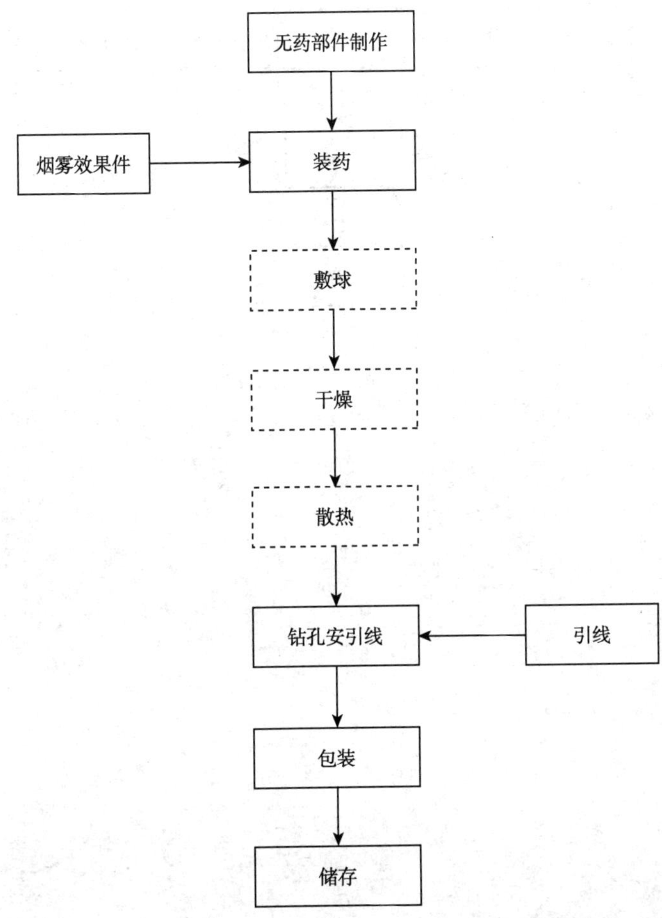

图 A.16　架子烟花生产工艺流程图

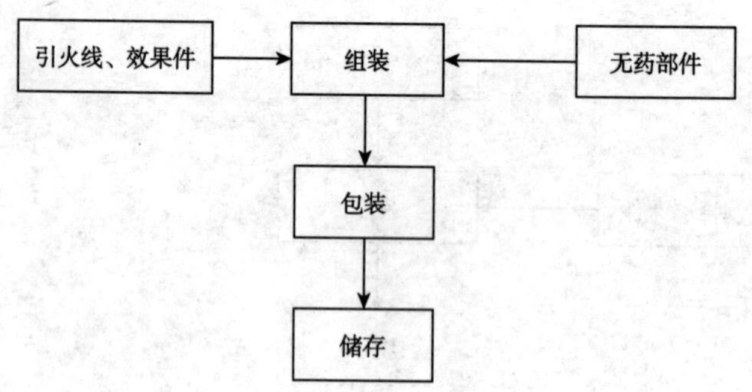

图 A.17 旋转类生产工艺流程图(无轴、有轴)

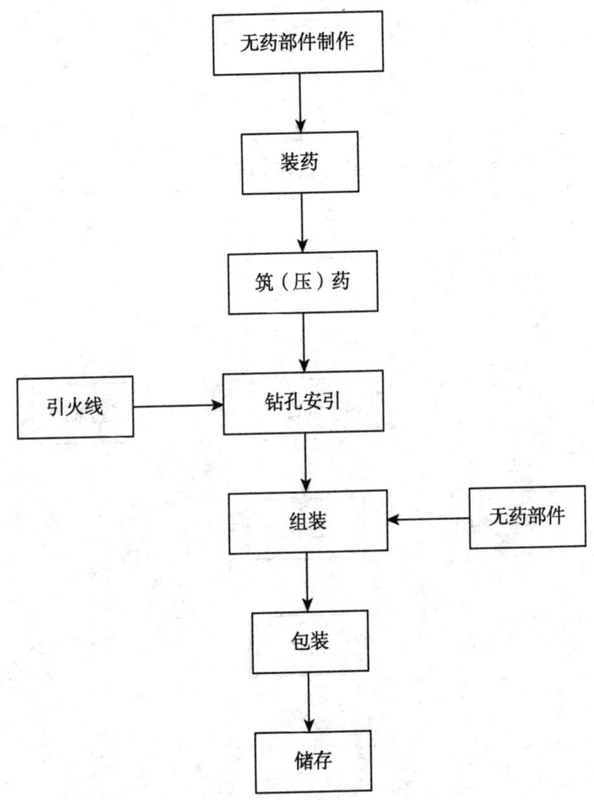

图 A.18 旋转升空类生产工艺流程图（无翅、有翅）

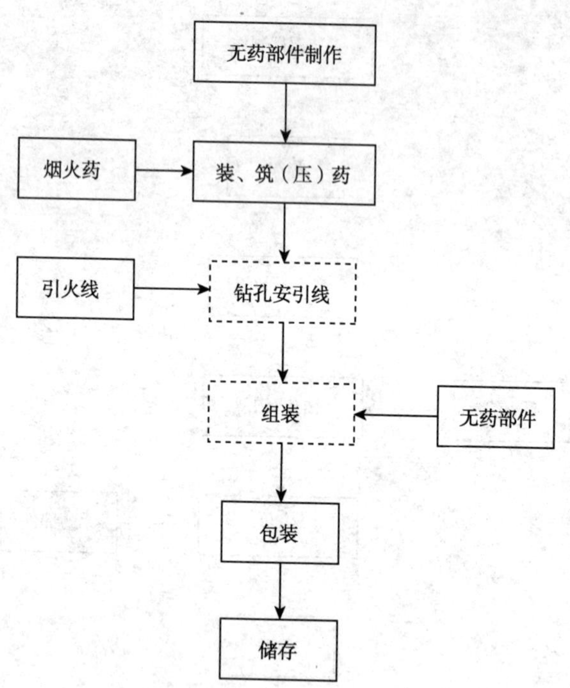

图 A.19 造型玩具类生产流程图

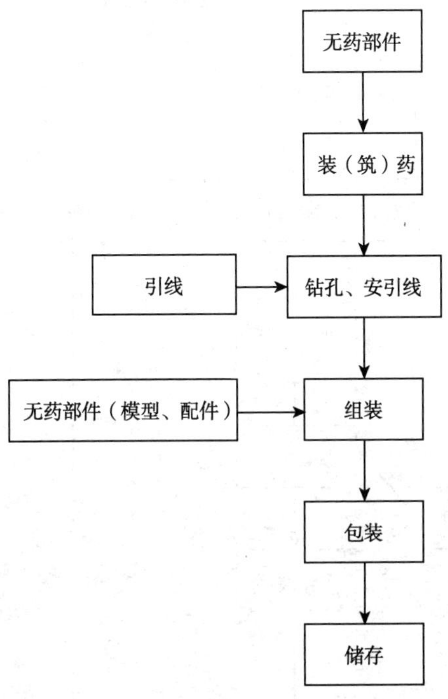

图 A.20　摩擦类生产流程图
（砂炮、圣诞烟花、红环）

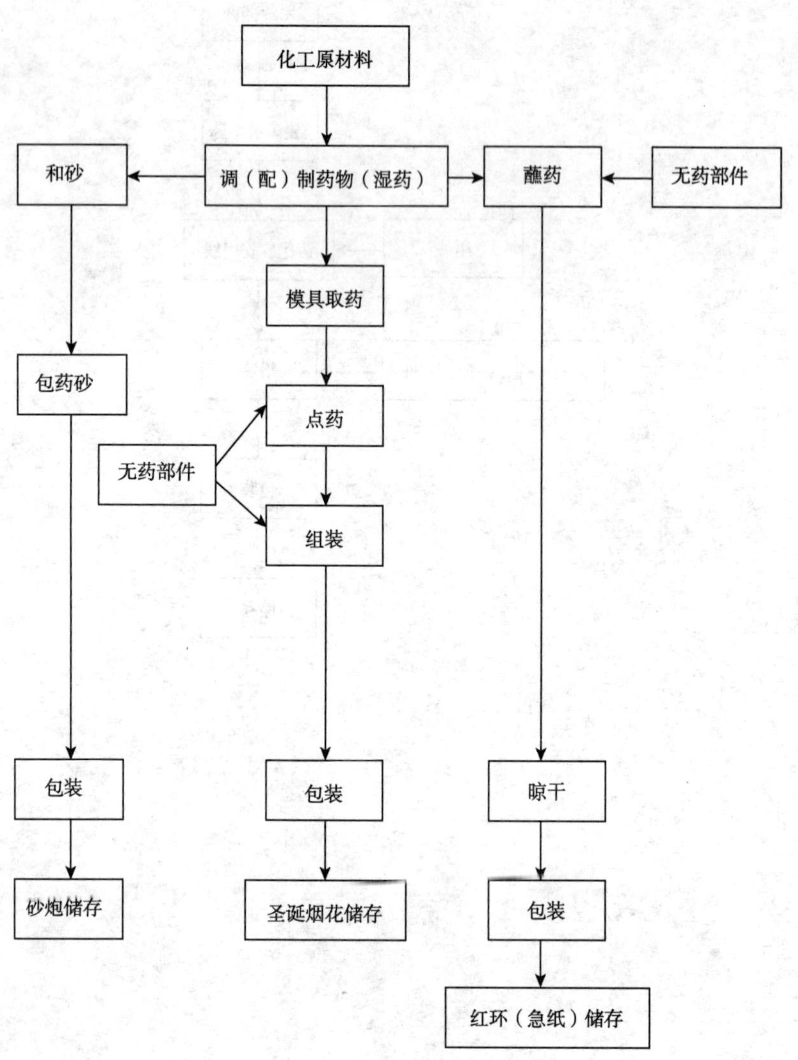

图 A.21 线香(包裹药型)类生产流程图

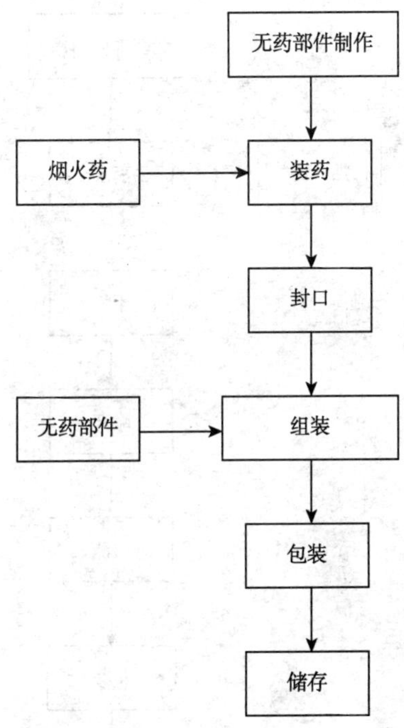

图 A. 22　电点火头生产流程图

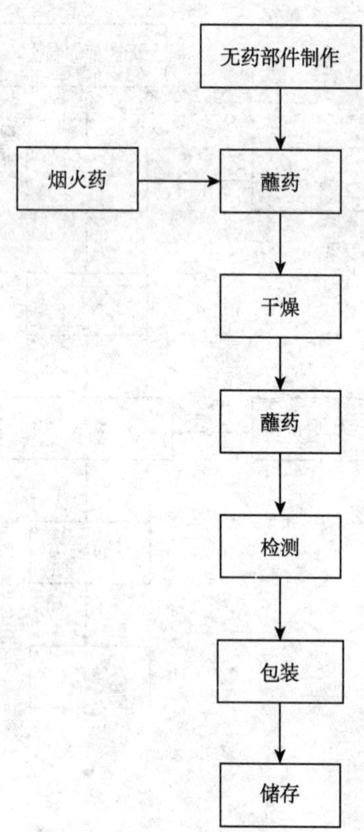

烟花爆竹特种作业人员考试题库（附参考答案）

一、单项选择题(共 100 题)

1.《烟花爆竹安全与质量》规定烟花爆竹产品从制造完成之日起，在正常条件下运输、储存，保质期为（　　）。

A. 一年　　B. 三年　　C. 五年

2. 烟火药密度愈大，燃烧速度（　　）。

A. 愈快　　B. 愈慢　　C. 不受影响

3. 物质的燃点（　　），越容易着火。

A. 越低　　B. 越高　　C. 不变

4. 对那些严重违反安全生产法律、法规的违法者，我们必须追究其法律责任，依法（　　）处罚。

A. 从重　　B. 从轻　　C. 适当

5. 蒸汽锅炉或高压气瓶的爆炸属于（　　）爆炸。

A. 物理　　B. 化学　　C. 核子

6. 烟火药的燃烧速度随着外界压力的增加而（　　）。

A. 不变　　B. 上升　　C. 下降

7. 烟火药各成分粉碎得愈细、混合得愈均匀、愈好，燃烧速度（　　）。

A. 愈快　　B. 愈慢　　C. 不受影响

8. 对外界作用极其敏感，受热、火焰、针刺、冲击、摩擦的轻微作用，就能从燃烧转为爆轰的是(　　)。

A. 起爆药　　B. 猛炸药　　C. 烟火药

9. 炸药在热作用下发生爆炸的难易程度称为(　　)。

A. 热感度　　B. 机械感度　　C. 撞击感度

10. 下列物质中属于发射药的是(　　)。

A. 雷汞　　B. TNT　　C. 黑火药

11. 炸药的感度越高，加工处理时的危险性(　　)。

A. 越大　　B. 越小　　C. 无关

12. 能引起从爆药 100% 殉爆的两炸药之间的最大距离叫做(　　)。

A. 殉爆距离　　B. 不殉爆距离　　C. 殉爆安全距离

13. 下列物质中属于烟花爆竹氧化剂的是(　　)。

A. 高氯酸钾　　B. 硫黄　　C. 木炭

14. 下列物质中不属于烟花爆竹可燃剂的是(　　)。

A. 高氯酸钾　　B. 硫黄　　C. 木炭

15. 1.3 级为(　　)。

A. 危险品发生爆炸事故时，其破坏能力相当于 TNT 的破坏

B. 危险品发生爆炸事故时，其破坏能力相当于黑火药的破坏

C. 危险品在制造、储存、运输中具有燃烧危险。偶尔有较小爆炸或较小迸射危险，或两者兼有，但无整体爆炸危险，其破坏效应局限于一定范围，对周围建筑物影响较小

16. (　　)级为危险品在制造、储存、运输中具有整体爆炸危险或有迸射危险。其破坏效应将波及周围。

A. 1.1　　B. 1.3　　C. 1.4

17. 1.1^{-2} 级为危险品发生爆炸事故时，其破坏能力相当于(　　)的破坏。

A. TNT　　B. 黑火药　　C. 炸药

18. 1.1^{-1} 级为危险品发生爆炸事故时，其破坏能力相当于

(　　)的破坏。

A. TNT　　B. 黑火药　　C. 炸药

19. 比较危险或计算药量较大的危险品仓库,不宜布置在(　　)。

A. 总仓库区的边缘　　B. 库区出入口的附近

C. 有利于安全的地形处

20. 危险品生产区和总仓库区应设置的围墙高度不低于(　　)。

A. 2 m　　B. 5 m　　C. 12 m

21. 距离危险性建筑物、构筑物外墙四周(　　)内宜设置防火隔离带。

A. 2 m　　B. 5 m　　C. 12 m

22. 1.1 级、1.3 级厂房和库房(仓库)应为(　　)建筑。

A. 单层　　B. 双层　　C. 多层

23. 危险品生产厂房宜(　　)。

A. 小型、分散　　B. 大型、集中　　C. 大型、分散

24. 1.1 级厂房应(　　)人单栋独立设置。

A. 1　　B. 2　　C. 3

25. 烟火药作业时,称配好的原料停滞量不得超过(　　)。

A. 100 kg　　B. 200 kg　　C. 300 kg

26. 下列属于水性溶剂型常见的黏合剂是(　　)。

A. 酚醛树脂　　B. 糯米粉　　C. 聚氯乙烯

27. 不宜采用日光直晒进行药物干燥的温度为(　　)。

A. ≥37℃　　B. ≤37℃　　C. 37℃

28. 黑火药及其制品的总库属于(　　)危险建筑物。

A. 1.1 级　　B. 1.3 级　　C. 1.4 级

29. 慢速引火线燃烧速度小于(　　)。

A. 1 cm/s　　B. 2 cm/s　　C. 3 cm/s

30. 引火线制作在专用工房操作,单机单间,每栋机器限(　　)。

A. 1 台　　B. 2 台　　C. 3 台

31. 引火线的干燥应在专用晒场或烘房进行，每栋工房定员（　　）。

A. 1 人　　B. 2 人　　C. 3 人

32. 烟花爆竹储存仓库中，堆垛与堆垛之间应留有的检查通道（　　）。

A. ＞10 cm　　B. ＞70 cm　　C. ＞150 cm

33. 烟花爆竹产品必须严格执行（　　）管理。

A. 三双　　B. 四双　　C. 五双

34. 烟火药、黑火药堆垛的高度不应超过（　　）。

A. 1 m　　B. 2 m　　C. 3 m

35. 运输产品时，装车高度低于车厢拦板（　　）。

A. 10 cm　　B. 20 cm　　C. 30 cm

36. 经由道路运输烟花爆竹的，托运人应当向运达地（　　）人民政府公安部门提出申请《烟花爆竹道路运输许可证》。

A. 县级　　B. 市级　　C. 省级

37. 烟花爆竹运达目的地后，收货人应当在（　　）日内将《烟花爆竹道路运输许可证》交回发证机关核销。

A. 1　　B. 2　　C. 3

38. 从事道路危险货物运输的驾驶人员、装卸管理人员、押运人员经所在地设区的（　　）人民政府交通主管部门考试合格，取得相应从业资格证。

A. 县级　　B. 市级　　C. 省级

39. 烟花爆竹生产安全事故应急预案级别可分为（　　）。

A. 三种　　B. 五种　　C. 八种

40. 药剂干燥的烘房温度不得超过（　　）。

A. 50℃　　B. 60℃　　C. 80℃

41. 在暴雨和雷电等恶劣天气下，烟花爆竹（　　）出入库。

A. 严禁　　B. 可以　　C. 少量允许

42. 引线生产企业,造型玩具类,线香类及 1.3 级组装车间,1.3 级仓库等发生事故主要(　　)。

A. 以燃烧为主　　B. 以燃烧爆炸为主

C. 以爆炸为主

43. 礼花弹生产工房、爆竹生产工房、亮珠生产工房及中转仓库等发生事故主要(　　)。

A. 以燃烧为主　　B. 以燃烧爆炸为主

C. 以爆炸为主

44. (　　)生产和储存区内火灾的,以人员的自救和逃生为主。

A. 1.1 级　　B. 1.3 级　　C. 1.4 级

45. 有害物质的浓度(强度)越高(强),接触时间越长,危害就(　　)。

A. 越小　　B. 越大　　C. 不变

46. 我国法定职业病共有(　　)大类。

A. 8　　B. 9　　C. 10

47. (　　)必须为劳动者提供符合国家规定的职业安全卫生条件和必要的劳动防护用品。

A. 用人单位　　B. 政府　　C. 工会

48. 发生烟花爆竹事故,单位(　　)负责人应当按照本单位制定的应急救援预案,立即组织自救,并立即报告应急救援指挥中心办公室。

A. 主要　　B. 一般　　C. 所有

49. 根据《中华人民共和国安全生产法》规定,生产经营单位的特种作业人员必须按照国家有关规定经专门的安全作业培训,取得(　　),方可上岗作业。

A. 上岗资格证　　B. 驾驶证

C. 特种作业操作资格证书

50. 按照烟花爆竹产品的药量及所能构成的危险性分为(　　)

个级别。

A. 4　　B. 9　　C. 14

51. 特种作业是指在劳动过程中，对操作者本人、他人及周围设施的安全可能造成(　　)危害的作业。

A. 轻度　　B. 重大　　C. 一般

52. 工人在生产劳动中是否会发生职业危害，取决于人、(　　)和作用条件 3 个要素。

A. 职业　　B. 职业危险　　C. 职业危害因素

53. 职业危害因素的作用条件包括接触机会、(　　)、毒物的化学结构和物理特性、个体差异。

A. 作用条件　　B. 文化水平　　C. 作用强度

54. 烟花爆竹特种作业生产车间、仓库的药物粉尘必须(　　)进行清扫。

A. 每天　　B. 每周　　C. 每半个月

55.《安全生产法》规定，生产经营单位的从业人员不服从管理，违反安全生产规章制度或者操作规程的，由生产经营单位给予批评教育，依照按照有关规章制度给予(　　)。

A. 行政处罚　　B. 处分　　C. 追究刑事责任

56. 触电者已昏迷，但呼吸、心跳均存在时，现场救护方法是(　　)。

A. 采用刺激触电者人中，促使其清醒，并迅速通知医生到现场

B. 采用口对口人工呼吸法

C. 采用胸外心脏按压法

57. 生产烟花爆竹的所有生产车间不允许使用搪瓷、石头制成的器械、器皿和(　　)工具。

A. 铁　　B. 木　　C. 铜

58. 烟花爆竹生产区内危险品运输可采用(　　)。

A. 翻斗车　　B. 手推车　　C. 三轮车

59. 从事烟花爆竹特种作业时必须穿戴(　　)。

A. 背心　　B. 棉麻质工作服

C. 短裤

60. 烟花爆竹企业厂(库)房与中转库、厂(库)房与厂(库)房之间必须保持足够的(　　)。

A. 工人数量　　B. 安全距离　　C. 药物数量

61. 在烟花爆竹生产区中转库装卸作业时,其他工人(　　)进入中转库。

A. 允许　　B. 可随意　　C. 严禁

62. 生产造型玩具类的(　　)工序危险等级为 1.1^{-1} 级。

A. 组装　　B. 包装　　C. 装药

63. 下列情况中,操作人员在(　　)时可以进行烟花爆竹特种作业。

A. 睡眠不足　　B. 精神良好　　C. 情绪异常

64. 直接接触烟火药的操作工序,室温超过(　　)时,应停止生产作业。

A. 25℃　　B. 34℃　　C. 40℃

65. 毒物被人体吸收后,通过血液循环,进而破坏人的正常生理机能,导致中毒性危害,中毒可分为(　　)、亚急性中毒、慢性中毒。

A. 腐蚀性中毒　　B. 刺激性中毒　　C. 急性中毒

66. 生产经营单位必须为从业人员提供符合国家标准或行业标准的(　　)。

A. 防暑用品　　B. 生活用品　　C. 劳动防护用品

67. (　　)厂房的人均使用面积不应少于 9.0 m^2。

A. 1.1 级　　B. 1.3 级　　C. 1.4 级

68. 直接接触烟火药工序的工作台宜靠近窗口,应设置橡胶、纸质、木质工作台面,且应(　　)窗口。

A. 低于　　B. 平行于　　C. 高于

69. 烟火药手工混药，每栋工房定员（　　）。

A. 1 人　　B. 2 人　　C. 3 人

70. 烟火药电动机械造粒或制药每栋工房定机 1 台，定员 1 人，湿法定量（　　）。

A. 10 kg　　B. 20 kg　　C. 30 kg

71. 晒场应由专人管理，同时进入场内不得超过（　　）。

A. 1 人　　B. 2 人　　C. 3 人

72. 在烘房中对药物进行烘干时，药物与热源的距离应（　　）。

A. ≥10 cm　　B. ≥20 cm　　C. ≥30 cm

73. 动力机械结鞭，每栋工房定机（　　）。

A. 3 台　　B. 6 台　　C. 9 台

74. 下列不属于黑火药的销毁方法的是（　　）。

A. 溶解法　　B. 抛弃法　　C. 烧毁法

75. 纸引火线能承受的质量为（　　）。

A. 50 g±5％　　B. 150 g±5％

C. 1000 g±5％

76. 装药、筑（压）药工序一般每栋工房定员（　　）。

A. 1 人　　B. 2 人　　C. 3 人

77. 效果内筒点药每栋工房定员 2 人，单人单间，效果内筒应（　　）摆放。

A. 单层　　B. 双层　　C. 多层

78. 礼花弹、小礼花类手工糊球每人药量定量为（　　）。

A. 10 kg　　B. 15 kg　　C. 30 kg

79. 升空类、吐珠类、小礼花类、组合烟花类 ϕ＜38 mm 或单发药量＜25 g 的效果内筒（或球）等非裸药效果件的组装每栋定员 12 人，每间定员（　　）。

A. 1 人　　B. 2 人　　C. 3 人

80. 喷花类、架子烟花类、造型玩具类、旋转类等产品组装每栋工房定员 24 人,每人定量(　　)。

A. 10 kg　　B. 15 kg　　C. 30 kg

81. 礼花弹蒸汽烘房温度控制在(　　)以下。

A. 50℃　　B. 60℃　　C. 75℃

82. 礼花弹发射药中转间最大停滞量为(　　)。

A. 30 kg　　B. 50 kg　　C. 80 kg

83. 礼花弹球架每次 2 人抬(　　)。

A. 1 架　　B. 2 架　　C. 3 架

84. 仓库内木地板、垛架和木箱上使用的铁钉,钉头要低于木板外表面(　　)以上,钉孔要用油灰填实。

A. 1 mm　　B. 2 mm　　C. 3 mm

85. 仓库内装运的主要通道宽度不小于(　　)。

A. 1 m　　B. 1.2 m　　C. 2 m

86. 烟花爆竹成箱成品堆垛的高度不应超过(　　)。

A. 1.5 m　　B. 2 m　　C. 2.5 m

87. (　　)在烟花爆竹仓库内开箱取产品。

A. 允许　　B. 少量允许　　C. 禁止

88. 下列属于烟花爆竹作业时不应该做的是(　　)。

A. 穿戴化纤衣物或带钉子的鞋、高跟鞋

B. 携带火具、火种　　C. A 和 B 均是

89. 专用车辆的驾驶人员取得相应机动车驾驶证,年龄不超过(　　)。

A. 50 周岁　　B. 55 周岁　　C. 60 周岁

90. 运输车辆不应直接进入危险建筑物内,宜在距离建筑物不少于(　　)处进行装卸作业。

A. 1.5 m　　B. 2 m　　C. 2.5 m

91. 烟花爆竹运输车辆起停时,应避免和(　　)。

A. 突然启动　　B. 急刹车　　C. A 和 B 均是

92. 危险品总仓库的门宜为(　　)。

A. 单层　　B. 双层　　C. 多层

93. 1.1 级、1.3 级厂房的门,应采用向(　　)开启的平开门。

A. 外　　B. 内　　C. 多层

94. 仓库内任一点至安全出口的距离,不应大于(　　)。

A. 10 m　　B. 15 m　　C. 25 m

95. 下列不符合疏散门的设置的是(　　)。

A. 向外开启的平开门　　B. 不设台阶

C. 设插销

96. 药物干燥的器具或器皿不应采用(　　)质材料制成。

A. 竹　　B. 木　　C. 铁

97. 在切引过程必须遵守的规定或要求为(　　)。

A. 操作时,必须戴好面罩及手套,无需中转

B. 裁切时,刀刃必须锋利,并经常涂蜡擦油,随时清除刀具上的沙石等杂质,禁止猛力操作

C. 每天清扫案台一次,将药粉和引线头清扫干净

98. 从专用发射筒(发射筒内径≥76 mm)发射到空中或水域产生各种花型图案的产品为(　　)。

A. 小礼花类　　B. 礼花弹类　　C. 爆竹类

99. (　　)级建筑物应设置防护屏障;当建筑物内计算药量小于 100 kg 时,可采用夯土防护墙。

A. 1.1　　B. 1.3　　C. 1.4

100. 线香类蘸药(提板)每栋工房定员(　　)。

A. 5 人　　B. 6 人　　C. 8 人

二、多项选择题(共 50 题)

1.《工伤保险条例》中规定职工有下列情形之一的,视同工伤的是(　　)。

A. 在工作时间和工作岗位,突发疾病死亡或者在 48 小时之内

经抢救无效死亡的

B. 在抢险救灾等维护国家利益和公共利益活动中受到伤害的

C. 职工原在军队服役,因战、因工负伤致残,已取得革命伤残军人证,到用人单位后旧伤复发的

D. 患心脏病的

2. 下列属于我国烟花爆竹安全相关的最基础的三个标准的是(　　)。

A.《烟花爆竹安全与质量》

B.《烟花爆竹工程设计安全规范》

C.《烟花爆竹劳动安全技术规程》

D.《烟花爆竹安全管理条例》

3. 安全生产管理的方针是(　　)。

A. 安全第一　　　　B. 预防为主

C. 综合治理　　　　D. 四位一体

4. 下列属于烟花爆竹生产经营企业的各类从业人员的基本安全生产权利为(　　)。

A. 享受工伤保险和伤亡求偿权

B. 危险因素和应急措施的知情权

C. 拒绝违章指挥和强令冒险作业权

D. 紧急情况下的停止作业和紧急撤离权

5. 燃烧的三要素为(　　)。

A. 可燃剂　　　　B. 氧化剂

C. 点火源　　　　D. 黏合剂

6. 炸药爆炸过程具有的特征为(　　)。

A. 过程的放热性

B. 过程的高速度(或瞬时性)并能自行传播

C. 过程中生成大量气体产物

D. 膨胀做功

7. 按炸药的应用特性可将炸药分为（　　）。

A. 起爆药　　B. 猛炸药

C. 火药（或发射药）　　D. 烟火药

8. 属于个人燃放类烟花爆竹产品为（　　）。

A. A 级　　B. B 级

C. C 级　　D. D 级

9. 属于专业类燃放类烟花爆竹产品为（　　）。

A. A 级　　B. B 级

C. 需要加工安装的 C 级　　D. 需要加工安装的 D 级

10. 危险等级为 1.1 级建筑物根据破坏能力划分为（　　）。

A. 1.1^{-1}　　B. 1.1^{-2}

C. 1.1^{-3}　　D. 1.1^{-4}

11. 燃烧现象的特征是（　　）。

A. 发光　　B. 发热

C. 爆燃　　D. 伴有激烈化学反应

12. 不能用于手工直接接触烟火药的工序应采用的工具材质是（　　）。

A. 铜　　B. 铁

C. 木　　D. 塑料

13. 在烟花爆竹生产、储存区不应（　　）。

A. 吸烟　　B. 生火取暖

C. 携带火柴　　D. 携带打火机

14. 下列属于当事者的不安全行为的是（　　）。

A. 违反操作规程

B. 不使用或不适当地使用工具和设备

C. 晚上睡眠不足，工作时思想不集中

D. 个人防护用品的穿戴不合适

15. 常用作烟花爆竹黏结剂的有（　　）。

A. 酚醛树脂($C_{48}H_{42}O_7$)　　B. 虫胶(即漆片)

C. 糯糊(淀粉)　　D. 硫黄

16. 下列属于烟花爆竹可燃剂的是(　　)。

A. 镁铝合金粉　　B. 硫化锑

C. 木炭　　D. 硫黄

17. 常用作烟火药的氧化剂为(　　)。

A. 高氯酸钾　　B. 硫化锑

C. 硝酸钡　　D. 硝酸钾

18. 下列属于烟花爆竹染焰剂的是(　　)。

A. 碳酸锶　　B. 冰晶石

C. 草酸钠　　D. 碱式碳酸铜

19. 镁铝合金粉着火应该选择的灭火剂为(　　)。

A. 水　　B. 泡沫

C. 干粉　　D. 干沙

20. 烟花爆竹生产企业和烟花爆竹批发经营企业仓库的选址应符合城乡规划的要求,并应避开(　　)。

A. 居民点　　B. 学校

C. 工业区　　D. 铁路和公路运输线

21. 烟花爆竹生产企业应根据生产品种、生产特性、生产能力、危险程度进行分区规划,分别设置(　　)。

A. 非危险品生产区

B. 危险品生产区

C. 危险品总仓库区

D. 销毁场或燃放试验场区

22. 烟花爆竹成品、有药半成品和药剂的干燥,宜采用(　　)。

A. 热水烘干　　B. 低压蒸汽烘干

C. 日光干燥　　D. 明火烘干

23. 危险品仓库应根据当地气候和存放物品的要求,采取的措施有（　　）。

A. 防潮　　B. 隔热

C. 通风　　D. 防小动物

24. 下列属于烟花爆竹特种作业的是（　　）。

A. 烟火药制造作业　　B. 黑火药制造作业

C. 烟花爆竹产品涉药作业　　D. 烟花爆竹储存作业

25. 在任何情况下，都应坚持（　　）的原则，保证烟花爆竹工房内的火药数量不超过规定的限量。

A. 少量　　B. 多次

C. 勤运走　　D. 大量

26. 下列物质中属于非水性溶剂黏合剂有（　　）。

A. 酚醛树脂　　B. 虫胶

C. 聚乙烯　　D. 聚乙烯醇

27. 黑火药的组成为（　　）。

A. 硝酸钾　　B. 氯酸钾

C. 硫黄　　D. 木炭

28. 引火线以燃速的不同可分为（　　）。

A. 慢速引火线　　B. 中速引火线

C. 快速引火线　　D. 瞬时引火线

29. 烟花爆竹产品必须严格执行（　　）。

A. 双人保管　　B. 双人收发

C. 双本账　　D. 双锁

30. 仓库宜根据产品特性做到（　　）。

A. 防热　　B. 防虫

C. 无霉烂　　D. 库边无杂草

31. 经由道路运输烟花爆竹产品的应遵守（　　）。

A. 随车携带《烟花爆竹道路运输许可证》

B. 运输车辆悬挂或者安装符合国家标准的易燃易爆危险物品

警示标志

C. 装载烟花爆竹的车厢不得载人

D. 运输车辆限速行驶

32. 烟花爆竹属于易燃、易爆危险品，在(　　)等过程中容易发生燃烧爆炸事故，甚至会造成重大人员伤亡和财产损失。

A. 储存　　B. 运输

C. 销售　　D. 燃放

33. 烟花爆竹装卸时必须单件搬运，不得(　　)。

A. 轻拿　　B. 轻放

C. 超量搬运　　D. 抢工图快

34. 扑救烟花爆竹火灾总的要求(　　)。

A. 先控制，后消灭

B. 扑救人员应占领上风或侧风阵地

C. 正确选择最适应的灭火剂和灭火方法

D. 应迅速查明燃烧范围、燃烧物品及其周围物品的品名和主要危险特性、火势蔓延的主要途径

35. 烟花爆竹生产安全事故应急预案有(　　)。

A. 企业(现场)应急预案

B. 政府(现场外)应急预案

C. 通用应急预案

D. 特殊应急预案

36. 毒物进入人体的途径主要有(　　)。

A. 呼吸道　　B. 消化道

C. 血液　　D. 皮肤

37. 人在生产劳动中是否会发生职业危害，取决于(　　)。

A. 人　　B. 职业危害因素

C. 作用条件　　D. 环境

38. 职业危害因素存在于(　　)。

A. 劳动过程　　B. 生产过程
C. 生产环境　　D. 生活环境

39. 在烟花爆竹生产企业的生产过程中，主要的职业危害因素有(　　)。

A. 生产性粉尘　　B. 工业毒物
C. 噪声　　D. 高温

40. 在烟花爆竹生产企业的生产过程中，往往会造成职业病的有(　　)。

A. 中毒　　B. 尘肺
C. 噪声病　　D. 中暑

41. 生产性粉尘的来源主要有(　　)。

A. 固体物质的机械粉碎，如药剂粉碎、黑火药的粉碎等
B. 物质的不完全燃烧或爆破，如爆竹的爆炸，火药燃烧不完全时产生的烟尘、粉尘等
C. 物质的研磨、钻孔、碾碎、切削、锯断等过程产生的粉尘
D. 成品本身呈粉状，如炭黑、发火剂等

42. 控制烟花爆竹职业危害的措施有(　　)。

A. 以无毒或毒性小的原材料代替有毒或毒性较大的原材料
B. 改革工艺
C. 生产设备的管道化、机械化、密闭化，实行仪表控制和隔离操作
D. 隔绝热源，良好通风，合理照明

43. 职业危害的个人防护，包括(　　)。

A. 个人劳动保健　　B. 隔离
C. 密闭　　D. 个人防护用品

44. 下列属于烟花爆竹生产职业危害防护的是(　　)。

A. 穿戴紧口长袖长裤工作服、拖帽、布袜
B. 尽量减少身体的裸露部分，衣着简单易脱

C. 严禁穿硬底、藏砂石的鞋

D. 不得穿戴有药尘的工作服进入其他工房

45. 发生爆炸物品火灾时,灭火人员应(　　)。

A. 灭火人员应积极采取自我保护措施,尽量利用现场的地形、地物作为掩蔽体,或尽量采用卧姿等低姿射水

B. 灭火人员发现有再次爆炸的危险时,应立即向现场指挥报告

C. 灭火人员看到或听到撤退信号后,应迅速撤至安全地带

D. 灭火人员来不及撤退时,应就地卧倒

46. 黑火药的(　　)等工序的危险等级属于1.3级。

A. 单料粉碎　　　　B. 筛选

C. 称料　　　　D. 干燥

47. 下列情况应作为重大隐患处理的是(　　)。

A. 厂房布局严重不合理

B. 擅自改变工房用途、改变生产流程、乱存乱放等

C. 超核定范围生产产品

D. 出入通道不畅、发生事故时人员疏散困难

48. 烟花爆竹生产安全事故应急预案主要有(　　)。

A. 混药时发生事故的应急救援预案

B. 压药时发生事故的应急救援预案

C. 装药时发生事故的应急救援预案

D. 产品运输事故的应急救援预案

49. 制定应急救援预案不但要遵守一定的编制程序,同时内容也应满足(　　)。

A. 科学性　　　　B. 实用性

C. 合法性　　　　D. 权威性

50. 装卸烟花爆竹危险品时严禁(　　)、摩擦、挤压等操作行为。

A. 碰撞　　　　B. 拖拉

C. 抛摔　　　　D. 翻滚

三、填空题(共 50 题)

1. 烟花爆竹产品燃放后,在视觉上产生光、________、________、________、________等效果,可用于观赏,具有易燃易爆危险。

2. 根据燃烧原理,防火的四个基本措施是控制可燃物、隔绝助燃物、________、________。

3. 动力药剂是指能起________和________效应的烟火药。

4. 照明剂是指能产生________烟火效应的药剂。

5. 有色发光剂是能产生________效应的烟火剂。

6. 烟花爆竹药剂为机械混合物,通常由五部分组成,即氧化剂、________、________、使火焰着色的物质及其他添加剂(如含氯有机物、防潮剂、钝感剂等)。

7. 可燃剂的燃烧是烟花爆竹药剂的主要反应热来源,故在选用可燃剂时应首先考虑其________,以保证有较好的火焰感度。

8. 常用于烟花爆竹药剂中的可燃物有金属粉末,如铝、镁、镁一铝合金粉、铁粉等;有非金属单质,如炭、硫等。此外还有一些有机化合物及无机化合物等,如________、________、乳糖、多聚乙醛及硫化锑、雄黄等。

9. 黏合剂一方面用于黏合各个成分,另一方面黏合剂还可以是一种________,能影响药剂的燃烧性能。最关键的是选择合适的黏合剂可以有效地降低烟花爆竹药剂的________,从而大大改善药剂的使用安全性。

10. 烟花爆竹药剂在操作、使用、经营等过程中的安全性参数主要有________、________、机械感度、静电火花感度等。

11. 药剂的热感度是指烟花爆竹药剂对热的敏感程度。在实际生产应用中,通常采用药剂的________及点火温度来表示。

12. 影响药剂感度的因素主要是氧化剂、可燃物、黏合剂、添加剂的化学性能及________。

13. 烟花爆竹产品在保存中发生物理化学变化,会使烟花爆竹的

________降低。

14.烟火剂的吸湿性,主要是由各种组分的吸湿性能、烟火剂和潮湿空气的接触面积和________等三个因素决定。

15.硝酸钡与钠盐(如碳酸钠、草酸钠)接触,受潮后会产生互换反应,并生成难溶解的钡盐,产生了吸湿性强的硝酸钠,更加速了药剂的________变化。

16.生产烟花爆竹的企业,应当对生产作业人员进行安全生产知识教育,对从事药物混合、造粒、________、________、________、压药、搬运等________的作业人员进行专业技术培训。从事危险工序的作业人员经设区的________________部门考核合格,方可上岗作业。

17.烟花爆竹产品分为________、________、旋转类、升空类、吐珠类、玩具类、礼花类、架子烟花类、组合烟花类等九类。

18.升空类烟花爆竹产品分为火箭、________、旋转升空烟花等三类。

19.危险性废弃物是指在烟花爆竹生产经营过程中,废弃的烟花爆竹产品及含药半成品、________、________、危险化学品。

20.烟花爆竹在燃放时,主体定向或旋转升空的产品称为________类。

21.国家标准中规定,各类升空类烟花产品不得出现________和________。

22.燃放时从同一管体内有规律地发射出彩珠、彩花、________等效果的产品,称吐珠类烟花。

23.安全生产管理,坚持________________的方针。

24.烟花爆竹行业的三个最重要的国家标准包括《烟花爆竹工厂设计安全规范》、________________、《烟花爆竹安全与质量》。

25.厂房布局的原则:一是着眼于____________;二是根据生产工艺、品种、特性及危险程度进行分区规划和建设;三是根据生产、生活、运输、管理、气象等因素确定________。

26. 厂房分区设置要求中“四区”是指：________、________、________和行政生活区；两场是指：________和________。

27. 防护屏障可采用________、钢筋混凝土防护挡墙或夯土防护墙等形式。

28. 危险性工作间的地面，应符合下列规定：对火花能引起危险品燃烧、爆炸的工作间，应采用________的地面。

29. 粉碎应在单独工房进行。粉碎前后应筛选掉____________，筛选时不得使用的是____________等产生火花的工具。

30. 水暖干燥时，烘房温度应不高于________；热风干燥时，烘房温度应不高于________，同时应有防止药物产生扬尘的措施，风速应不大于________。

31. 烟火药的原材料必须符合有关烟火药原料________，并具有________，进厂后应经过________和工艺鉴定后，方可使用。

32. 燃烧三要素：可燃物、助燃物、________。

33. 自救分为________、________、滚地自救和止血自救等。

34. 烟花爆竹生产安全操作的一般原则可归纳为“十六字诀”：________、________、________和________。

35. 毒物危害级别分为四级：________、________、Ⅲ(中度危害)和Ⅳ(轻度危害)。

36. 劳动者日工作时间是指法律、法规规定的劳动者在每昼夜(24 小时)内的________。

37. 药物操作工从事的主要作业有：________、________、筛选、装药、筑药、压药、插引和切引等。

38. 烟花爆竹生产事故的突出原因包括：________；________；火工从业人员培训问题；人员过多拥挤问题；防静电问题；生产工具及防爆问题。

39. 在烟花爆竹生产安全技术中，爆炸危险场所使用的工具设备,必须是由不发生________、________,甚至不能产生________的特种材料制成的防爆工具。

40.在自燃自爆事故中,可根据反应热蓄积的方式不同,分为________、________、吸水、氧化和吸附等五种。

41.国家对烟花爆竹生产、经营、运输和举办烟花晚会以及其他大型焰火燃放活动,实施________制度。

42.未经许可,任何单位或者个人不得________、________、________烟花爆竹,不得________以及其他大型焰火燃放活动。

43.安全生产监督管理部门负责烟花爆竹的________;公安部门负责烟花爆竹的________;质量监督检验部门负责烟花爆竹的________。

44.生产烟花爆竹的企业,应当按照________的规定,在烟花爆竹产品上标注________,并在烟花爆竹包装物上印制________危险物品警示标志。

45.经由铁路、水路、航空运输烟花爆竹的,依照________、________、________安全管理的有关法律、法规、规章的规定执行。

46.燃放烟花爆竹,应当遵守有关法律、法规和规章的规定。县级以上地方人民政府可以根据本行政区域的实际情况,确定限制或者禁止燃放烟花爆竹的________、________和________。

47.《特种作业人员安全技术培训考核管理规定》(国家安全监管总局令第30号)将烟花爆竹特种作业分为________、________、________、________、________五类。

48.烟花爆竹生产中的主要职业危害因素有________,________以及噪声、________、辐射、高温等物理性危害因素。

49.黑火药的销毁方法有________及________两种。

50.工业毒物进入人体的途径主要有________、________和肠胃道。

四、判断题(共 40 题)

1. 生产、经营、储存、使用危险物品的车间、商店、仓库可以与员工宿舍在同一座建筑物内,但应当与员工宿舍保持安全距离。（　）

2. 经由道路运输烟花爆竹的,应当经安全生产监督管理部门许可。（　）

3. 烟火药燃烧是由于烟火药发生极迅速的氧化还原反应,瞬间放出大量热,生成大量气体产物,形成高温高压的爆炸冲击波。（　）

4. 烟花爆竹给人们带来欢乐的同时也增加了安全隐患。（　）

5. 割、捆、切引应分别单独进行,不应在晒场、散热间进行;手工操作每栋工房定员 2 人。（　）

6. 组合烟花中途熄灭时,应点燃备用引火线使其燃放完毕,不应将含烟火药的残体直接扔进垃圾。（　）

7. 某组合烟花品牌,一箱中含 4 组组合烟花,运输包装箱上已按规定印刷了生产日期,因此产品上可以不重复印刷生产日期。（　）

8. 烟花爆竹产品从制造完成之日起,在正常条件下运输、储存,保质期为三年。（　）

9. 有些烟花爆竹产品可无引火线。（　）

10. 烟花爆竹是以烟火药为原料制成的工艺美术品,通过着火源作用燃烧(爆炸)并伴有声、光、色的娱乐产品。（　）

11. 不同的烟火药燃烧的初始能不同。（　）

12. 药物干燥一般应采用日光、热水、低压热蒸汽、热风干燥或自然晾干,冬季阴雨潮湿天气可使用明火直接烘烤药物。（　）

13. 密封程度越强,壳体材料强度越大,烟火药爆炸威力越大。（　）

14. 烟火药药量越大越易转为爆炸。（　）

15.烟火药本身燃烧速度越快,越易转为爆炸。 ( )

16.危险品仓库宜采用现浇钢筋混凝土框架结构,也可以采用钢筋混凝土柱、梁承重结构或砌体承重结构。 ( )

17.烟花爆竹产品发生爆炸事故的人员伤亡、财产损失要远远大于发生燃烧事故的损失,在烟花爆竹生产经营中尽量避免燃烧转爆炸的条件。 ( )

18.含氯酸盐的烟火药对撞击能、摩擦能、热能等各种初始能都很敏感(危险),容易在生产、装卸、运输、储存过程中发生意外燃烧爆炸事故,因此烟花爆竹产品禁止使用氯酸盐。 ( )

19.在搬运箱子包装的烟花爆竹时,可以用肩扛。 ( )

20.烟花爆竹存储场所的电气线路可以采用绝缘电线明敷或穿塑料管敷设。 ( )

21.烟花爆竹库区内明显位置应设置车辆限速标志,仓库围墙外侧和库区内明显位置必须设置安全警示标志。 ( )

22.烟花爆竹产品燃放安全区域是指当按照说明燃放时,为确保人身或财产不受到伤害,距离产品及其燃放轨迹规定的范围。

( )

23.生产日期是指烟花爆竹从生产企业出库的日期。 ( )

24.烟花爆竹产品的级别、类别的划分应符合 GB 10631《烟花爆竹安全与质量》的规定。 ( )

25.各类烟花爆竹应按产品燃放说明进行燃放,废弃的含烟火药的产品、部件应扔进垃圾箱。 ( )

26.烟花爆竹搬运作业中只允许单件搬运,对于很重的箱子才能使用铁锹工具。 ( )

27.危险物品的生产、经营、储存单位的主要负责人和安全生产管理人员未按照规定经考核合格的可以处两万以下的罚款。( )

28.燃放爆竹类产品时,应用烟或香点燃爆竹类产品的点火端的引火线(注:产品两端分为挂起端和点火端)。 ( )

29.国家对烟花爆竹的生产、经营、运输和举办焰火晚会以及其他大型焰火燃放活动，实行备案制度。（　）

30.从业人员发现事故隐患或者其他不安全因素，应当立即向公安机关报告；接到报告的人员应当及时予以处理。（　）

31.烟花爆竹发生燃烧爆炸事故时，应发扬舍己救人的精神，并全力灭火。（　）

32.烟花爆竹事故现场灭火人员发现有发生再次爆炸的危险时，应立即向现场指挥报告，现场指挥应立即作出准确判断，确有发生再次爆炸征兆或危险时，应立即下达撤退命令。（　）

33.烟花爆竹事故现场灭火人员看到或听到撤退信号后，应迅速撤至安全地带。（　）

34.烟花爆竹事故现场人员发现燃烧、爆炸的前期征兆或火势很小时，可以利用就近的消防设施或其他措施迅速灭火或隔离，将事故消灭在萌芽状态。（　）

35.烟花爆竹发生燃烧爆炸事故时，现场人员应立即报警，同时报告本单位主要负责人。（　）

36.烟花爆竹燃烧事故现场，瞬间会产生高温发射物、火焰及大量的浓烟，并将现场人员烧伤，如受惊吓会吸入大量有毒火焰，会烧伤气管、支气管并引发中毒感染，造成致命的内伤。（　）

37.在烟花爆竹燃烧事故现场正确逃生方法是，找准方向，屏住呼吸，尽量降低身体高度，快速跑步离开。（　）

38.从业人员应自己了解作业场所和工作岗位存在的危险因素、防范措施以及事故应急措施，生产经营单位没有告知的义务。（　）

39.从业人员有权对本单位安全生产工作中存在的问题提出批评、检举、控告，但必须绝对按领导的要求工作，不得拒绝。（　）

40.生产经营单位不得以任何形式与从业人员订立协议，免除或者减轻其对从业人员因生产安全事故伤亡依法应当承担的责任。

（　）

五、简答题(共10题)

1.正规厂家生产、销售的烟花爆竹有什么特点？合格的烟花爆竹包装上要标明什么？包装内应附什么？

2.烟花爆竹生产中的职业危害因素包括哪些？如何进行防护？

3.搬运烟花爆竹时,对搬运工工具有哪些要求？

4.静电引起爆炸和火灾的基本条件是什么？

5.发生烟花爆竹事故后,灭火的基本方法有哪些？

6.烟花爆竹企业发生爆炸事故后,可以采取哪些自救方法？

7.发生烟花爆竹事故后,现场的应急处置措施包括哪些？

8.烟花爆竹产品制作中的装药与筑药应怎样注意安全？

9.烟花爆竹引火线制造作业的安全技术要点有哪些？

10. 根据本书内容，结合自身的实际情况，阐述如何做好烟花爆竹安全生产工作。

参考答案

一、单项选择题参考答案

1—5	CBAAA	6—10	BAAAC	11—15	AAAAC
16—20	ABABA	21—25	BAAAC	26—30	BAACB
31—35	ABCAA	36—40	ACBBB	41—45	AACAB
46—50	CAACA	51—55、	BCCAB	56—60	AABBB
61—65	CCBBC	66—70	CACAB	71—75	BCBBA
76—80	AABBB	81—85	CCACB	86—90	CCCCC
91—95	CBABC	96—100	CBBAC		

二、多项选择题参考答案

1. ABC	2. ABC	3. ABC	4. ABCD	5. ABC
6. ABC	7. ABCD	8. CD	9. ABCD	10. AB
11. ABD	12. BD	13. ABCD	14. ABCD	15. ABC
16. ABCD	17. ACD	18. ABCD	19. CD	20. ABCD
21. ABCD	22. ABC	23. ABCD	24. ABCD	25. ABC
26. ABCD	27. ACD	28. AC	29. ABCD	30. ABCD
31. ABCD	32. ABCD	33. CD	34. ABCD	35. AB
36. ABD	37. ABC	38. ABC	39. ABCD	40. ABCD
41. ABCD	42. ABCD	43. AD	44. ABCD	45. ABCD
46. ABCD	47. ABCD	48. ABCD	49. ABCD	50. ABCD

三、填空题参考答案

1.声　色　型　烟雾

2.消除着火源　阻止火势蔓延

3.发射　推进

4.高强光

5.彩光

6.可燃剂　黏合剂

7.化学活泼性

8.松节油　淀粉

9.可燃剂　机械感度

10.热感度　火焰感度

11.自燃点

12.粉碎程度

13.燃放效果

14.空气的相对湿度

15.化学物理

16.筛选　装药　筑药　危险工序　市人民政府安全生产监督管理

17.爆竹类　喷花类

18.双响

19.烟火药　引火线

20.升空

21.火险　低炸

22.声响

23.安全第一、预防为主、综合治理

24.《烟花爆竹作业安全技术规程》

25.安全生产　分区位置

26.非危险品生产区　危险品生产区　危险品总仓库区　燃放

试验场　废药(物)销毁场。

27.防护土堤

28.不发生火花

29.机械杂质　铁质

30.60℃　50℃　0.5米/秒

31.质量标准　产品合格证　化验

32.点火源(或达到燃烧的温度)

33.卧倒自救　离开自救

34.无声无尘　轻拿轻放　防火防潮　定员定量

35.Ⅰ(极度危害)　Ⅱ(高度危害)

36.劳动工作时数

37.药物混合　造粒

38.乱配药方问题　存药量过大问题

39.摩擦　撞击火花　炽热高温表面

40.分解　混合接触

41.许可

42.生产　经营　运输　举办大型焰火晚会

43.安全生产监督管理　公共安全管理　质量监督和进出口检验

44.国家标准　燃放说明　易燃易爆

45.铁路　水路　航空运输

46.时间　地点　种类

47.烟火药制造作业　黑火药制造作业　引火线制造作业　烟花爆竹产品涉药作业　烟花爆竹储存作业

48.工业毒物　生产性粉尘　振动

49.溶解法　烧毁法

50.呼吸道　皮肤

四、判断题参考答案

1—5　××××√×

6—10　√××√√

11—15　√×√√√

16—20　√√√××

21—25　√√×√×

26—30　×√√××

31—35　×√√√√

36—40　√√××√

五、简答题参考答案(略)

参考文献

北京工业学院八系．爆炸及其作用．北京：国防工业出版社，1979

陈界平，黄文峰．烟花爆竹经营安全知识读本．北京：气象出版社，2013

国家安全生产应急救援指挥中心．烟花爆竹企业安全生产应急管理．北京：煤炭工业出版社，2009

烟花爆竹安全管理条例（国务院令第 455 号）

烟花爆竹　安全与质量（GB 10631—2013）

烟花爆竹工程设计安全规范（GB 50161—2009）

烟花爆竹作业安全技术规程（GB 11652—2012）

杨吉明．烟花爆竹企业新工人三级安全教育读本．北京：中国劳动社会保障出版社，2010

中华人民共和国安全生产法（中华人民共和国主席令〔2002〕第 70 号）